TOWARD AI WITH COMMON SENSE

MACHINES
LIKE
US

机器　如人

通往
人类智慧之路

Ronald J. Brachman & Hector J. Levesque

[美] 罗纳德·J.布拉赫曼 [加] 赫克托·J.莱韦斯克　著

智越坤　译

中国科学技术出版社

·北　京·

First published in the English language under the title MACHINES LIKE US: Toward AI with Common Sense by Ronald J. Brachman and Hector J. Levesque, ISBN: 9780262046794 .
©2022 Massachusetts Institute of Technology.

北京市版权局著作权合同登记 图字：01-2023-6022。

图书在版编目（CIP）数据

机器如人：通往人类智慧之路 /（美）罗纳德·
J. 布拉赫曼（Ronald J. Brachman），（加）赫克托·
J. 莱韦斯克（Hector J. Levesque）著；智越坤译 . --
北京：中国科学技术出版社，2024.5
书名原文：MACHINES LIKE US: Toward AI with
Common Sense
ISBN 978-7-5236-0513-4

Ⅰ . ①机… Ⅱ . ①罗… ②赫… ③智… Ⅲ . ①人工智
能 Ⅳ . ① TP18

中国国家版本馆 CIP 数据核字（2024）第 042103 号

策划编辑	杜凡如　王秀艳	责任编辑	孙倩倩
封面设计	奇文云海·设计顾问	版式设计	蚂蚁设计
责任校对	焦　宁	责任印制	李晓霖

出　　版	中国科学技术出版社
发　　行	中国科学技术出版社有限公司发行部
地　　址	北京市海淀区中关村南大街 16 号
邮　　编	100081
发行电话	010-62173865
传　　真	010-62173081
网　　址	http://www.cspbooks.com.cn

开　　本	710mm×1000mm　1/16
字　　数	295 千字
印　　张	20.5
版　　次	2024 年 5 月第 1 版
印　　次	2024 年 5 月第 1 次印刷
印　　刷	大厂回族自治县彩虹印刷有限公司
书　　号	ISBN 978-7-5236-0513-4 / TP·470
定　　价	78.00 元

谨以此书献给我的父母和我的爱人。
——罗纳德·J.布拉赫曼

谨以此书献给我亲爱的兄弟约翰、雷,以及已故的彼得和保罗。
——赫克托·J.莱韦斯克

CONTENTS

CONTENTS

引 言

我们可以想象一下，未来自动驾驶汽车的性能比现在的更加先进和出色。它们能够安全地避让障碍物，严格遵守交通信号和标志，甚至还能对其他驾驶员的转向指示灯信号做出响应。自动驾驶推车被广泛应用于高尔夫球场、电影拍摄场地和住宅社区。许多城市都部署了自动驾驶货车，为通勤者提供全面的服务。我们想象中的这种汽车会是非常安全可靠的，甚至都不需要人类司机的辅助。

这项技术已经拥有了首批消费者，你的邻居们都已经拥有了自己的自动驾驶汽车。于是，你也加入了他们的行列。你的新车令人惊叹，它的驾驶技术甚至比你还要高超，可以在暴风雪等恶劣天气条件下安全行驶，遇到交通堵塞时会自动改变车道，可以在挤满行人及婴儿车、自行车等的十字路口行进自如。你只要设定目的地，它就会自动到达。令人惊叹的是，许多商店都为自动驾驶汽车提供了路边停车点，你的自动驾驶汽车在装满货物后，会自动将货物送回家，根本不需要人类帮忙。

现在，请你想象下面这个场景：

周一上午，你把车派去琼斯杂货店购物。今天是美国独立日假期，你计划在下午烧烤聚餐，所以想从琼斯杂货店买些美味的牛排。你以为商店离得不远，而且由于今天是假期，许多人可能会去海滩度假，所以你的车应该很快就能买完东西回来。然而，意外出现了。当汽车行驶到布拉德福德大街和维多利亚大街的十字路口时，交通信号灯变为红色，于是你的车平稳地停下来，等待信号灯变绿。三分钟过去了，信号灯还是红色的。五分钟过去了，信号灯仍是红色的。汽车的摄像头探测到十字路口对面较远的地方正在举行活动，但是并未给出任何行动建议。尽管你的车具备出色的避障和车道跟踪功能，但是它并不理解为什么司机们会下车交谈，并且用手指向远方。你的车安装了全新的外部音频传感器，经过设置可以检测到鸣笛和警报声，但它无法理解此时从远方飘来的音乐声有何特殊意义。

汽车的导航系统没有建议更改路线，它没有获取交通状况信息，也不知道沿途有无施工或事故。于是，汽车静静地停在原地，耐心地等待着交通指示灯信号的变化。十五分钟又过去了，但交通信号灯的信号没有任何变化。

而此时此刻，你在家中有些坐立不安，因为汽车一直没有发来购物成功的消息。你很清楚，如果汽车出现机械故障，它会发出报警提示。于是，你打开了控制程序，发现你的车正在十字路口等候，而且已经停留了十五分钟。然而，你并没有发现任何异常情况。远程监视器显示，汽车只是在遵守交通法规，等待信号灯变成绿色。为什么它不采取一些行动呢？你摊开双手，不得不哀叹这样一个事实，尽管你的车具有高超的驾驶技术，但有时却会出现这些令人费解的问题。就像现在这样，客人即将到达，而它却一直停在红绿灯前等待。

现在，请你想象另一个场景。这次是你自己开车，来到了同一个十字路口，也遇到了同样的信号灯故障，红灯一直亮着，五分钟过去了：

你自言自语，到底发生了什么？我应该再等一会儿吗？闯红灯？右转绕过十字路口？换条路线去琼斯杂货店？放弃琼斯杂货店，去另一家商店？干脆不买食品了，掉头回家（点外卖）？你关掉收音机，沉思了几秒。此时，十字路口对面的司机们引起了你的注意。他们边交谈边用手指向远方。顺着他们手指的方向，你看到远处旌旗招展、热闹非凡。路中央缓缓行驶着一辆敞篷车，车上坐着一些人。你还能听到那边传来铜管乐队的音乐声。

思考片刻，你打消了去琼斯杂货店购物的念头，调转方向，开往另一家商店。

想一想，当你在准备采取行动时，都考虑到了哪些因素？在此情况下，你不能依赖于某种既有的具体规则来解决问题，当然也无法依据驾校所学的知识来采取行动。实际上，在这种情况下，没有哪种行车方案是完全正确的。或许你遇到过交通信号灯故障的情况，当时你跟随其他车辆绕过了十字路口。然而，这次情况有所不同，红灯持续亮着是因为游行队伍正向十字路口走来。你突然想起来："哦，今天是独立日！"于是，你开始考虑更换路线。可是，这样做会耗费太多时间，还可能在另一个十字路口再次遇到游行队伍。因此，你决定换一家商店购物。你想到了去史密斯杂货店，那里离你更近，但是该店的肉类食品和农产品的质量差强人意。最终，你决定去罗伯特杂货店。

并不是只有驾驶专家（比如拥有几千小时驾驶经验的出租车司机）才能想出这样的行车方案。这并不是一种你在刷牙或遛狗时能轻松掌握的固定程式，但也不是发射火箭的高端科学。你无须用纸笔进行计算和推理，但必须充分考虑当前情况。这实际上是任何具有一定智商的人都应该拥有的常识。

一个普通的成年人会掌握相关的生活常识，而不会在红绿灯前一直等待。人们在交谈和打手势，说明正在发生一些有趣的事情。旌旗招展和铜管乐队的音乐表明游行活动正在举行。人们会迅速将所有内容整合在一起，快速地做出合理推测，并采取下一步行动。如果第一个方案行不通，就选择第二个方案。这就是常识。而你的具有高超驾驶技术的自动驾驶汽车显然并不具备这种常识。

本书不是一部讲述自动驾驶汽车去商店购物的虚拟小说。本书主要阐述了目前盛行的人工智能（AI）的艺术和科学，同时指出：尽管当前的人工智能系统在某些智力要求极高的任务中表现出惊人的能力（在许多情况下都胜过人类），但仍然缺少人类独特的常识。

简而言之，人工智能系统是脆弱的。虽然它们在处理某些事情上非常熟练，但在陌生的环境中，它们会莫名其妙地以难以预测的方式崩溃，因为它们没法像人类那样，根据常识来应对社会生活中的各种情况。

那么，大多数人拥有的常识到底是什么呢？像自动驾驶汽车这样的智能机器要获得这种常识需要具备哪些条件呢？怎样才能让机器的驾驶行为更像我们人类呢？这些就是本书即将探讨的内容。

稍后你就会明白，要回答这些问题并不容易，我们只能通过详细的调查研究才能解决问题。我们收集了大量有关人工智能研究的观察结论、技术设想和建议，这可以帮助我们解决让机器拥有常识的难题。

如果你只是想听听专家讲述未来几年人工智能研究有何发展，自动驾驶汽车会达到何种智能程度，以及自动驾驶汽车的人工智能系统最终是否会反叛人类，那么本书可能并不适合你。相反，我们希望吸引并满足那些想要了解与人工智能相关的常识的本质、主要组成部分以及工作原理的读者。我们会告诉这些好奇的读者，为什么人工智能迄今为止仍未生产出功能齐全的自主机器人，以及是否可以打造功能更为强大的人工智能系统。如果你希望未来的自动驾驶汽车能够在纷繁复杂和难以预测的世界中实现真正的自我管理并能按时帮你购物，就请好好阅读本书吧。

亲爱的读者，让我们现在就开启阅读之旅吧。

1

通往常识之路

———————— ＊

尽管我们无法预见更远的未来，但是我们清楚，前方还有很多艰巨的任务等待我们完成。

——艾伦·图灵（Alan Turing），《计算机器与智能》（*Computing Machinery and Intelligence*）。

本书主要探讨了有关人工智能掌握常识的问题。尽管只有少数人工智能研究人员在研究人工智能的常识，但自从人工智能问世以来，这个话题就一直热度不减。在 20 世纪 50 年代，美国计算机科学家约翰·麦卡锡（John McCarthy，1927—2011）首次定义了人工智能的概念，并且于 1958 年发表了最早涉及人工智能的论文《具有常识的程序》（*Programs with Common Sense*）。

如今，六十多年过去了，人们可能想当然地认为：历经多年发展，人工智能早已掌握常识。然而，在 2019 年，加里·马库斯（Gary Marcus）和欧内斯特·戴维斯（Ernest Davis）在他们合著的《重启 AI》（*Rebooting AI*）一书中指出："令人遗憾的是，让人工智能获取常识的难度远超我们的想象。而且我们还会看到，未来人类对机器获取常识的需求将越发强烈，而这同样远超我们的想象。"这意味着：迄今为止，人类还没有想出如何让人工智能掌握常识。常识是人工智能领域中无可争辩的核心要素之一。

我们将在本书中详细阐述"常识"这一概念，让读者更深入地了解常识的内容及其重要性，以及常识在人工智能系统中发挥作用所需的条件。在我们踏上这条漫长而曲折的道路之前，让我们先来看看我们准备去向何方。

"常识指南"导读

如果你在亚马逊（Amazon）平台快速搜索一下，就会发现，有超过7000本书的书名中含有"common sense"（或"common-sense""commonsense"，均为"常识"之意）。其中大约十分之一的书名还包括"Guide"（指南）一词。为了解它们的应用范围，我列举如下几本指南类的书：

《房地产投资常识指南》（*The Common Sense Guide to Real Estate Investing*）

《保育之书：育儿常识指南》（*Nanny in a Book: The Common-Sense Guide to Childcare*）

《战胜埃博拉病毒：热带医师诊治常识指南》（*Surviving the Ebola Virus: A Tropical Doctors' Commonsense Guide*）

《罕见水果与蔬菜的常识指南》（*Uncommon Fruits & Vegetables: A Commonsense Guide*）

《技术写作A–Z：工程报告和论文写作常识指南》（*Technical Writing A-Z: A Commonsense Guide to Engineering Reports and Theses*）

《人工喂养幼鸟的常识指南》（*The Common Sense Guide to Handfeeding Baby Birds*）

《骡子驯养答疑：理解骡子想法的常识指南》（*Answers to Your Mule Questions: A Common Sense Guide to Understanding the Mule's Point of View*）

除了都包含"常识"的字样，我们很难看到这些书有什么共同点。

为了更好地阅读本书，我们需要理解的一点是：上述这些书的书名中包含的"常识"一词究竟有何真实含义。显然，这些书并非只是劝说读者去使用常识。

尽管成为某些领域的专家会更好地解决问题，但这并非先决条件。有时，只要具备基本的常识性知识，即使是普通人，也能很好地解决问题。下面是亚马逊平台对《人工喂养幼鸟的常识指南》一书的宣传语：

> 本书打破了一个神话，即喂养幼鸟的人需要经过多年训练才能胜任。本书提供了一个常识性解决方案，详细介绍了一些幼鸟喂养的基本实用知识，比如需要温暖清洁的环境、合理的喂养频率、适当的配方、合适的温度和正确的喂养技巧等，可以让您像专业人士一样喂养幼鸟。

目标似乎足够合理。我们每天都要面对各种各样的事情，我们不会用专家的方式去处理，而是采用简单普通的方式来处理。说真的，有多少人真正了解 LED 电视如何播放电影或 Alexa❶ 如何预告天气呢？大多数人只是了解技术中的常识性知识。有时，我们会通过多年积累的经验来获取认知（例如如何在炎热的夏日吃即将融化的冰激凌）；有时，我们会从朋友那里得到建议（例如参加聚会如何着装打扮）；有时，我们可能通过指南或手册来解决问题（例如如何设置家用打印机）。

本书并未详述埃博拉病毒和人工喂养幼鸟等具体主题，而是从更高维度来阐述常识的基本理念。我们想更深入地理解常识，明确它如何通过以往经验、朋友的建议和常识指南来获取知识。作为计算机科学家，我们希望详细而具体地阐述常识，这样我们至少可以构想建造一台拥有常识的计算机。

---

❶ Alexa 是亚马逊公司开发的智能语音助手，可用于控制智能家居设备、查询天气、播放音乐、点餐和购物等。——译者注

人工智能

现在，我们又回到了人工智能的主题。一般来说，人工智能研究如何通过计算手段来产生智能行为。在一种极端情况下，我们设想人工智能可以完成复杂的任务，如下棋、解读诗歌和分类肿瘤；在另一种极端情况下，我们设想人工智能可以完成更常见的活动，如照看小孩、烹饪和驾驶汽车。

那么这些事情和常识有什么关系呢？在接下来的两章中，我们将进行分类讨论，但基本思想是，人工智能系统可能会很好地完成某些高智能要求的特定任务，但仍然无法在更广泛的范围内表现出智能行为。因此我们得出结论，这些人工智能系统展现出来的是专业知识，而不是常识。

"阿尔法狗"（AlphaGo）是由深度思维公司（DeepMind）开发的著名人工智能系统。该系统在围棋游戏领域无疑是专家级别，被认为是世界上顶级的围棋玩家，但除此之外，它什么也不会做。它甚至没有处理事情的基本能力，不具备订购比萨、推荐电影或诊断血液感染的功能。尽管如此，这个系统不会因此受到批评，因为它的唯一功能就是下围棋，其他事情都不需要做。

对门外汉而言，使用不同的人工智能系统执行不同的任务似乎效率不高。这些人会认为，为什么不能将"阿尔法狗"之类的智能系统与Roomba和Siri相结合，最终创建一个既精通围棋，又能清扫地板并响应语音指令的智能系统呢？如果再添加一个谷歌翻译功能，该系统不就可以对任何语言的语音指令做出反应吗？如果我们不断完善和优化，最终会不会得到一个功能齐全的系统，可以胜任现实中的各种任务呢？

然而，事实并非如此。尽管每个人工智能系统在执行各自任务时都表现出色，但是它们彼此之间并无关联。人类的行为任务复杂而多样，如同海洋，而人工智能取得的成就如同点缀在海洋中的零星孤岛。专家们始终没有研究出让人工智能系统拥有普适智能的方法。人工智能系统只能在特定的专业领域发挥作用，而在其他方面完全无能为力。即使人工智能系统学习了上文提到的各种常识指南，但如果离开这些特定的主题，它仍然会不知所措。

例如，我们在上文提到了一本书《罕见水果与蔬菜的常识指南》，里面详细介绍了石榴，但肯定没有提及洗衣篮。我们也无法用洗衣篮说明书（或任何使用洗衣篮的经验）来处理石榴。如果我们让人工智能系统来判断石榴能否被放到洗衣篮中（出于某种原因），就需要该系统不仅要对每个主题熟悉，而且要有更高维度的关联和判断能力。如果它无法将这两个单独的主题合理地关联在一起，就无法做出合理的决定。

当然，对人类来说，这不是什么问题。我们可以完全相信一个擅长玩围棋的人在其他领域也能表现出色，比如清扫地板和判断石榴能否被放入洗衣篮中的问题。这种在任何领域都能合理处理问题的能力就是我们希望机器拥有的常识能力。

人工智能系统与人类在这方面的差异是显而易见的，几乎所有的人工智能科学家和技术人员也都认同这点。然而，他们在一个问题上仍存在较大分歧，那就是这种差异会带来怎样的影响。

人工智能的支持者认为：

目前，我们仍处于人工智能的初期阶段。尽管我们构建的最先进系统具备高度智能，但这种"智能"本质上与人类的智能完全不同。我们不能被所谓的"智能"标签所迷惑。这些系统在某些方面比人类做得更好，但在其他方面则远不及人类。我们的目标不是让人工智能更逼真地模仿人类的各种特征，包括人类的局限性和缺点，而是使其能够以智能方式完成各种任务。因此，人工智能系统与人类应该协同合作，互相弥补对方的缺点。

而人工智能怀疑论者（包括许多人工智能研究人员）则持有相反的观点：

迄今为止，我们构建的人工智能系统根本不具备智能。如果你希望人工智能达到人类的智能水平，那么目前整个人工智能研发方法都是错误的。在某些非常专业的领域（比如围棋），人工智能确实有用武之地，但在其他领域，它的表现甚至还不如六岁孩童。由此可见，人工智能赶超人类遥遥无期。

本书无意继续参与这场辩论，会有其他专业人士探讨这个主题。我们只关注其中涉及的常识部分：常识到底是什么，它是如何运作的，构建具有常识的计算系统需要哪些条件，以及我们为什么要费力让机器拥有常识。

未来之路

为了便于各位阅读，我概述一下本书后续章节的主要内容。

第 2 章　人类的常识

在该章中，我们探讨了人类常识的概念。我们认为，常识是对日常生活中普通事物和现象的理解和认知，是人类有效地利用基本知识来采取行动的能力，对人类发挥认知能力起到了关键作用。

第 3 章　人工智能系统中的专业知识

在该章中，我们探讨了过去和现在的人工智能系统，发现这些系统只是在某些特定任务上展现出专业能力，但缺乏常识。常识并非某个领域的额外专业知识，而是指我们对现实生活中各种情况的基本理解和推理能力。如果我们想让人工智能系统处理现实生活中出现的各种意外情况，就需要采取一种完全不同的方法。

第 4 章　知识及其表达

在该章中，我们探讨了知识以及合理运用知识的重要性。我们认为，知识可以像数字一样，用符号来表示和运用。我们熟悉数字以及算术运算，而对于知识的运用方法还并不清楚，第四章将对此进行详细说明。

第5章 对世界的常识性理解

在该章中，我们开始研究常识性知识，探讨其预设的世界的高级图景。我们认为，在这个世界上，有些事物的属性会随着某些事件的发生而变化。在这些事物中，有一些是具有物理属性（如空间尺寸与位置）的实体对象。而在这些实体对象中，还包含一些具有信念和目标的智能生命体，会导致另一些事件的发生。

第6章 常识性知识

在该章中，我们探讨了如何制定特定的常识性知识。我们认为，除了要知晓事物及其属性，我们还需要理解事物的本质概念，通过典型、非典型和边缘案例❶来理解这些概念。

第7章 表示与推理（第一部分）

在该章中，我们开始研究用符号形式来表示常识性知识。我们希望将事物及其属性与相关概念分开表示。此外，我们还讨论了计算机系统如何使用这些表示进行推理。

第8章 表示与推理（第二部分）

在该章中，我们继续研究用符号表示常识性知识的方法。我们认为，命题需要能够被表示，即可判断真实或虚假的语句，而不必预先相信它们的真实性。这对于我们推理关于如何使命题成为真实状态所需的条件（即计划的基础）非常重要。此外，我们还阐述了计算系统如何基于这些表示形式进行运作。

第9章 行动中的常识

在该章中，我们从更高维度来审视常识，探究各个部分如何相互关联。我们考虑了一种场景，主体在执行常规任务时遇到了完全出乎意料的情况，需要运用常识性知识来找到解决方案。我们还展示了如何将常识问题转化为符号计算问题，即通过对符号表示的处理来解决常识问题。

---

❶ 边缘案例：是指介于典型案例和非典型案例之间的情况，其特征和属性不是非常明显或一致，有时需要通过更深入的分析比较才能进行分类和理解。——译者注

第 10 章　实施的步骤

在本章中，我们从实际出发，研究了构建具有常识的人工智能系统需要具备的条件。除了考虑开发常识性推理系统以外，我们还深入研究了所有常识性知识的来源，并研究了一些有趣的方式，使未来人工智能系统可以通过经验和书面文本来学习常识。

第 11 章　建立信任

在本章中，我们从社会角度探讨是否应该建立具有常识的人工智能系统。我们认为，自主决策的系统应该能提供让人类理解它们决策的充分理由。尤其重要的是，我们希望这些系统具备常识性知识与目标，并且基于这些知识去实现目标，进而做出合理决策。

本书还设置了一个附加章节，为感兴趣的读者介绍逻辑与常识性推理之间的关联。

启程出发

这就是我们的旅程：常识→常识性知识→常识性知识表示和推理。我们要学习的东西很多。正如某句歌词所说的那样，"这条路漫长而曲折"❶。这是一本关于常识的书，但并不是一本常识指南。

有些人认为，人工智能并不像人们想象的那么复杂，无非就是将某种学习系统连接到互联网（或者推出一台机器人），让它学会解决问题而已。为什么我们不能随着时间的推移自然而然地学到某些常识呢？他们认为，针对这些知识符号表示的计算过程过于刻板、严谨和理性，与常识的特点不符。

毫无疑问，这种简单化的观点显然更具吸引力，但目前我们还无法

---

❶ 这句歌词的原文是"the road is long with many a winding turn"，摘自著名歌曲《他不重，他是我兄弟》（*He Ain't Heavy, He's My Brother*）。该歌曲由鲍比·斯科特（Bobby Scott）和鲍勃·拉塞尔（Bob Russell）共同创作。——译者注

为其找到合理的依据。也就是说，我们需要知道，我们即将讲述的更复杂的故事只是一种假设，或者说是通往常识的众多道路之一。实际上，它很可能最终走入死胡同，或者被更好的高速公路所取代。然而，我们希望读者能认识到，从智能角度来说，这是一条颇有价值的道路，沿途可以学习到哲学、心理学、语言学、逻辑学和计算机科学等领域的新奇知识。

我们眼前的这条道路是经过四十年的努力探索而摸索出来的可行之路。我们建立了人工智能系统，证明了人工智能理论，并领导了人工智能项目。我们与很多优秀人士开展合作，并且加入了一些重要的国际人工智能组织。作为本次旅程的向导，我们将尽最大努力让您体会快乐和收获知识。请各位系好安全带，享受本次旅行吧！

2

人类的常识

---

*

常识就是穿着工作服的天才。

普遍认为是拉尔夫·沃尔多·爱默生（Ralph Waldo Emerson）
的名言。

在我们认真研究让机器掌握常识之前，我们首先要充分理解常识到
底是什么，但有关这一严肃研究课题的科学文献并不多。当然，我们对
常识有一定的直观理解。例如，我们在日常生活中经常使用这个术语，
会告诫对方"多用点常识"。那么，我们这句话想要表达什么意思呢？

在本章中，我们将从几个角度来探讨人类的常识，并为我们的工作
创建定义——这是我们开启人工智能常识之旅的第一步。

常识的要素

除了上面引用的爱默生的名言之外，还有很多有关常识的有趣名
言。以下是一些示例：

● 阿尔伯特·爱因斯坦（Albert Einstein）："常识就是人到十八岁以
前形成的各种偏见的总和。"

- 霍尔巴赫男爵[1]（Baron d'Holbach）："当我们审视人们的观点时，发现里面最缺乏的就是常识；或者换言之，这些人缺乏足够的判断力来发现朴素的真理，或者拒绝荒谬和明显的自相矛盾。"
- 约什·比林斯[2]（Josh Billings）："常识是看到事物本质并遵循事物规律来做事的诀窍。"
- 鲍勃·马利[3]（Bob Marley）："我是一个通晓常识的人。这意味着我会用一种非常简单的方式来解释事情；换句话说，就连婴儿也能听懂我的解释。"

这些名言发人深省，强调了常识的一些重要方面：常识源于经验；关乎易于理解的事实和易于预见的问题；可以帮助人们合理做事；倾向于使用简单的解释。

让我们更详细地探讨这些要素。首先，人们普遍认同，常识是通过个人经验获得的，而不是在学校或阅读中学到的。当然，通过与他人交流或阅读指南之类的书，可以获得一些常识，但是总体来说，我们通过亲身经历来深入理解世界万物的运行机制。

常识所涉及的经验通常是某个大型群体中的人类通过共有的相对平凡的日常生活而获得的。这个群体可以是某个文化群落、国家，甚至可能是全人类。在这个群体中，几乎所有成年人都知道某些事实和趋势。如果有人得出的结论未能利用这些众所周知的信息，我们就认为他们没有运用常识。我们经常可以看到，人们会对忽视"已知事实"的行为提出批评："他为什么要这么做？大家都知道不能用叉子喝汤。"在成长过程中，我们会学到很多知识，我们希望其他人也知道，并且利用这些知识做出与我们相同的决策（这是"常识"的"共同性"）。

---

❶ 霍尔巴赫男爵：法国哲学家。——译者注

❷ 约什·比林斯：19世纪美国幽默作家。——译者注

❸ 鲍勃·马利：牙买加唱作歌手。——译者注

常识就是能意识到任何正常人都能明确判断的事物。例如，如果我们处于共同情境中，我们希望其他人也能将该情境考虑在内。如果朋友认为邻居家门前台阶上的一只哈士奇模样的狗是一只狼，那我们就会说他没有运用常识，显然没有考虑到实际情境。相反，如果这位朋友判断该动物是狗，即使它看起来有点像狼，那么我们也会认定朋友运用了常识。

在我们的思维过程中，发现这些"明显事实"和"荒谬之处"是非常重要的。常识的一个重要功能就是能够（或至少大致能够）预测行动的后果。我们依据自己的过往经验以及对因果关系的直观理解来推测事件可能导致的后果。当我们根据常识选择更合适的行动时，实际上是基于对各种行动后果的预期考虑。因此，我们可以通过常识来预测计划行动是否会失败，例如试图开车冲上覆盖冰雪的陡峭山坡。当我们在多个行动方案之间进行选择时，可以通过常识大致了解各个方案的成本和收益，这有助于我们快速选择。例如，当我们需要某些东西时，可以选择向邻居借，但这会带来一定的社交成本；或者选择到商店购买或租用，这样不仅烦琐，还需要付出金钱成本。我们可以根据常识来做出更合适的选择。

我们的事实依据就是，常识性思维通常是合理的。常识依赖于推理即根据前提条件来得出合理的结论。我们可以预想通过某个计划步骤来实现下一步骤，例如，搭乘出租车去机场，然后坐飞机去罗马。我们可以凭直觉理解如何将多个事实组合起来以产生有用的新事实。我们可以运用常识，通过逻辑证明和证据来得出合理的结论。只有通过仔细观察、构想结果和综合考虑各种事实因素，我们才能做出符合常识的决策（这是"常识"的"理性"）。

很重要的一点是，我们可以快速而轻松地得出这些常识性推论。我们可以很直观地看到结论，而无须绞尽脑汁地进行推理。面对当前情况，我们可以借鉴一些过往经验，寻找适用的观察结论，以满足当前的需求。常识是一种浅层的认知现象，与缜密严谨的系统分析相比，其运作速度更快。如果要通过大量脑力活动来得出结论，就不属于常识的范畴。我们可以将其视为"反射性思维"，其中"反射性"与"思维"一样重要。

与复杂推理相比，常识更倾向于采用简单的解释。它遵循了"奥卡姆剃刀"原则：本可以用简单明了的方式来解释某种现象，却选择了更复杂晦涩的方式，这种做法就会被视为不符合常识。作家詹姆斯·惠特孔·莱利（James Whitcomb Riley）有句名言就体现了这个问题的本质："如果我看到一只鸟走路像鸭子、游泳像鸭子、叫声也像鸭子，那我就会把它叫作鸭子。"尽管对于这种像鸭子的鸟可能还有其他解释，但如果我们看到它像鸭子一样走路、游泳和嘎嘎叫，就会根据常识认定它是鸭子。

最后，正如我们在前一章的各种常识指南中所指出的那样，常识通常与专业知识区分开来。常识指南帮助我们学会以快速、直观的方式做事。稍后我们会详细讨论专业知识，但简而言之，我们肯定无法用常识来计算星际飞船的轨迹，或重新配置带有六个不同遥控器的家庭影院系统（这个任务可不简单）。然而，我们确实可以根据常识避免一些愚蠢的行为，比如将水壶放在火炉上一个小时却不取下来，或是把锋利的刀子放在低矮的咖啡桌上，使小孩子可以轻易拿到。

常识的定义

在阐述了常识的基本要素后，我们将对常识进行更深入细致的探讨。关于常识的概念，业界有很多观点，人们各执己见、争论不休。然而，人们普遍认同，在常识中存在着一些不同于其他思维方式的关键要素。基于这些要素（以及根据我们对于知识及其在人工智能系统中应用的经验），我们提出了下面的常识定义，以便后文的阐述与探讨。

常识是有效运用普通和日常的经验知识来实现普通和日常的实践目标的能力。

此定义采用了很多通用性和非技术性词语，因此有必要进行一些详细说明。根据我们目前为止所阐述的内容，该定义反映了以下几个要点：

- "有效"一词表明，只是了解一些相关的事实是不够的，我们应该轻松、快速而高效地运用常识去完成既定目标。
- "普通"和"日常"表明，常识主要针对人类在日常生活中经常遇到的各种情况，无须人们通过专业教育培训来获取专业分析技能。常识涉及的都是普通和熟悉的事物。
- "经验"强调，常识是从重复经验中获得的知识，通常不是来自学校教育或技术文献。共有知识可以从别人那里学到，但一般来说，它是从个人经验中获取的。
- "实践"强调，常识用于在日常生活中做决策和解决问题。我们不认为它是某种学术研究或哲学论证的基础。

常识的实践性方面是心理学文献所强调的要素。心理学家罗伯特·斯特恩伯格（Robert Sternberg）经过多年潜心研究，创建了"成功智能"理论，阐述了在个人文化背景下制定和实现个人重要目标的能力。斯特恩伯格的理论框架主要关注适应行为，将智能理解为适应环境的能力。他提出了四种关键能力：分析能力、创造能力、实践能力和智慧能力。关于第三种能力，他说："实践能力就是大多数人所说的常识。"斯特恩伯格和他的合作者理查德·瓦格纳（Richard Wagner）认为，实践智能主要基于隐性知识，即"人们要在特定环境中获取成功所需的特定知识，这些知识并无明确表述，甚至连口头表述都没有"。该理论强调个人经验的作用，并认为这种隐性知识是程序性的，仅涉及如何在特定情境下采取行动。我们认同"实践智能主要基于隐性知识"的观点，但我们认为，用于常识性推理的许多隐性知识都是陈述性事实（即事实性知识）。

我们对常识的定义显然与我们常说的"理性"相关。心理学家史蒂文·平克（Steven Pinker）认为，理性就是"利用知识实现目标的能力"。这两个概念的区别在于：理性更加广泛，它不会限制可以应用的知识或推理的种类或复杂性。常识只能使用普通的经验知识，而理性可以使用专业知识，并且需要进行更深入和全面的应用和处理，而不像常识应用那样浅显简单。例如，一位患者刚刚接受了癌症检测，并且结果显示阳性。此时，医生就需要认真考虑患者是否应该接受癌症治疗。他需要认真研究测试的可靠性，排除误诊的可能性，从而做出合理的决策。在这种情况下，只有理性才能完成这一任务，而仅凭常识根本无法做到。

请注意，我们需要区分常识性知识（即事实、模式、原理与概括）与常识性推理（以某些方式运用该知识的能力）。当我们说某人具备常识或会运用常识时，通常是指他们不仅掌握了相关知识，而且可以合理运用。

关于"知识"一词，我们遵循人工智能领域的惯例，即不考虑知识和信仰之间的差异，两者使用基本通用的术语。严格来说，我们所说的"常识性知识"其实是"常识性信念"，其中某些信念可能是因某些错误的产生而形成和持有的。常识并不局限于那些完全正确或确信的信念（完全正确的信念非常少）。"知识"比"信念"更具优势，可用于一些"信念"所无法表示的情况。在某些情况下，我们可以用"知道"来表述，但不能用"相信"。例如，我们可以说，"哈利知道安妮手里拿的是什么牌"，但我们不能说"哈利相信安妮手里拿的是什么牌"。（如果非要用"相信"一词，那我们的表达就会显得笨拙别扭，例如："有一张牌，哈利相信安妮拿着那张牌。"）顺便说一句，尽管我们知道信念可分为不同程度，从最轻微的怀疑到绝对的确定，但我们在本书中不会深入探讨有关这些信念程度的数值是如何得出的或者如何与常识相关联。

常识的应用方法——自下而上和自上而下

在前文中，我们已经了解了常识的关键方面。现在，我们来探讨何时以及如何使用常识。如前所述，常识是关于对日常情况的实际反应。我们可以将应用常识的场景分为两大类，即"自下而上"和"自上而下"：

- 自下而上（或事件驱动）场景：是指你在观察、注意或察觉到一些异常情况后想要弄清楚情况。可能当时你正在从事一些目标导向的活动，也可能只是坐在椅子上放松。异常情况可能是意外发生的事情，也可能是意料之内的事情没有发生。你觉得有必要为观察到的情况找到一个简单直观的解释。

- 自上而下（或目标驱动）场景：是指你在考虑要做什么时，需要根据当前或未来情况来比较替代方案。你需要考虑各种方案的潜在成本和收益。在成本方面，你需要考虑风险、失败概率、负面影响、社会因素等。在利益方面，你需要考虑替代方案的成功概率或其结果的收益。

我们先来看自下而上的场景。我们每天机械地做着很多事情，就像被某种自动导航系统所控制。我们经常陷入例行公事，四处奔波，本能地进行着各种日常活动。我们行走、刷牙、运动，甚至通勤上班，都不会过多思考。即使我们制订了周全的计划，但当我们开始执行计划时，就会下意识地执行一些程式化的行为。比如，当我们准备驾车出游时，会先关上家门，走向汽车，打开车门，调整座位，然后再启程出发。这些程式化步骤是通过反复实践所积累的经验并蕴含了人们的期望。当这些期望得到满足时，我们甚至没有意识到。当我们关闭前门时，我们期望车门会自动上锁。当我们启动汽车时，我们期望仪表板会亮灯，风扇启动，收音机继续播放。这些事情都是顺其自然完成的，所以不会引起我们过多的注意。之后我们会考虑其他事情，例如打算在哪里吃晚餐或在哪里进行一次重要的工作演讲。

然而，在某些情况下，我们所期望的例行程序可能并未执行。如果车门关不严或者汽车无法正常启动，我们就会改变思维方式。我们会跳出常规思维模式，进入解决问题的模式。我们会自言自语，"哎，这是怎么回事？"（请注意，意外情况还可能是经过正常的时间后并没有发

生的事情，比如我们等了 20 分钟，订购的咖啡还未送达）

当我们遭遇这些意外情况时，会立即诉诸常识来解决问题。如果我们遇到过类似的问题，就可以参考过往经验来进行快速判断与维修：如果车门关不上，我们就会很自然地想到，车门与门框之间是不是被什么东西卡住了，比如玩具，把它拿开就行了。如果车灯不亮，我们会想到自己昨晚停车后是不是忘了关车灯，于是赶紧检查汽车电瓶是不是耗光了电。这些思维活动虽然不像前面那些活动一样轻松自然，但是我们也不用采取任何复杂的方法就能解决问题。如前所述，常识的特点之一就是本能寻找简单和熟悉的解释。如果我们根据常识采取的某种解决方案不起作用，就会继续寻找更有效的解决方案，甚至会胡思乱想：也许是有人跟我开玩笑，在车门上绑了弹力绳；也许是新的警报系统关停了汽车。然而，我们不会先想到这些情况。当我们在日常生活中遇到意外事件时，会首先运用常识来尝试解决问题。对于常见问题，常识可以快速地提供基于经验的解释与解决方案。

而且，我们通常会很敏锐地察觉到别人的常识性错误。许多父母往往深谙此道："你明明知道开车回家需要 20 分钟，但你在晚上 11：55 才离开莎莉的家，难道你不知道这样会错过午夜宵禁时间吗？"我们都能非常熟练地运用常识识别技能，因此总会要求别人"运用一点常识"。

现在，我们来探讨自上而下的场景。在这些情况下，我们制订计划以实现目标。在制订简单的计划时，我们无须书写或者使用计算机，而是凭借丰富的经验来构想关键步骤及其可能的结果。即使没有顶级的逻辑技能，我们也能以感性的方式构想未来的活动。在日常活动中，我们经常预想即将采取的一两步行动，比如想象自己走到厨房，打开冰箱寻找某种饮料；或者预想更多的步骤，比如乘车去机场，坐飞机出国，以及抵达目的地后在机场与朋友会面。常识可以有效地帮助我们构想未来的活动，是我们制订计划的首选手段。

如前所述，在此类计划活动中，我们可以根据过往经验考虑到一些显而易见的因素，从而快速确定预期行动是否会失败（如果周日邮局不开门，我们就无法取包裹），计划步骤中是否存在风险（如果我们即将驶上的高速公路没有加油站，我们的汽车将耗尽燃料），或者比较实现同一目标的两种替代方案的相对风险和回报（如果是交通高峰时间，通常来说更快的高速公路可能会发生拥堵，而普通街道由于有许多交通信号灯管控，可以有效避免拥堵）。

尽管我们都有预见结果的能力，但总有些人在考虑计划的优缺点时，表现得不尽如人意。喜剧演员杰里·塞恩菲尔德（Jerry Szeinfeld）讲过一个段子，万圣节超级英雄服装的制造商认为有必要在标签上加上警示语，提醒人们不要在穿上这种服装后尝试飞行。这清楚地表明，我们在作决策时，并不一定会遵循常识。

请注意，自下而上和自上而下的情境可能会交织在一起。意外事件会干扰正在进行的计划。如果我们在参加会议的途中不小心把咖啡洒在自己身上，我们会运用常识重构计划，考虑是否有时间回家换衣服，以及沿哪条路回家更快。有时，我们在执行计划时，能及时发现潜在的问题。在此情况下，习惯性地按常规程序行事，可能会让我们陷入麻烦的境地，但我们会在这种糟糕情况发生之前突然醒悟，意识到我们即将做或已经做的事情是有问题的。

在日常生活中，我们常见的一种同时采用自下而上和自上而下方式来运用常识的一个领域就是语言表述。一方面，我们会倾听他人的意见，并试图理解他们想要表达的意思；另一方面，我们会根据自己的目的来决定要表述哪些内容。有时，语言表述非常简单，我们只需将词语连接在一起就行，例如主语加谓语，名词加修饰语，或者代词加所指对象，就像我们前面提到的自动驾驶系统一样简单。在某些可能存在歧义的情况下，常识就会发挥作用。

下面这句话就很好地说明了这一点：

大球砸破了桌子，因为它是钢制的。

在这句话中，"它"存在歧义：可能指球，也可能指桌子。然而，我们会毫不犹豫地想到是一个重金属球砸破了桌子。我们不认为"它"指的是桌子，我们甚至不会去想桌子的材质是什么。因为根据我们的常识，重金属物体会轻松砸破非金属的桌面。有趣的是，如果我们改动这句话中的某个词，推理结果就会大不相同：

大球砸破了桌子，因为它是纸制的。

由于我们对易损物体的特点非常了解，所以我们想到的是一张纸制的桌子，只要有点重的球都能把它砸破。我们压根就没想到另一种可能性，即"它"可能是一个纸制的球。这些推论是我们快速而自然做出的，并且牢固地基于对世界的常识性理解。

上述事例的共同重要特征是，我们在推理时，无须掌握材料科学、动物行为或汽车修理等领域的专业知识来弄清事物本质或预测结果。这些都是日常情境，普通人无须很高的认知能力，仅凭日常经验即可预测或解释事件，这在很大程度上基于他们自己过去进行的观察。

常识有什么用？

常识如何为人类的认知带来价值？人类为何要拥有常识？

人类认知架构通常被认为包含两大"端点"：一端是用于处理日常活动的反射性动作组件，另一端是支持深入思考和有意识解决问题的系统分析组件。反射性动作组件可以帮助我们轻松处理日常工作与生活中的大部分事情，而无须费力思考。系统分析组件可以让我们运用人类的高级智能来解决复杂的技术问题，制订未来计划，撰写精彩的文章，以及实施创建和维护文明的一般活动。

常识是我们能克服外部因素的影响并有效完成上述工作的关键要素。当我们在日常活动中遇到问题时，首先想到的就是运用常识来解决问题。这样，对于出现的一些小问题，我们就无须调用更高级别的认知系统来解决问题。以常识驱动的简单经验思维完全可以处理我们平时遇到的大多数问题。因此，常识就像自动驾驶系统一样帮助我们轻松解决各种问题。常识是经过人类长期积累的经验与细致观察所形成的，可以在非常广泛的场景中应用，而且在大多数情况下都能成功解决问题。

复杂的思考和解决问题非常耗费精力和时间。相比之下，常识可以帮助我们的大脑节省宝贵的能量，并根据经验快速得出结论，而无须冗长的推理。在许多情况下，形势紧迫，反应时间非常关键，而常识就能让我们迅速采取行动。在这方面，常识可以说是我们的救命稻草。因此，常识在我们认知范围的反射端和分析端之间提供了关键作用。它不仅可以让我们快速做出反应，而且也能为更具挑战性的工作提供理论基础。

该理念得到了很多心理学家的支持。判断和决策领域的心理学家肯尼斯·哈蒙德（Kenneth Hammond）等人声称，两个端点之间存在着一种"认知连续体"❶，他们称之为直觉和分析。在他们看来，认知的中间部分是直觉与分析的组合，这与我们对常识的理解（具有逻辑性，但更快、更简单和依靠记忆驱动）基本相同。哈蒙德将位于连续体上的常识称为"准理性"（这是个不错的概念，但在后文中，我们还是继续采用大家熟悉的"常识"来进行表述）。

即使我们充分运用了分析能力，常识仍然发挥着关键作用。在使用互联网和电子表格计划复杂的旅行时，我们仍然需要依靠常识来完善许多步骤。例如，我们不会计划"用手拉开车门，然后进入出租车"。常识使我们可以跳过这一部分，只需构想出前往机场旅程的开始和结束即可。换句话说，即使是需要缜密思考和分析的解决方案也要以常识为基础。实际上，对一般推理而言，这是完全正确的：普通常识填补了更深

---

❶ 认知连续体是一种表示认知和思维在不同层次之间相互连接的模型，它强调了认知和思维的渐进性和连续性，而不是断裂或分割。——译者注

奥步骤之间的空白，从而让我们得到完整而严谨的推理步骤。

最后，我们需要指出，常识可以让我们有效地利用大量经验。也许在未来，我们会进化到相当高级的阶段，可以记住我们每一次经历的各种细节，就像一个完美的录像机。然而，如果真是这样的话，要想找到相关的过往经验来解决我们当前遇到的问题将是一项繁重的搜索任务。相反，我们的记忆通常是模式化的。我们将自己经历的许多相似事物汇总起来，形成一种融合各种经验的通用模式。像弗雷德里克·巴特利特 ❶（Frederic Bartlett）爵士这样的心理学家已经证明，我们以一种模式化的方式来记忆事物，并对记忆进行重构后使用，而不是简单地调用和回放。众所周知，我们的记忆是存在缺陷的，我们有时会将某个记忆的经历与另一个类似的经历混淆在一起。然而，尽管这种泛化的记忆方式可能会导致问题（例如，它可能会使人们成为糟糕的目击证人），但从常识的角度来看，它是一种优点而非缺陷。通过这种机制，我们可以从多种经验中总结和学习经验，而不必记住每次经验的细节。当我们需要运用这些经验来解决问题时，我们可以使用通用的记忆版本，而不必区分大量相似记忆之间的差异。

正如我们后文所述，如果我们经历的事情不多，或者每个事件都在我们的掌控之中，我们可能都不需要掌握常识。然而，我们在现实世界中需要面对层出不穷的事件和现象，呆板僵化的常规程序根本无法自动应对，因此迫切需要某种机制来处理这些事件与问题。常识可能不会成为我们的最终选择，但它毫无疑问是绝佳的初选方案。常识直观而可靠的实践基础能让我们更灵活地处理意外情况，并具有强大的稳定性，可以快速有效地应对变幻莫测的世界。就此而言，由于智能通常被视为一种学习并成功适应环境的能力，因此常识也被视为智能的核心要素。

---

❶ 弗雷德里克·巴特利特：英国心理学家。——译者注

常识固然重要，但并非灵丹妙药

尽管常识是我们日常生活的关键要素，但显然并非所有人类思维都是常识性思维。有时，常识不起任何作用，这可能是由于我们没有很好地运用常识，也可能是由于常识这种简单调用经验的方法无法解决难题。我们的大部分精神生活已经超出了常识的范畴，存在于认知连续体上的不同位置。在本章结尾，我们想简要介绍一下常识不适用或者受限的情况，并将在后面章节中进一步阐述。

专业知识：大多数人在工作中会学到某种专业知识，或者在学校里学习一些超出日常经验范围的学科知识，我们统称为专业知识。这些知识是通过专门教学和实践经验相结合获得的，是创造新技术、解决复杂问题以及推动社会进步的必要因素。要掌握这种专业知识，需要我们深刻理解事物的运行原理和存在方式，认识到专业知识与常识的区别。相比之下，常识更依赖于经验，而不会过多关注潜在的原因和原则。专业知识的传递与学习方式与常识不同，通常需要调用更多的记忆内容并使用综合和推理机制。与常识机制相比，这些专业知识机制更具有目的性和分析性。专业知识不能取代常识，而是丰富和深化常识性知识。例如，即使是火箭科学家也应该知道，与他们一起工作的人需要呼吸空气。

解题模式：即使没有接受广泛的数学或解题训练，人们仍有能力解决一些难题。我们遇到无法直接解决的问题时，都会退后一步，想办法寻找解决方案，比如动笔进行计算和分析，或者与他人协商。有时是为了解决娱乐难题，例如杂志上的数独游戏和逻辑难题，有时是完成一些缺乏乐趣的任务，例如填写所得税表格或将名称列表按字母顺序排序。这种方法也适用于各种更专业的任务，例如计算桥梁负载或求解线性方程组。当我们运用所学的涉及代数、逻辑、流体力学以及其他领域的专业方法来解决问题时，我们就已经超越了常识的范畴。如果需要动笔演算或通过复杂的程序来解决问题，那么这就不是常识性解决方案（当然，当我们执行某个程序时，仍会用到常识。如前所述，无论我们使用任何方法，都需要利用常识来完善各个步骤）。

识别模式：我们的某些思维方式与知识、常识或其他因素无关。比如，我们来看下面这几对字母序列："wxyz"和"wyzx"、"rbv"和"rvb"、"shout"和"south"，以及"gccewt"和"gcewtc"。你看出其中的规律了吗？你能找出来每对字母序列中的两个元素之间的关联吗？你会发现，你掌握的知识和参加过的培训对你的思维没有任何帮助。此外，这种思维模式也不依赖于视觉：尽管我们列举的都是字符，但我们可以通过声音序列或敲击身体的方式来加深印象，而不需要使用任何视觉信息。有趣的是，这种模式也用不到我们的感知能力。如果在一个字母序列对中，第一个元素代表星期日、星期一、星期二，一直到星期六，那么与之对应的另一个元素代表什么？我们人类比较擅长找出此类序列以及更复杂结构的模式规律，但这与常识能力不同。可以说，这种模式识别能力是对常识能力的一种补充和完善。通过这种能力，我们就可以认识到不同常识类别（如医院和教堂）之间的类比或部分对应关系。稍后我们会详细阐述这个问题。

原始冲动：很明显，人类采取的很多行动都是由情感、冲动和欲望所驱使，而不是受到常识或明确目标的指引。人类并不清楚，这些本能驱使的因素何时以及怎样才能对人类有益。例如，对陌生人的戒备无疑在某种程度上有所帮助，但很容易让人产生负面的仇外心理。恶心的感觉会阻止人们去吃一些不健康的东西，但同时也会形成过度的强迫症。在最糟糕的情况下，此类本能冲动会将人类引向与常识背道而驰的方向，从而被视为心理失常。我们前面提到过，有些人可能会冒险跳到地铁轨道上去捡拾手机，这充分说明了人类的原始本能可能会战胜常识理性。当遇到突发情况时，我们很难确定自己会选择常识理性还是原始冲动来采取行动。

虚假信念：社会学家邓肯·瓦茨（Duncan Watts）在其著作《一切都显而易见（只要你知道答案）》[*Everything Is Obvious*（*Once You Know the Answer*）] 中精彩地阐述了他对常识和非常识的看法。他认为，其中一个重要特征就是常识与"当前日常生活"有关。他认为，"如果在远离我们当前时间与空间条件的情况下来预测或管理人们的行为"，常识就会失效。虽然我们不确定这种"远离"所涉及的具体方面，但瓦茨无疑准确地评价和阐述了那些可能会被常识误导的情况。作为一名社会学家，瓦茨主要研究社会现象，如政治冲突、医疗保健经济学和营销活动，但他也探讨了对于物理世界的常识直觉可能会将我们引入歧途的情况。他举了一个例子：从同一高度水平发射和自由落体的子弹，哪一颗会先落地？根据我们在高中时学到的物理知识，这两颗子弹会同时落地。尽管如此，我们还是很难摆脱发射子弹会在空中停留更长时间的常识信念。我们的一些常识信念看似合理，但其实会误导我们。瓦茨的这本书的副标题是《常识是如何让我们失望的》（*How Common Sense Fails Us*），这说明他关注的是常识的不足之处。虽然在很多情况下，常识会让我们失望，但我们仍然坚信，常识是人类认知能力的关键要素，并且在很多时候它是默默无闻地帮助我们成功解决问题。

认知偏见：心理学家丹尼尔·卡尼曼（Daniel Kahneman）和阿莫斯·特沃斯基（Amos Tversky）以及其他学者令人信服地展示了许多常识无能为力的情况，尤其面对各种人类认知偏见（维基百科的定义是"在进行判断时偏离规范或理性的系统模式"）时更是如此。人类快速简单地依靠经验的思维方式使我们很容易受到误导：一厢情愿的想法、确认偏差、涉及成本和收益的谬论、过于乐观的心理捷径，以及许多其他可能造成麻烦的偏见和幻想。

例如，我们来探讨所谓的"代表性启发式"。这是人们在思考对象类别时采取的一条心理捷径，其中仅考虑典型或代表性案例。卡尼曼和特沃斯基做过一个著名的实验，他们告诉受试者，有一位学生活动家琳达（Linda），她平时积极参与社会正义事务和学生示威活动。然后，专家让受试者判断琳达可能从事的职业。其中一个选项是"女权主义银行柜员"，另一个选项是"银行柜员"。受试者都毫无例外地选择了前者，而非后者，这根本不符合逻辑！受试者之所以会出现错误，是因为他们仅从典型属性的角度出发来思考"银行柜员"这种没有具体限定的职业类型。换句话说，受试者似乎将"女权主义银行柜员"与"典型银行柜员"进行比较，然后犯了这个错误，想当然地认为琳达的职业更可能是前者，而非后者。

在阐述人类偏见背后的原因时，卡尼曼明确指出了"系统1"和"系统2"之间的区别，系统1是指因受到刺激而产生的快速和条件反射式的反应；系统2是指针对复杂情况深思熟虑地解决问题。常识在这个框架中的定位并不明确。虽然常识性推论也是快速和直观的，但并不完全符合系统1，系统1与前述的"条件反射"或"直觉"有更紧密的关系。卡尼曼建议系统1能够回答"2+2 =？"并在空旷的道路上行驶，但是它是否能够理解前文句子中的代词"它"的意思呢？比如"大球砸破了桌子，因为它是钢制的"。系统2主要用于处理我们需要投入精力的活动，但似乎更符合我们前面探讨的分析组件。我们将在后文进行更深入的分析，以了解卡尼曼及其团队如何解释常识在其框架中的作用。

无论社会学家和心理学家如何解释常识失效和存在局限性的根源，根据常识和专业知识之间的区别，以及常识和更多以解决难题为导向的思维之间的区别，我们都可以明确认识到，常识虽然对生活至关重要，但它并不是我们所需的唯一心智能力。如果你的工作是管控核电站或驾驶复杂的客机，那么就不能仅凭借常识来完成任务。

如果我们想让机器掌握和运用常识，就应该意识到这些局限性，并努力帮助机器及时发现常识的不足之处，无论是在解决问题之前还是事后分析。这对于我们在后续章节中阐述人工智能系统有着重要的意义。

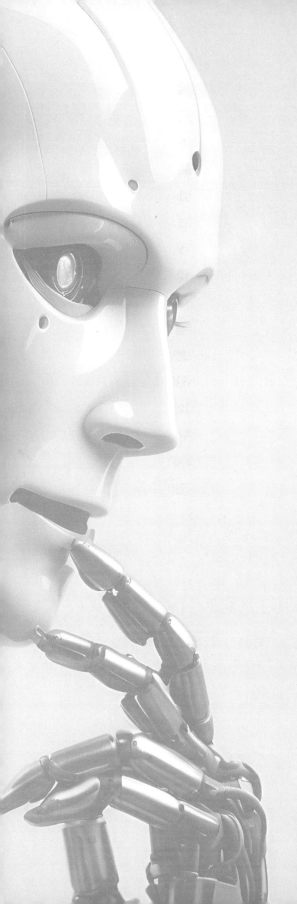

3

人工智能系统
中的专业知识

———————————— ✳

一个人应该掌握多种技能，比如换尿布、指挥舰船、设计建筑物、写十四行诗、平衡账目、砌墙、接骨、安慰垂死之人、接受指令、下达指令、协同合作、单独行动、解方程、分析新问题、施肥、编程、烹饪美食、高效战斗和英勇死去。

专业化只适用于昆虫。

罗伯特·海因莱因（Robert Heinlein），《时间足够你爱》（Time Enough for Love）。

　　本书主要探讨了制造通用智能机器需要具备的要素和条件。制造通用智能机器并非新概念，根据近期有关人工智能的新闻报道，我们感觉距离既定目标越来越近了，也许某个资金雄厚的实验室已经研发出来成果并秘密隐藏，就像电影中展示的那样。

　　事实并非如此。迄今为止，人类已成功研发出了很多强大的人工智能系统，但这些系统都只能应用于特定的专业领域，而且很难改变现状。因此，在探讨主题内容之前，我们有必要花些时间来了解人工智能的研发历程与现状。在本章中，我们准备介绍该领域在过去60多年中取得的一些主要成就，尽管目前人工智能还未能掌握人类所拥有的丰富技能与强大智能，但人工智能已经取得了巨大进步。然后，我们将回顾并总结前进的道路上需要吸取的经验教训。

在过去的几个世纪里，人类一直在研究具有智能行为的设备与机制。然而，许多人认为，直到20世纪50年代通用电子计算机诞生后，该领域的研究才开始取得实质性进展。一个关键的转折点是1956年在达特茅斯学院举办的一次有关人工智能（由约翰·麦卡锡命名）这一新兴领域的研讨会。在20世纪60年代初，作为一门全新的学科，人工智能在许多大学实验室中开始生根发芽，这要归功于参加达特茅斯会议的计算机和认知科学家们，如麦卡锡（McCarthy）、马文·明斯基（Marvin Minsky）、艾伦·纽厄尔（Allen Newell）、赫伯·西蒙（Herb Simon）等。尽管人们对于智能的真正含义尚未达成明确的共识，但在过去的60多年里，通过计算机编程来实现智能化一直是科学家们孜孜以求的目标。近年来，该领域的发展令人瞩目。巨额资金投入人工智能领域，越来越多的人也开始熟悉"人工智能"，这些都令人叹为观止。

如今，人工智能领域的关注点与投资目标都集中在一种被称为"深度学习"（详见下文解释）的人工智能系统构建方法上。关于该课题的研究论文非常多，以至于许多人认为人工智能就是深度学习的同义词。的确，深度学习取得的成就的确令人钦佩和振奋。然而，在我们看来，要想更全面地理解人工智能的优点和局限性，需要采取更宏观的视角。人工智能领域经历了几次思维变革，对于如何构建人工智能系统，业界存在很多截然不同的观点。每一次思维变革都被认为是颠覆性的，有望取代之前的所有其他方法。深度学习只是受到这些思维变革影响的一个最新领域。

在本章中，我们将探讨五个在内容上相互交织的主题，这些主题推动了人工智能朝着实用和有趣的方向发展。这些主题源于该领域的几个不同方面，强调智能行为的几大核心要素，探讨各要素在近几十年以来的研究与发展状况。每个主题都取得了显著的成功，但在实现人工智能方面，每个主题也暴露出了一些明显的不足。

在我们开始之前，需要强调的是：我们并没有试图涵盖整个领域，甚至在我们所探讨的这五个领域中也无法做到全面覆盖。很多学者已经深入地阐述了人工智能的历史，我们无意与他们一争高下。我们关注的是该领域最初的宏伟愿景，即创建一个能在人类世界中自主行动的人工智能系统，能实现既定目标，并能迅速适应不断变化的条件。本章中我们将提及一些较为知名的人工智能项目，但始终关注它们对具有常识的健全和通用的人工智能系统的影响。

主题 1：游戏类人工智能

自 20 世纪 50 年代人工智能诞生伊始，人们一直在研究如何能让计算机玩策略类游戏（如国际象棋、跳棋、围棋、扑克等）。其中有三大主要原因。第一个原因是在此类领域中，衡量人工智能是否成功十分容易，只需观察计算机程序能否击败顶尖人类选手即可。第二个原因是像国际象棋和围棋这样的游戏被普遍认为具有很高的智力挑战性，并非所有人都能玩得好，国际冠军像体育英雄一样备受敬仰。第三个原因更为实际：如果依照数学家克劳德·香农（Claude Shannon）和计算机先驱艾伦·图灵的想法，似乎可以相对容易地制作并运行游戏类计算机程序。

简单来说，香农和图灵的想法是这样的：要想让计算机在国际象棋这类游戏中达到专家水平，无须将象棋类专业书中讲述的所有复杂棋技编入程序。相反，只需充分利用计算机的高速运算能力，全面探索游戏规则中隐含的"技能树空间"，学习所有可能的走法和应对策略即可。这样在游戏过程中，无论对手的棋艺有多么高超，计算机程序都可以准确预判出对手的下一步棋以及后续的棋局发展，从而确定最佳的走法。国际象棋程序具有巨大潜力，它能预见得足够远，棋艺水平远超其编程者。

实现这个想法的主要难点在于，棋盘上需要考虑的位置组合的数量非常庞大。20 世纪 50 年代早期的计算机远不如当今的计算机能力强大，因此最初的游戏程序只针对小型游戏，如跳棋和 6×6 格的象棋。在 20

世纪 50 年代，计算机科学家阿瑟·塞缪尔（Arthur Samuel）开发的一款著名跳棋游戏程序大获成功。然而，直到 20 世纪 90 年代末，计算机科学家乔纳森·谢弗（Jonathan Schaeffer）开发的跳棋游戏程序才最终成为世界冠军。在国际象棋领域，直到 1997 年，国际商业机器公司（IBM）开发的"深蓝"（Deep Blue）超级计算机才成功击败了当时的世界冠军加里·卡斯帕罗夫（Garry Kasparov）。"深蓝"的设计遵循了香农和图灵的方案，并采用了专用硬件，能够每秒分析两亿步棋。

"深蓝"是人工智能历史上的一个重要里程碑。人们首次制造了一个强大的人工智能程序，能够在人类智力擅长的领域取得成功。自从人工智能诞生以来，就一直将国际象棋视为重点目标。早在 1957 年，诺贝尔奖得主赫伯·西蒙就将国际象棋选为目标，预测在 1967 年前肯定会有某种智能机器能击败象棋世界冠军。要想获得成功，关键因素并不是掌握多少专业知识或战略能力，而是要具备在庞大空间中搜索与管理有效信息的技能。此外，还需要通过不断扩展和改进，以开发出能击败世界冠军的游戏智能程序，例如，针对带有随机元素的游戏［如 1979年计算机科学家汉斯·柏林纳（Hans Berliner）及其同事所演示的西洋双陆棋游戏］和含有不完整信息的游戏［如 2017 年计算机科学家图奥马斯·桑德霍姆（Tuomas Sandholm）及其同事所演示的扑克游戏］等。有趣的是，对于像围棋这类具有庞大计算量的游戏，这些技术就无能为力了，需要更强大的机器学习理念，如下文所述。

纽厄尔与西蒙是最早提出将有效搜索巨大可能性空间作为智能行为核心要素的科学家。除游戏外，人们在解决像 15 拼图游戏这样的谜题（玩家尝试在 4×4 格棋盘中将 15 个编号的图块按数字顺序滑动，类似华容道）时也用到了类似的搜索方式。这种搜索方法甚至被应用于证明数学定理等任务。在本例中，"走棋"的含义是根据某些逻辑规则向证明过程中添加句子，目标是得出要证明的最终定理。

尽管基于搜索的方法是人工智能的一个重要工具，但它也存在明显的局限性，即使对于游戏也是如此。为了说明这一点，我们下面介绍一种名为《强权外交》（*Diplomacy*）的战棋游戏，其在维基百科上的定义如下：

> 《强权外交》游戏由七名玩家参与，每位玩家控制着一个欧洲大国的武装力量。每个玩家的目标是控制其初始部队来击败其他玩家的部队，以占领地图上标记为"供应中心"的战略城市；这些供应中心可以让占领者生产更多的部队。在每轮玩家谈判之后，如果某位玩家得到了更多毗邻城市的支持，那么它就可以发起攻击并占领支持率较低的城市。

从人工智能的角度来看，这款游戏的出彩之处在于，在所有玩家同步走棋的间隔时间中，预留了时间供玩家们相互谈判。结盟可以让玩家加强军事实力，避免孤军奋战、疲于御敌。单打独斗的玩家通常很难坚持到最后。然而，游戏规则并未明确规定谈判应如何进行。玩家之间具体如何谈判，采取私下还是公开的方式，都完全取决于他们自己。特别是，他们宣称的下一轮行动很可能与他们秘密下达的书面命令完全不同。当然，如果某位玩家被公认为缺乏诚信，那么他将很难找到盟友——不仅在当前游戏中，而且在后续游戏中也是如此！

在这个游戏中，我们可以清楚地看到，在预定空间中搜索可能的走棋步骤只是其中的一个环节。在欧洲地图上移动军队看似与国际象棋或围棋中移动棋子非常类似。然而，当我们把谈判因素考虑在内时，这种类比就不成立了。在谈判阶段，玩家们会选择何种"行动"并不明确。

换句话说，我们已经意识到，人工智能程序在象棋、围棋、扑克等游戏中取得成功，是因为这些程序是在具有限定范围的环境中运行，其中的游戏步骤可以提前进行枚举和描述（当涉及概率因素时，也可能具有概率性）。而《强权外交》游戏则与之不同，其玩法与现实生活的行为非常类似。

主题 2：自然语言理解

图灵是研究机器是否具有思考能力的科学家先驱之一。他设计了一款独特的游戏，即让计算机和人类隐藏在幕后，并与一位裁判员进行对话。如果裁判员无法明确区分对话者的身份是计算机还是人类，计算机则可被认为具备智能。（这一方法过分简化，所谓的图灵测试具有多种变体。）图灵测试的直观吸引力在于，人们普遍认为，若没有真正的智力支持，不可能在对话中达到人类水平的表现。然而，和其他游戏一样，该测试并未对智力的实质内涵及其在人类生活中的实际作用给出明确解释。在这种"模仿游戏"中，计算机最终必然取得胜利。

自然语言（Natural Language，NL）似乎非常适合计算机编程。我们在学校都学过语法，都了解动词词形变化与句子结构的规律性，因此很自然地认为人类可以开发出一种能让计算机理解自然语言的算法。语言学家诺姆·乔姆斯基（Noam Chomsky）和其他研究人员为结构化形式语法的研究带来了最初的灵感。让机器理解自然语言的实际影响显而易见。与其使用晦涩难懂的人工计算机语言向计算机提问和下达命令，为何不使用更接近英语的自然语言呢？

自然语言处理的工作始于人工智能早期（甚至是在其成为一个研究领域之前）。早在 20 世纪 50 年代，科学家们便试图解决语言之间的自动翻译（我们将在后续学习章节中对机器翻译进行更多介绍）。最令人印象深刻的早期项目之一是麻省理工学院（MIT）的一个名为 SHRDLU 的系统，该系统由计算机科学家特里·维诺格拉德（Terry Winograd）在 1970 年左右开发。SHRDLU 系统被置于桌子上的积木玩具世界中，用户可以用英语发出指令，使系统操纵虚拟机械臂在桌子周围移动积木。一个典型的指令可能是这样的：

找一个比你手里的积木更高的积木，并把它放在箱子里。

从研究角度来看，该系统的一大优势是，可以明显看出英语指令或提问是否被正确理解。然而，它也存在缺点，英语提问受制于其创造者事先设定的对象及属性（积木的大小、形状、颜色和位置）。

像 SHRDLU 这样的系统在某种程度上是通用的，因为在新的应用领域中无须对基本语法和执行机制进行重新编程。但如果要扩大其适用范围，则需要投入大量的人工劳动力才能实现。通常情况下，此类系统只关注语言的输入方面，而在产生输出方面则采用最简单的方案。尽管它们在回应限定性问题和指令方面表现尚可，但无法轻松应对自然对话。

自 20 世纪 70 年代以来，以文本为中心的自然语言处理一直在稳步发展，并在商业领域中进行了一些适度尝试——例如，将自然语言前端界面应用于商业数据库。然而，更重要的影响来自处理口语而非由输入文本而构建的系统。

在相当长的一段时间里，人类语言处理一直颇受关注。在过去四十年中，美国国防部高级研究计划局（DARPA）给予的持续关注在一定程度上推动了该研究的重大进展（DARPA 支持广泛的研究，包括一些基本的长期课题，远远超出国防应用范畴）。早期的工作（如基于文本的处理工作），通常是由基于语法和结构的方法来推动的。然而，20 世纪 80 年代末，随着基于大型语言语料库增强的统计方法在该领域内广泛应用，机器学习取得更大的进步，一场重大的变革开始了。

语音识别是人工智能历史上最杰出的成功案例之一。像 Siri、Google Home、Alexa 和 Nuance's Dragon 等系统，尽管存在一些局限性，但是都能够在一般嘈杂的环境中处理普通的口语，并以惊人的准确性转录话语。当然，这些系统在语音转换过程中难免出错，但更重要的是它们的整体工作效果非常出色。即使在 20 年前，这种强大的语音技术对专家们来说也似乎是一个遥不可及的梦想。

然而，遗憾的是，即使经过了 60 多年的发展，让机器以类似人类的方式来处理语言仍然是一个难以实现的目标。问题在于，语言通常用来谈论某个主题，而正是这个主题本身成了主要障碍。正如维诺格拉德所说："我们认为，除非计算机能理解它所讨论的主题，否则它无法合理地处理语言。"尽管像 Siri 和 Alexa 这样的系统在技术上令人惊叹，在 20 年前令人难以想象，但现在已经集成在了数百万人的手机与家用电脑中。然而，它们在回答那些未被开发者预料到的主题问题时表现得不尽如人意。

为了避免人们认为只有在涉及深奥主题的复杂句子中才会导致理解困难，一组研究人员（包括本书作者之一）提供了一个比图灵的模仿游戏更有针对性的智力测试，这个测试表明，也许核心挑战不仅是理解语言本身甚至是对话，而是理解世界本身。

维诺格拉德提出了一个假设：简单的双句模式表明，只有具备一定的理解世界的能力，才能成功处理自然语言表达。下面，我们来看一个经典范例：

> 市议员拒绝给示威者发放许可证，因为他们害怕暴力。
> 市议员拒绝给示威者发放许可证，因为他们主张暴力。

难点在于：如何确定每句话中的代词"他们"是指市议员还是指示威者。这两个句子之间唯一的区别是一个动词，但要成功地回答这个问题似乎需要了解市议员和示威者的所作所为。事实上，这与在前一章中使用代词"它"的范例如出一辙：

> 大球砸破了桌子，因为它是钢制的。
> 大球砸破了桌子，因为它是纸制的。

像这样的例子，现在被称为"维诺格拉德式"，表明即使要理解简单的句子，也可能需要掌握大量的物理现象和社交常识的知识，事实上，这项能力几乎涵盖了现实世界的全部知识（稍后我们将对此进行详细介绍）。

最后，在探讨自然语言系统时，我们不得不提及 IBM 的"沃森"（Watson）系统。2011 年，经过大量的编程和知识获取工作，"沃森"在电视节目《危险边缘》（*Jeopardy*）中与两位最优秀的人类冠军进行了三场正面对决。在万人瞩目的全国直播中，"沃森"击败了它的人类对手。事实上，它能在事先不知道任何线索的情况下实时回答问题，非常了不起。"沃森"使用了各种自然语言处理方法，并接受了大量各种来源的世界知识的培训，包括大量的归档类别、线索和所有之前《危险边缘》游戏的正确答案。

"沃森"成为大众媒体的宠儿，被其击败的前冠军肯·詹宁斯（Ken Jennings）在最后回答中承认："我代表个人欢迎我们的新一任计算机霸主。"IBM 随后将其核心系统商业化，并将其应用于许多领域，包括医疗保健和医学，结果好坏参半，有些令人失望。在《危险边缘》节目中，"沃森"的一些答案曾出现过问题，比如在被问及"多伦多是什么"时，却回答说它是一个美国城市。虽然"沃森"展示了前所未有的多功能性，并在直播节目中出尽风头，但它的失误也充分表明，人工智能在处理自然语言时仍面临理解世界和运用常识的挑战。

主题 3：基于规则解决问题

与自然语言理解中存在的挑战类似，人工智能研究的一个重要主题是如何像人类一样解决问题。这一主题的研究最早是在麻省理工学院（MIT）开展的。在 20 世纪 60 年代，明斯基（Minsky）指导研究人员解决各种人类认知挑战，如解决代数和演绎文字问题 [计算机科学家丹尼尔·博布罗（Daniel Bobrow）和伯特伦·拉斐尔（Bertram Raphael）]，进行几何类比 [数学家托马斯·埃文斯（Thomas Evans）]，以及寻找概念之间的关联 [认知科学家罗斯·奎利安（Ross Quillian），该工作在卡内基梅隆大学完成]。

在卡内基梅隆大学的早期人工智能研究中，来自人类思维的灵感是非常重要的前沿和核心要素。他们建立了一种基于心理学的观点，在编写人工智能程序时，观察和研究人类实验对象在解决问题时采用的"有声思维"。纽厄尔和西蒙认为，我们可以通过研究长期记忆和短期记忆之间的操作来理解问题解决过程。长期记忆相对稳定，由一系列的条件规则（即 IF/THEN 规则）组成，而短期记忆则相对不稳定，用于储存解决问题过程中的中间结果。问题解决过程是通用的：在当前的短期记忆中，反复查找适用的规则，并使用它们来确定在下一轮周期中改变记忆的方法。所有解决问题的细节都被编码在规则本身中。

以这种方式应用规则的想法对整个领域产生了显著影响，掀起了人工智能研究的狂潮，一系列对商业世界具有显著影响的系统应运而生。20 世纪 70 年代，基于这一想法的一系列成果通常被称为专家系统，因为它们专注于模仿人类专家的方式，利用从对话中获得的规则来解决问题。

该领域的大部分开创性工作来自斯坦福大学创建的首批专家系统。计算机科学家泰德·肖特利夫（Ted Shortliffe）的 MYCIN 系统展示了基于规则的系统在医学诊断和治疗中的强大功能，例如针对特定疾病开具处方药。到 20 世纪 70 年代末，MYCIN 在传染病治疗方面的能力已经达到了人类医生的水平，这是一项伟大的成就。关于典型 MYCIN 的规则解释见图 3-1。

> 如果
> 　1. 患者头痛的时间范围是急性的，
> 　2. 患者突然发作头痛，
> 　3. 头痛严重程度（0—4）大于 3，
> 那么
> 　1. 有提示性证据（.6）表明患者感染细菌性脑膜炎，
> 　2. 有不太充分的提示性证据（.4）表明患者感染病毒性脑膜炎，
> 　3. 有提示性证据（.6）表明患者蛛网膜下腔内充血。

图 3-1　关于 MYCIN 的 IF/THEN 规则解释

最早的重要工业专家系统包括 Prospector 和 XCON 系统。Prospector 系统是由计算机科学家理查德·杜达（Richard Duda）和彼得·哈特（Peter Hart）及 SRI 国际公司的同行们合作开发的系统，是一个通过模拟有限数量的地质学家所掌握的特定专业知识来预测矿藏的系统。Prospector 系统成功完成了既定任务，包括预测华盛顿州一个以前未知的钼矿床。XCON 系统是由卡内基梅隆大学的计算机科学家约翰·麦克德莫特（John McDermott）设计，用于配置数字设备公司的计算机。XCON 于 1980 年投入使用，到 1986 年，大约处理了 8 万份订单，为其母公司节省了 2500 万美元。XCON 是当时最复杂的专家系统，包含约 2500 条规则。

当这些早期的开创性成果证明其商业可行性后，专家系统领域得到迅猛发展。人工智能公司得到的投资大幅增长，成千上万的专家系统被部署在大量行业中。这是人工智能首次被国际社会认可为具有重要商用价值的时期。

显然，专家系统取得了成功，而且所有的专业知识都可以被编码在一系列规则中。于是，汽车保险杠的贴纸上出现了这样一条有关人工智能的标语："知识就是力量"[通常认为，这是弗朗西斯·培根（Francis Bacon）爵士的名言，但实际上可以追溯到 10 世纪]。在解决专家级的问题时，巧妙的算法不是关键因素，知识（而且是大量的知识）才是关键。然而，这里"知识"实际上是指"IF/THEN 规则形式的专家知识"。这意味着该范式存在两个重大缺陷。首先，这存在一个所谓的"知识获取瓶颈"的问题：从人类专家那里人工收集足够的规则是一个巨大的负担。其次，虽然这些系统确实允许在专门领域模拟特定的解决方案，但它们严重局限于有限的专业知识类型。当被问到超出其能力范围的问题时，它们就会无言以对。计算机科学家梅勒妮·米切尔（Melanie Mitchell）指出：

专家系统……越来越显示出其脆弱性，也就是说，容易出错，在遇到新情况时往往无法进行概括或调整。在分析这些系统的局限性时，研究人员发现，编写规则的人类专家实际上依赖潜意识的知识（即常识性知识），以便明智行事。

我们将在下一章中对此进行深入探讨。

主题 4：自主集成系统

随着人工智能技术在专业领域取得成功，趋势变得越发明显：要使人工智能软件用于工业领域，并为付费客户提供满意的性能，工作必须深入，可以限定专业范围。只要稍加注意，上述的脆弱性并不会妨碍成功应用。

然而，人工智能的目标从一开始就远不止于此。人们设想的自主机器人能够自主决策，并根据计划执行行动。而让机器人自由行动，就必须让其做好应对意外情况的准备。

SRI 国际的"沙基"（Shakey）项目是 20 世纪 60 年代末的一个人工智能项目，旨在制造一种可以在室内空间滚动的机器人，并制订和执行相当复杂的计划，从一个房间移动到另一个房间，并可以移动物体 [机器人之所以被称为"沙基"（其英文名 shakey 取自 shaky，有摇晃之意），是因为它停下来时会摇晃]。早期成果之一就是把一个具有一定自主能力的移动系统放置在某种程度上不可预测的环境里，让它感知周围环境，计划行动，观察这些行动的影响，并调整其计划和下一步行动。例如，机器人做出决策，要把一个箱子从高架平台上推下，它应该滚上一个斜坡，并清理通道，以便顺利推下箱子。

在"沙基"项目之后，机器人逐渐走出实验室，走向世界。1998年，计算机科学家塞巴斯蒂安·特伦（Sebastian Thrun）及其同事开发了一个名为"密涅瓦"（Minerva）的交互式移动机器人，它可以在没有人类干预的情况下工作，在两周的时间里引导游客参观史密森尼美国国家历史博物馆（Smithsonian's National Museum of American History）。博物馆经常人满为患，使得安全导航变得非常复杂，"密涅瓦"可以在这种不可预测的动态环境中进行安全导航（我们可以看到很多精彩的视频，孩子们挡住了机器人的路，试图分散它的注意力或爬上去）。

也许自主人工智能系统最需要适应的环境是像外太空这样遥远而独特的环境，因为人类无法在太空中进行远程操作或实时通信。正因如此，美国国家航空航天局及其喷气推进实验室一直在探索自主系统的前沿技术。1997年，部署在火星表面的"旅居者"（Sojourner）探测器是其首批自主机器人系统之一。在1999年的"深空一号（Deep Space-1）"任务中，一个人工智能软件系统在距离地球6000多万英里（1英里 ≈ 1.61千米）的地方操控机载计算机系统长达两天。据悉，该人工智能系统收到了几个模拟航天器的故障报警信息（一个电子装置出现故障，传感器误报信息，以及姿态控制推进器卡阻等），并且妥善处理了这些故障。

在研究单个机器人系统的过程中，一个有趣的发展使研究转向了机器人团队。基于计算机科学家艾伦·麦克沃斯（Alan Mackworth）在1992年提出的建议，日本和美国的研究人员提出了人工智能面临的一个重大挑战：到2050年，用一队自主机器人击败人类世界杯冠军足球队。正如其他现实世界中的嵌入式机器人面临的问题一样，足球世界的开放性以及与对手的竞争比赛，对核心人工智能算法提出了挑战，要求实时感知与实时决策相协调。机器人世界杯（RoboCup）足球挑战赛由此诞生。从那时起，来自世界各地的团队不断创新并大幅改进模拟机器人足球队，以及发明各种尺寸的轮式或腿式机器人。

目前，一个重要的领域，即自主集成系统，正在逐渐纳入日常应用。该领域的一个重大进展始于DARPA的一项重大挑战，即让一辆汽车在加利福尼亚州和内华达州之间的沙漠中自主行驶132英里。在2004年举行的首届比赛中，成绩最好的车辆仅驾驶了7英里，当时它在转弯时不幸被护堤卡住。但在2005年的第二届比赛中，23辆参赛车辆中有 5 辆完成了比赛，其中斯坦福大学的斯隆（Thrun）及其团队的名为斯坦利（Stanley）的汽车夺得冠军。这一成功直接导致了谷歌率先启动对自动驾驶汽车的研究工作，并最终影响了一些汽车制造商在自动驾驶汽车方面的成果。当然，截至目前，研发出来的商用车还达不到自动驾驶的目标。虽然它们擅长自动车道跟踪和反应速度控制，甚至平行停车，但根本无法对道路上从未见过的物品以及人类在驾驶时的意外行为做出适当的反应。

并非所有集成自主系统的人工智能研究都集中在机器人或其他移动系统上。该领域的研究一直致力于开发整合感知、学习和推理能力的软件系统。例如，DARPA 的"学习的个性化助手"项目（由本书作者构想和发起），直接催生了 Siri 以及后期的 Google Home 和 Alexa 的问世，旨在创建一个集成多种功能但不具有实体形态的系统来模拟人类办公室助手。在此之前，人们对集成知识系统的多年研究促进了一系列认知架构的产生，这些架构为如何构建一个受人类认知和感知启发的完整人工智能系统提供了方法。Soar 架构就是基于这一方法的一个更宏大且持久的研究项目，源于纽厄尔和西蒙的研究。该研究试图描述一个主体的全部能力，包括自我审查解决问题的能力，并在一个单一的综合框架中设定多种形式的记忆（情景记忆、语义记忆和程序记忆）。

集成自主系统领域可以说是人工智能领域的主线，该领域最终关注的是人工智能创造者所期待的目标。即便如此，这些系统仍然受到相当大的限制，或在完成任务时直接依靠统计数据或指标以避免受限。目前，还没有一个机器人能够真正理解和处理与人类日常生活密切相关的常识性问题。

⚙ 主题 5：数据驱动学习

在人工智能的早期，明斯基（Minsky）、数学家西摩·帕佩特（Seymour Papert）以及其他研究人员认为，人工智能的合理灵感来自天然的有机大脑。科学家们借鉴了诺贝尔奖获得者大卫·胡贝尔（David Hubel）和托尔斯滕·威塞尔（Torsten Wiesel）的神经科学研究成果，以及神经生理学家沃伦·麦卡洛（Warren McCullough）和逻辑学家沃尔特·皮茨（Walter Pitts）在其所谓的"人工神经网络"方面的早期研究成果，它们研究并采用了人类神经元模型，并根据其触发机制和连接性设计了计算设备。

1969年，明斯基和帕佩特证明了这些网络的简单形式在计算能力上存在明显局限性，导致研究者对该领域的热情减退。然而，仍有一群专注于研究的核心科学家继续致力于研究更复杂的多层神经网络。在20世纪80年代中期，神经网络的学习算法，即反向传播，取得了重大进展。反向传播是在错误分类之后对神经元之间的权重进行微调的方法，从输出层一直回调到神经网络内部，即所谓的隐藏层。这使得神经网络能够随着时间的推移提高其性能，且不会对任何单个训练示例产生过度反应。同样在20世纪80年代，计算机科学家扬·勒丘恩（Yann LeCun）提出了一种非常适合图像处理的网络模型，即卷积神经网络（convolutional neural nets，CNN）。该方法从一个输入层开始，以重叠网格的形式覆盖输入图像，其中后续层是先前层的卷积（矩阵乘法）。勒丘恩在AT&T贝尔实验室（AT&T Bell Laboratories）的团队创建了一个网络，使机器能够读取信封上手写的邮政编码并进行分类。该项技术最终在20世纪90年代由美国邮政局普遍使用，成为人工智能神经网络在现实世界中的首个应用。

尽管数字识别颇有成效，但早期的卷积神经网络规模并不大。在20世纪90年代中期，研究者的研究热情再次减退。然而，在大量有标签的样本数据集上训练人工智能系统的想法仍然很有吸引力。最终，在2012年，计算机科学家杰夫·辛顿（Geoff Hinton）及其学生［特别是伊利亚·苏茨克弗（Ilya Sutskever）和亚历克斯·克里热夫斯基（Alex Krizhevsky）］的研究使得多层网络可以有效处理海量图像训练数据。基于这项工作，一个名为AlexNet的系统在ImageNet大规模视觉识别挑战赛的第三次公开比赛中击败了对手（ImageNet 是普林斯顿大学和斯坦福大学共同创建的一个包含数百万张图片的数据库）。具有多个隐藏单元层的神经网络被称为深度神经网络，而在深度神经网络上进行的训练也被称为深度学习。

ImageNet 卷积神经网络的成功确立了深度学习适用于感知任务（如图像中物体识别）的观点。推特（Twitter）、脸书（Facebook）❶、微软（Microsoft）和谷歌（Google）等公司纷纷投身于深度学习领域，利用卷积神经网络帮助用户找到相似图片，按照情感类型对图片进行分类，为图片中的人和物体打上标签，并且改进了与图片相关的各种服务。

随后，深度学习的热潮席卷了整个领域，并在上述 4 个主题中实现了有效的应用。例如，机器学习成为自动驾驶汽车技术的核心要素。在深度学习彻底改变图像处理方式的同时，语音识别也以惊人的速度和意想不到的方式取得了进展。谷歌的杰夫·迪恩（Jeff Dean）表示，神经网络的深度应用实现了"过去 20 年来语音研究领域最大的进步"。这正是 Siri、Alexa 等相关产品取得巨大成功的关键原因。

其他应用程序也纷纷效仿。诸如亚马逊（Amazon）、网飞（Netflix）和油管（YouTube）等公司的各类产品咨询服务都利用深度学习来提高其推荐引擎的性能。雅虎（Yahoo）、谷歌、脸书等大型平台运用机器学习技术，根据收集到的用户会话数据进行训练，并进行相关广告推荐（值得注意的是，最显著的收益最初来自拥有海量数据的谷歌、IBM 和微软等公司）。2017 年，天文学家利用开普勒望远镜在 4 年内收集到的大量数据来训练神经网络，发现了一个距离地球约 2500 光年的八行星太阳系。Nest home 智能恒温器使用机器学习技术来调节温度，方法是：在安装后的头几周内，通过人类用户的手动调节方法，推断出人们的日程安排和温度偏好。到了 2015 年，人们把战斗口号从"知识就是力量"

机器如人

通往人类智慧之路

---

❶ 脸书（Facebook）现已更名为元宇宙（Meta）。——编者注

改为了"数据为王"。

现代机器学习最令人印象深刻的成就之一是谷歌翻译。自人工智能诞生起，机器翻译一直是人们渴望实现的目标。2006年，谷歌翻译问世，它采用了一种数据驱动并基于统计模型的方法，具有光明的前景。然而，在2016年，谷歌公司在深度学习应用方面取得重大突破，彻底改变了游戏规则。它使用了计算机科学家约书亚·本吉奥（Yoshua Bengio）等人提出的一种新颖的词汇和词序表示法，用数量惊人的（估计超过3000万组）人工翻译的成对语句进行神经网络训练。其中很多语句源于政府的多语言记录，如加拿大议会的记录。谷歌公司的神经机器翻译从根本上提高了翻译的质量和能力范围。任何人都可以亲自上网证实，谷歌翻译是一项伟大的成就，目前支持一百多种语言，并且随着时间的推移不断改进。然而，像许多此类翻译系统一样，它对整段文字的翻译表现不佳，而且容易混淆同一个词的不同含义（包括马库斯、戴维斯和米切尔在内的多位作者已经对谷歌翻译和其他深度学习系统中的失败案例进行了分类）。

最近，在自然语言领域中，出现了一种全新的深度学习产品，即OpenAI研究实验室开发的一个名为生成式预训练Transformer模型（Generative Pre-trained Transformer，GPT）的系统。简单来说，GPT的任务就是针对任何输入内容（通常是一段文字）进行预测分析。用户可以输入：

我出生于雅典。我会说很流利的……

而GPT会回应：

……希腊语。我从小学就会写希腊文了。

它是如何做到这一点的？它使用了一个庞大的网络（在最新版本中有1750亿个参数），这个网络是在数量惊人的数千亿字的文本上训练的。维基百科（Wikipedia）的 600 多万篇文章据说还不到其训练集的 1%。《纽约时报》（*New York Times*）称之为"有史以来最强大的'语言模型'"。这一成果令人印象深刻，推动了一波新的应用，包括基于问题的搜索引擎、代码生成引擎，甚至是允许你与历史人物"交谈"的聊天机器人。

它的使用效果如何呢？GPT 的最新版本（截至本文撰写时）是 GPT-3，但网上可以免费使用和测试其早期版本 GPT-2。它会出现一些问题：有时它给出的答案是完美的；但有时答案很奇怪，不是你所预期的那样，但仍然相关，可以启发思路；而有时它的答案只是胡言乱语。下面是一个示例：

问：我想要生日蛋糕，我应该……

答：……去一个更危险的地方，然后被逮捕。

在非正式应用的场景下，GPT 会给人带来很多快乐。但当答案事关重大时，我们很难把它给出的答案当真。这不仅是因为它偶尔会犯错，而是因为它会不假思索地给出匪夷所思的答案。很难说清它为什么要这么回答（我在第 11 章中将以 AlexNet 为例继续探讨这个问题）。虽然 GPT 产生的回答非常流畅，而且大部分都紧扣主题，但它并没有反映出对世界的真正理解。就像谷歌翻译一样，它不知道自己在说什么。

最后，谈到近期机器学习技术的成功，都不得不提到谷歌旗下深度思维公司团队在游戏领域取得的惊人成功。在 2013 年的一次会议上，深度思维公司在街机视频游戏领域展示了自己的实力。随后在 2014 年，深度思维公司被谷歌收购，并制定了更高的目标：学习比国际象棋复杂得多的具有悠久历史的中国围棋。在经过数百万次自我博弈（借鉴多年前塞缪尔在跳棋程序中首创的技术）来提高自身性能后，深度思维公司的"阿尔法狗"程序在 2016 年击败了世界上最优秀的围棋选手之一李世石（Lee Sedol），从而震惊了世界。据估计，至少有两亿人观看了比赛，观众人数之庞大令人惊叹，甚至超过了"超级碗"（Super Bowl）[1]。随后，"阿尔法狗"在 2017 年又击败了世界顶级棋手柯洁。

深度学习在公众认知和商业地位上的迅猛崛起，已经对人工智能领域产生了惊人影响。它们在各种任务中的表现令人印象深刻，甚至在某些情况下的表现超过人类。在公众眼中，人工智能等同于深度学习。然而，仅依赖训练数据也存在着重大弊端：当训练集与预期使用环境不匹配时，系统便没有其他可依赖之物。换言之，将数据视为大规模学习的主要驱动力既是一种幸事——解决了专家系统手动获取知识的难题，也是一种祸因——其成功完全依赖于用于训练的数据。正如研究员弗朗索瓦·乔莱特（François Chollet）所指出的："尽管我们能够设计出在特定任务上表现优秀的系统，但它们仍然具有明显的局限性：脆弱、缺乏数据、无法理解与其训练数据或创建者假设稍有偏差的情况，同时在没有人类研究人员大量参与的情况下无法自我调整以应对新任务。"

数据可能已经成为国王，但它只统治着自己有限的领域，在界限分明的边界之外无法行使主权。

人工智能系统的经验教训

从上面的例子中，我们能了解到哪些关于人工智能系统的优势和局限性？从表面上看，这些系统似乎并没有什么共同之处，不同领域中的不同应用程序以完全不同的方式实现。然而，我们还是找到了一个共同点：这些成功往往依靠基于巨大的计算资源实现的"暴力"手段。"深蓝"采用了"暴力"穷举，而谷歌翻译则运用了"暴力"数据。

然而，如果我们进一步思考这些例子，会发现此类系统具有以下两大特点：

---

[1]　"超级碗"是美国国家橄榄球联盟主办的年度冠军赛。——编者注

（1）人工智能系统在某些专业领域表现出了高水平的性能，可以识别猫的照片、诊断血液感染或玩街机视频游戏等。在许多情况下，其性能远超人类的能力。

（2）人工智能系统在其专业领域之外的表现极差。如果让它去完成一些设计用途以外的任务，它甚至不能达到最低的能力水平。这一体系体现了其应对能力的脆弱性。

鉴于这两大特点，很难将这些系统的行为与我们对人类的认识直接联系起来。当此类系统的支持者试图描述其整体性能时，会说这些系统展现出"智能"，但这一术语通常不适用于人类。

事实上，有一种术语适用于人类，它确实与这两大特点相当接近。"低能特才者"是指虽然具有严重智力或学习障碍，但在某些特定的智力任务中表现出惊人天赋的人。一个著名的例子就是在电影《雨人》（*Rain Man*）中达斯汀·霍夫曼（Dustin Hoffman）饰演的角色。这类人在上述特点中，（1）是"学者"水平，而（2）是"白痴"水平。

当我们说一个系统在其专业领域之外表现不佳时，并不是说它缺失其他领域的高水平专业知识。我们并不期望一个血液诊断应用程序能成为象棋大师，也不会期望一个语言翻译系统能够证明数学定理。更重要的是，我们期望拥有一种通用的能力，即使是非专业者的人类也会拥有，那就是常识。人工智能系统之所以难以用人类的语言来描述特征，是因为它们在未事先掌握基本常识的情况下，以某种方式学习了高水平的专业知识。这对人工智能来说是极具讽刺意味的，与人类掌握知识的过程完全相反。几乎所有人都具备常识，而在医学诊断、矿物勘探或围棋等具有挑战性的领域，只有少数人拥有深厚的专业知识。相比之下，人工智能系统尽管在这些有限的特殊领域取得了卓越成就，却缺乏常识。

可是，一个已经拥有专业知识的人工智能系统为什么还需要常识呢？答案是，正如我们在第2章中所讨论的那样，常识可以使人工智能系统在处理超出其直接专业领域的内容时表现得更加合理，至少可以避免像非专业人士那样犯明显的错误。如果一个系统只面对棋局，那么它的唯一关注点就是赢得比赛，常识对它来说就没有太大的价值。然而，当我们超越棋盘本身，将棋局视为发生在现实世界中的活动时，常识就会发挥作用。

开放式系统和封闭式系统

要理解现实世界中的象棋等游戏可能意味着什么，请考虑父母在与孩子玩竞技游戏时需要应对的问题，尤其是当他们希望孩子从游戏中获得积极的体验时。

作为"象棋父母"，当然要有相当好的象棋水平，但仅是棋艺水平高还远远不够。父母必须清楚赢得比赛和击败对手之间的区别。没有孩子愿意在一边倒的比赛中受到羞辱。因此，象棋父母要么故意输掉一些比赛，要么就必须让双方的局势足够接近，以保持孩子的兴趣和动力。同时，父母还绝不能让孩子看出来自己是故意输掉比赛，因为没有人喜欢被轻视。因此，象棋父母需要在输赢之间找到一条复杂的平衡路径（与之相似，象棋俱乐部的"象棋专业选手"或网球俱乐部的"网球专业选手"也会如此考虑）。

在现有的 AI 象棋程序中，决定如何走棋时，真正需要考虑的只是当前的棋盘（或者可能是导致当前局面的走法列表）。然而，对象棋父母或象棋专业人士来说，在决定如何走棋时，还有更多因素需要考虑，特别是何时需要更努力，何时需要适当放松。孩子今天下得怎么样？这场比赛是娱乐活动还是挑战性训练？孩子是对比赛感到沮丧，还是渴望迎接更高难度的挑战？在这种情况下，象棋的走法更像是拳击比赛中的拳击动作，应该根据对手当前的需求和能力做出相应的调整。每个走法传达的信息大致如下："这步棋也许不是我走出的最佳走法，但它相当不错，你该如何应对？"过于强势或过于软弱的招式都不符合比赛的初衷。

显然，一个象棋父母要做的不仅是正常地下棋。难点在于，有很多棋盘以外的因素会决定下一步行动。例如，可能会出现一些让象棋父母被迫暂停或推迟下棋的情况。可能会有一些日常琐事，比如狗把棋盘打翻了，游戏玩得太久，快到吃饭时间了，或孩子变得焦躁等。然而，也可能出现一些罕见的情况，比如孩子被棋子弄伤，房子起火了，一个失散已久的远房表亲来访，或者龙卷风即将来袭等。因此，其中有些因素与象棋有关，有些因素涉及父母对孩子的关爱，还有些因素涉及常识。

在讨论现在和未来的人工智能系统时，考虑系统的行为如何反映其所处环境是有用的。如果我们可以预先列举出系统在决定行动时可以使用的所有环境参数，那么我们就可称该系统为封闭系统。例如，我们现有的象棋智能系统就是封闭系统：它们的行为完全是针对当前的棋盘所做出的，它们存在于一个只包含棋盘和棋子的虚拟世界中。一个更复杂的象棋系统会考虑到对手的技能水平（根据对手水平来提高或降低自己的水平），但它依然是封闭系统。在这种情况下，一旦棋盘和水平被指定，其他任何事情都显得无关紧要。

一个系统之所以开放，是因为我们在决定如何行动时，很难预测需要考虑的环境有哪些特征。因此，虽然现有的象棋系统是封闭的，但象棋父母需要开放思维。我们不可能提前列出一份清单，写出象棋父母需要考虑的所有会导致比赛中断的因素。你能想到把龙卷风或者突然拜访的失散多年的表亲放到这个清单中吗？

当然，没有人会考虑制造一个人工智能系统来充当象棋父母，这只是为了阐述观点。但这里提出的问题被许多正在开发的现实系统所重视，其中许多系统将对人类生活产生深远的影响，如自动驾驶汽车。（我将在第 11 章中回到这个话题并探讨开放系统）

总之，我们可以看到，当前的人工智能系统——无论是经过深度学习训练的系统、专家系统、还是游戏玩家，在以下方面都是相似的：在它们被设计用来处理参数所决定的封闭环境中，它们可以表现得很好，有时甚至令人惊叹。然而，在脱离限制条件后，它们就会表现糟糕。它

机器如人。

通往人类智慧之路

们根本不具备人类常识，无法应对现实生活中许多很难预测的事物，比如龙卷风。当我们看到它们误入歧途时，我们甚至无法控制它们。

超越专业知识

在我们摩拳擦掌，准备深入了解常识以及设想它如何在 AI 系统中发挥作用之前，有个问题值得考虑：我们是否可以选择一条更容易的道路，以避免所有的复杂问题。有人可能会问，为什么我们不继续按照目前的方式构建 AI 系统呢？随着专业领域不断扩展，这些系统将具有足够广博的知识，几乎可以在所有领域都能成为专家。这样，常识可能会自发地出现，我们无须专门为其付出努力。

这种"突生现象"的想法听起来可能有点像魔法，但在由大量微观事件产生宏观效应的领域中，这一现象是显而易见的。经济学中有这样一个例子，在一个自由市场中，逐利的买卖双方通过讨价还价，适当的价格就会自动达成——至少在理论上是这样。在生物学中，这个概念最常应用于由微小动物（如白蚁）的个体行为产生的大规模结构。

我们以一个基于深度学习的人工智能系统为例。现有的思路是为系统提供足够的数据（当然需要很长时间），这样它的训练最终就能涵盖系统可能需要应对的所有事物。在训练中，最常见的事物类型将频繁出现，但如果数据量足够庞大，更为少见的事物（甚至可能是龙卷风）也将最终出现。随着越来越多的数据积累，系统的错误逐渐减少。当然，仍然会有一些罕见的事物，系统可能因未接受过训练而表现不佳。然而，如果它们真的罕见，我们为什么还要担心它们呢？我们创造的系统可能是不完美的，但正如我们所见，人类也并不完美。过于追求完美是无法获得好结果的，对吗？

最重要的是，我们要理解为什么这个论点是错误的。实际上有两个因素需要考虑：事件的范围，以及事件的概率分布。

第一个因素：事件的范围。也许我们可以把希望寄托在这样一个事实上，即尽管在宇宙中的事物数量庞大，但系统需要处理的对象数量是有限的。然而，这并不能帮我们摆脱困境。当我们思考某个事件时，我们会将它们理解为以某种方式排列的事物集合。我们不能只说发生了一个涉及狗和人的咬伤事件：我们需要知道是狗咬了人，还是人咬了狗。我们都见过闹钟、救生衣、购物车和小熊，但可以肯定的是，从未有人见过一只穿着救生衣的小熊推着装满闹钟的购物车。所有的事物可能都是我们所熟悉的，但构成事件的是事物的排列方式，而排列方式可能是全新的且相当陌生的。

即使是数量很少的事物，其排列组合的可能性也将达到惊人的程度。我们可以从词语中更清楚地看到这一点。同样，重要的不是单个词语，而是它们在短语和句子中的排列方式。这也解释了为什么我们阅读的新文章（包括简短的文章）仍然如此新鲜和独特。我们甚至可以通过成对单词来观察这种现象。例如威廉·布莱克（William Blake）的诗《老虎》（*The Tyger*）中的"可怕的对称"（fearful symmetry）。这两个词本身并不引人注目，但当它们在这首诗中组合以后，就会让人印象深刻且难以忘怀。

更可怕的是，即使我们读过每一部小说的第一句话，我们仍然只能对各种可能性范围略知一二。下一部小说的第一句话可能会完全不同，而且出乎意料。它可能会这样说：

昨天，当我所有的烦恼逐渐远离时，马勒第七交响曲的七个音符——那个 1986 年来自另一个星球的著名号角声——从大厅里的收音机飘进了我的房间，让我瞬间想起了《日内瓦告别》（*Geneva Farewell*）。

谁能预料到这一点？我们是否可以通过分析所有其他小说的第一句话来预测类似的句子呢？这些词语都是我们熟知的，但它们的排列方式都各有不同。

第二个因素：事件的概率分布。我们简化思路：假设在一场抽奖活动中，有一亿张彩票。任何一张彩票被抽出的概率都非常小，也就是一亿分之一。现在，假设一个人每天在每分钟都随机抽出一张彩票。由于彩票数量庞大，即使经过100年，仍有近一半的彩票未被抽出。尽管如此，每分钟都会有一张彩票被抽出，这意味着在这个世界中，每分钟都有罕见的事件发生。

现实世界有点像这种抽奖活动。在任何时候都会发生各种不同的怪异事件，所以人们总能碰到罕见的事情。当然，用数学方法来证实这个说法非常困难，因为我们需要统计可能发生的事件的数量。然而，我们可以用一个现实世界的例子来阐明这种所谓的长尾现象，同样涉及词语。

英国国家语料库（British National Corpus）是一个庞大的英文文本数据库，其来源广泛，总计包含约1亿个单词。其中大部分的单词都非常常见。"the"是最常见的单词，出现了600万次。"time"是最常见的名词，出现了183000次。然而，也有一些罕见的单词，在整个语料库中只出现过一次。例如，形容词"niffy"，意为"发臭"，就是这样的例子。从语料库中随机选择其中某个单词的概率是亿分之一，就像上文提到的彩票一样。这些只出现一次的单词数量约占总体的0.5%。简单计算可以得出，如果我们从这个庞大的语料库中随机抽取140个单词，那么抽到这些罕见单词的概率将超过五成。罕见的单词其实相当常见！

基于这些事实，我们可以得出什么结论？世界是由一系列事件组成的，而这些事件是从包含天文数字事件的池中抽取而得。虽然我们对其中大部分事件都非常熟悉，也能预料出来，但还有很多事件（比如每天报纸报道的新闻）都是非常陌生的。一个人工智能系统，即使掌握了某种专业知识，能够考虑到除极罕见事件之外的所有事件，仍然会遗漏掉很多经常发生的事件。换句话说，如果我们希望人工智能系统能够以合理的方式处理现实世界中的常见事物，我们需要的不仅是从已发生事件中获取专业知识。考虑到庞大的数据量，仅凭观察和内化过去发生的事件来预测未来是远远不够的，无论采取多么"暴力"的方式。我们需要常识。

最后，我们想强调的是，这里并不意味着人工智能已经完全回避了常识这个话题。尽管人工智能的整体发展重点显然在于开发具有各种专业知识的系统，但我们将在下一章中看到，人工智能领域有史以来最大的一个项目正是以实现常识为目标。

机器如人

通往人类智慧之路

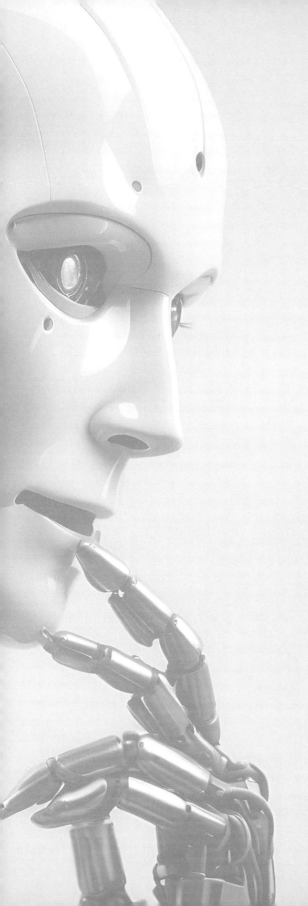

4

知识及其表达

*
————————————

将想法写下来才算是真正的创意。

——伊万·萨瑟兰（Ivan Sutherland），由丹·瑞安（Dan Ryan）收录在《计算机图形学史》（*History of Computer Graphics*）中。

人类在遇到全新和意外的事件时，是如何运用常识来有效应对的呢？这个问题并不好回答。回想一下，我们将常识定义为利用日常知识来实现目标的能力。这到底是什么意思呢？一个人该如何"利用"像想法这样抽象的东西呢？这是否仅是一种修辞手法，就像"保持冷静"和"勃然大怒"这样的隐喻表达呢？❶只有人类才能做到，还是机器在未来也能做到？要回答这些问题，我们需要认真地研究知识这一概念。

表达知识

知识就是我们通过学习获取到的事物，我们常会将其想象成关于世界的某种总体印象。例如，你对自己的家乡了解多少？你的脑海中会浮现出一种宏观和笼统的感觉，而不是一些微小和独立的想法。换句话

————————————

❶ "Getting a hold of yourself"（保持冷静）和"flying off the handle"（勃然大怒）是两个英语成语，均使用了隐喻的修辞方法。——译者注

说，知识更像是一锅炖菜，而不是一堆单独的食材组合。

正如萨瑟兰所说，这就存在一个问题：我们所知道的很多事物很难用语言表达，并且难以用文字记录。最典型的例子就是所谓的程序性知识，比如如何操控悠悠球或揉面团。然而，我们对很多具体的事物、人或地方的了解都很相似。我们可能会被问到，"1969 年伍德斯托克（Woodstock）音乐节怎么样"或者"'土星五号'火箭的声音是什么样的"，我们可能会无奈地回答："你必须亲自去过那里才知道！"我们经常会陷入这种无从表达的尴尬境地，甚至会认为很多重要的事物根本无法用语言来表达。

这种观点过于简单化。总体而言，当我们说某种事物无法用言语来表达时，我们真正的意思是，言语表达的难度较大。尽管我们不太习惯用言语来表达某些事物，但只要动些脑筋，我们就能做到，并且实际应用要比我们想象的频繁得多。通过实践，我们就会意识到，很多事物并没有那么复杂和混乱，可以进行清晰明确的阐述。

当我们需要利用所学知识来实际做一些事情时，可以最清楚地感受到这一点。例如，请思考和回答以下问题：

鳄鱼能参加障碍赛跑吗？

石榴能放进洗衣篮里吗？

吃生日蛋糕之前需要把它洗干净吗？

你能从安大略省的萨德伯里市（Sudbury，Ontario）开车到特拉华州的威尔明顿市（Wilmington，Delaware）吗？

这四个问题的共同之处在于，你从未经历过这些事情，也从来没有被告知过相关的事情，因此你无法直接得出答案。换句话说，回答上述问题时，你无法仅凭记忆或回忆就能找到答案。虽然问题中的词语都耳熟能详，但问题本身却是全新的。

以第一个问题为例。你很可能是头一次思考有关鳄鱼和障碍赛的问题（除非你读过我们以前的一些作品，因为我们使用过这个例子）。你能凭借直觉来回答这个问题，是因为你已经掌握了一些关于鳄鱼的知识（与障碍赛无关），以及一些关于障碍赛的知识（与鳄鱼无关）。如果你不了解其中某个事物（例如，如果你对障碍赛一无所知），你就会陷入困境。然后，你会很自然地将这两部分知识结合起来回答这个问题，尽管你可能并没有意识到这点。

这就是本文探讨的常识性推理。你遇到的是一个全新的、意料之外的事件，在这种情况下，问题中的词语排列是全新的，但你能够运用常识来予以解决。

怎样才能做到这点呢？首先，你必须能够运用你所掌握的知识，并以某种方式将它们组合在一起以得到你想要的答案。你需要将鳄鱼的知识和障碍赛跑的知识结合起来，从而得出结论，即鳄鱼不能参加障碍赛跑。

那么，你的头脑中究竟进行了怎样的思维过程呢？你将有关"鳄鱼"和"障碍赛"的两种知识结合在一起，然后以某种方式得出结论，即鳄鱼无法参加障碍赛。这意味着什么？只有解决这个关键的理论问题，我们才能真正理解常识。我们无法在物理学、生物学、神经科学甚至心理学等其他科学领域找到答案。事实上，真正的答案（至少是我们在本书中探寻的答案）来自生活在三百多年前的德国哲学家戈特弗里德·莱布尼茨（Gottfried Leibniz），尽管这有些匪夷所思。

符号表示法

简而言之，莱布尼茨解决这个理论问题的建议是，我们使用知识时，应该借鉴使用数字的方法。

那我们先来探讨一下数字。虽然数字是纯粹的抽象概念，但我们平时会以各种方式用到它们。例如，给定两个数字，通过计算数值之和，我们就会得到第三个数字。实际上，我们是使用符号表示法来做到的：我们用十进制数字序列来表示每个数字，通过对已知的两个数字序列进行运算，得到第三个数字序列（带有进位数，就像我们在小学时学过的那样），我们所需的数字就是由第三个数字序列所表示的数字。总之，我们不必解决如何使用抽象概念（如数字）这样的棘手问题，而只需要知道如何用符号表示它们，以及如何操作这些符号表示。没错，这就是我们所说的算术。

莱布尼茨的建议是，我们应该采用类似的方式来使用知识：我们将两种想法用符号形式来表示，然后对这些符号结构进行某种算术运算，以得到第三个符号结构。我们所需的最终想法就是由这个新符号结构所表示的想法。以下是莱布尼茨在 17 世纪的讲话：

> 显然，如果我们能找到适用的字符或符号来表达我们所有的想法，就像算术表达数字或几何表达线段那样清晰和精确，那么我们就能采用类似于算术和几何的方法来推理一切事物。因为所有依赖于推理的研究都可以通过调换这些字符和采用某种演算方法来实现。

再次强调，我们不必解决如何使用抽象知识这样的棘手问题；我们只需解决如何用符号表示它们（他称之为"寻找适合表达它们的字符或符号"），以及如何正确操作这些符号表示（他称之为一种"演算方法"）。

因此，莱布尼茨的建议有两个关键要求：

（1）我们必须能够对我们感兴趣的任何知识片段进行符号表示（换句话说，获得类似于数字序列的东西）。

（2）我们需要清楚如何正确地操作这些符号表达，以产生我们所需的新思想的表达（类似于执行算术运算）。

我们先来看第一个要求。它强调，我们不仅要拥有知识，还要能够表达它：用符号形式将其写下来。如果我们探寻的所有知识都非常深刻和全面，无法被分解开来进行表达，那么莱布尼茨的建议就失去意义。

要想找到合适的符号表示，我们可以尝试用英语这样的语言来表达知识。我们希望能够用英语说出我们对鳄鱼的（相关）了解以及我们对障碍赛的（相关）了解。的确，我们可能知道很多事情，但无法将它们表达出来。然而，如果我们能够清楚地表达它们，那么我们很有可能是使用句子形式来表达。换句话说，如果我们不能用句子来表达我们所知道的事物，那就表示这种事物用任何形式都无法表达出来（有些符号表示并非句子形式，我们将在后文探讨）。

用符号形式来表示数字并非难事，我们早已熟练运用，以至于我们很少区分数字及其表示形式（即数字和数字符号）之间的关系。当我们想要以不同方式表示数字以满足不同目的时，这种区分就显得尤为重要。同一个数字，比如 14，可以表示为十进制数字 14，也可以表示为二进制数字 1110，或者表示为罗马数字 XIV。符号表示的一个关键要素是，它利用固定字母表中的字符组合将数字分解成小的部分。这个字母表并不一定是由数字组成；在罗马数字中，字母 I 、V、X、L、C、D 和 M 都被用来表示数字。

当然，还有很多其他的数字符号表示法，但它们在算术中的实用性较低。例如，数字 14 也可以由字母和空格组成的字符串来表示，就像 "fourteen" "catorce" "the sum of eight and six"[1]，甚至还有这种说法：

14 是两个最小奇质数乘积的前一个数。

这几种关于 14 的表示方法都是对的，但对我们所关注的算术运算来说，它们用处不大。

这与上面的第二个要求有关。我们希望对知识的符号表示进行哪些操作呢？数字的基本操作方法非常明确：算术。莱布尼茨是第一个研究数字和数字符号之间基数关系的人。每个数字符号的各部分都可以表示为基数的幂。例如，在十进制（基数为十）表示系统中，14 表示为 4

---

[1] fourteen：14（英语）；catorce：14（西班牙语）；the sum of eight and six：8 和 6 的和。——译者注

个 10^0 和一个 10^1；在二进制（基数为二）系统中，1110 表示为 0 个 2^0、一个 2^1、一个 2^2 和一个 2^3。莱布尼茨的分析之所以如此重要，是因为他清楚地展示了我们关心的运算（如和、积、商、最小公倍数、质因数等）如何纯粹通过符号来实现。计算的神奇之处在于，我们可以使用某种方式对两个数字序列进行运算来得到第三个数字序列，而这个数字序列可以表示为前两个序列所表示的数字之和。通过对符号结构进行操作和处理，可以明确它们所代表的抽象概念之间的关键关系，从而让机器进行有意义的计算。正是因为机器操作的符号对应于我们关心的数字抽象，而符号操作对应于加法和乘法等运算，机器才能进行算术（有些人可能不愿承认机器实际上可以"做"算术，但机器肯定会进行与算术方法完全一致的某种符号处理）。

然而，在知识层面实现这些操作绝非易事。仅找到已有的知识符号表示还不够，我们需要一种能够执行"某种演算方法"的表示系统，即实现莱布尼茨所设想的类似算术的方法，将代表鳄鱼知识的符号结构与代表障碍赛知识的符号结构相结合，对这些符号表示执行某种运算，最终得到代表期望结论的新符号结构。

在莱布尼茨思考这些想法的时候，并没有适用的符号表示系统可以实现目的。逻辑学研究可以追溯到亚里士多德，展示了所谓的"三段论"组合的作用。从"所有人都是凡人"和"苏格拉底是人"开始，最后推导出"苏格拉底是凡人"的结论。然而亚里士多德关注的是可靠论证的结构，而非常识性知识。而且他研究的推理类型具有很大局限性。直到 20 世纪后期 [或许稍早一些，始于 1879 年戈特洛布·弗雷格（Gottlob Frege）]，符号逻辑才开始崭露头角。最后，我们构建了具有一定通用性和算术精确性的符号表示系统。然而，当时的逻辑学家只着眼于数学基础，关注于数学真理的表示（如等式关系的传递性），而非常识性真理（如鳄鱼有短而粗的腿）。直到 20 世纪中叶，常识性知识才逐渐受到重视。

前面我们提到过，有些符号并非以句子形式表示，如数字、图片或图表。这就引发了一个问题，我们无法合理解释如何将它们结合起来以产生新想法。以鳄鱼和障碍赛为例。即使我们试图用一张图片来表示所需的鳄鱼知识（可能是展示鳄鱼短粗腿的图片），并用另一张马跳过障碍的图片（或视频）来表示障碍赛知识，我们也不知道如何操作这两种符号才能得到我们所需的展示鳄鱼无法参加障碍赛的期望表示。这引发了一个更为根本的问题：某些简单的想法似乎找不到明确的图像表示。例如，我们来看看如何用图片表述否定的情形。什么样的图片能表示约翰没有走路？如果有张图片只是展示约翰站在某处，那为什么不会被误认为约翰没有躺下？或者乔治·华盛顿不在那里？或者甚至是约翰穿着裤子（假设图片中他穿着裤子）？尽管图片可能胜过千言万语，但图片本身似乎并不适合表达那些容易用语言表达的想法。

知识表示假说

最早尝试用符号形式表示常识性知识，然后通过运算得出结论的专家是人工智能领域的创始人之一麦卡锡。在 1958 年，他发表了一篇开创性的论文，题为"具有常识的程序"（*Programs with Common Sense*），他提出开发一种计算机程序，通过处理常识性知识的符号表示来决定采取下一步行动。为此，麦卡锡提议使用一种当时被称为一阶谓词演算（first-order predicate calculus）的新兴符号逻辑语言作为表示方案。该处理过程涉及计算这些表示知识的逻辑后果——这是一种自图灵首次阐明计算含义以来，已经研究了二十多年的计算过程。以下是麦卡锡的观点：

071

> 我们可以假设，这个（提议的系统）可以利用其被告知的内容以及以前的知识，获得相当广泛的一类直接逻辑结果。这个特性预计与我们描述某些人具有常识的原因有很多共通之处。

这是首个关于构建所谓的"知识基础计算机系统"的提议，构建原则如下：

- 系统需要的大部分信息将以某种符号表达形式存储在记忆库中，构成我们所说的知识库。
- 系统将使用某种逻辑规则来处理知识库，以生成明确表示内容以外的新的符号表示。
- 得出的结论将与系统的下一步行动相关，系统将根据这些结论决定如何行动。

这听起来应该很熟悉。我们之前提到的专家系统的结构就是如此，知识库的内容由与人类专家的对话中提取出来的符号表示规则所构成。

麦卡锡的主要观点是，如果我们真想开发出具有人类智能水平的计算机系统（也就是让系统执行更多任务，而不仅限于事先预设好的任务），那么这样的系统就需要以此类知识为基础进行构建。

麦卡锡的提议中有很多地方值得商榷，尤其是它依赖于谓词演算的语言。这种语言非常适合表示数学真理（毕竟它是为此发明的），但人们后来发现，它并不适合表示常识性真理。

举例说明，在数学中，我们经常会说"所有 P 具有属性 Q"，例如"所有大于 2 的偶数都是两个质数的和"，或者"所有具有九个顶点的平面图都有一个非平面的补图"。谓词演算有专门的表示方法来描述这类量化关系。但在常识性知识中，我们通常不会采用这样绝对和断然的陈述；相反，我们会考虑到正常和特殊情况。例如，我们根据常识性知识，知道鸟会飞行（鱼会游泳，蛇会爬行，狗会行走和奔跑），但我们并不认为每只鸟都会飞。事实上，我们很难以"所有鸟类具有属性 Q"的形式明确陈述我们所相信的任何事情（关于这个问题，我们将在后文进行详细探讨）。麦卡锡和其他学者很快发现，为了处理常识范畴中的典型、非典型和边界情况，谓词演算的逻辑需要进行彻底修订。

可是，如果搁置所有的争议问题，我们如何才能知道麦卡锡的理论是正确的，以及如何知道获取常识的最佳途径是处理常识性知识的符号表示呢？我们如何知道符号表示是处理知识的正确方式？答案是，我们不知道。这仅是一个假设，哲学家布莱恩·坎特韦尔·史密斯（Brian

Cantwell Smith）将其称为知识表示（KR）假说。以下是他的观点：

> 任何机械化实现的智能过程都包括结构成分：作为外部观察者，我们自然会将其理解为代表整个过程展示的知识性的命题描述，以及独立于这种外部语义归属，但在产生展示这些知识的行为中发挥形式上的、因果关系的和重要的作用。

换句话说，麦卡锡观点中隐含的假设是，一个智能系统的记忆库中需要包含具有两个重要特性的符号结构：首先，我们（从外部）可以将它们理解为构成系统知识的代表性命题；其次，正是由于系统记忆库中包含这些结构，系统才能以智能的方式执行任务。

需要注意的是，知识表示假说并没有阐明这些符号结构如何引发智能行为（我们将在本书中详细探讨这一内容），也没有说明涉及的知识类型。麦卡锡显然考虑到了常识性知识，但从 20 世纪 70 年代开始的有关专家系统的后续研究工作只关注了专业性知识。正如我们所见，由此产生的系统无法表现出任何常识性的能力；当任务偏离其有限的专业领域时，这些系统就会表现得非常脆弱，并以意想不到的方式崩溃。比如，此类系统在表达复杂的医学知识时（例如，关于各种血液感染的知识），由于涉及太多的工作，以至于系统没有时间去处理更普通的知识，而这些知识的实用性并不明显。此外，系统的创造者从未预料到普通和显而易见的普遍事实与规则在支持专家推理方面起到关键作用。他们与专家交流时，主要侧重于特定问题的规则，而不太重视那些大家都熟知且常用的但很少明确表述的普通事实（平心而论，我们很难解释为什么血液感染诊断专家需要知道鳄鱼短粗腿的跳跃局限性这样的常识。一些常识性知识并没有什么实用性价值）。

这并不是说人工智能研究人员没有注意到这些专家系统的局限性。到 20 世纪 80 年代，这些系统在某些专业任务上的能力非常突出，但显然完全缺乏健全的和多功能的常识。虽然人工智能领域正朝着更专业化的方向发展，但仍有少数研究人员希望追随麦卡锡的观点，专注于常识性知识。

总体来说，有两种不同的方法。

第一，有些研究者认为他们的任务就是尽可能清晰地表述世界万物的常识性知识，以便让常识主体充分理解并采取符合常识的行动。他们着重研究使用某种人工语言来表达句子，旨在根据逻辑规则得出常识性结论。在某些情况下，像谓词演算这样的语言就足够了，但有时候，就需要制定出更具表达能力的逻辑。除了麦卡锡，还有一些思想领袖，如帕特里克·海耶斯（Patrick Hayes）、杰里·霍布斯（Jerry Hobbs）、欧内斯特·戴维斯（Ernest Davis）、雷蒙德·瑞特（Raymond Reiter）和约瑟夫·哈尔彭（Joseph Halpern），他们努力收集和研究有关物理学、时间、空间、思想、信念、计划和社会等方面的常识性观点，从而积极推进了研究进程。

第二，有些研究者对麦卡锡提议中的逻辑作用提出了严重质疑。正如明斯基后来所说："'逻辑推理'不够灵活，不能作为思考的基础。"这些研究者包括罗杰·尚克（Roger Schank）和他的学生 [如珍妮特·科洛德纳（Janet Kolodner）] 等人，他们认为自己的任务不是表达句子，而是构建复杂的符号结构，作为常识主体的记忆库。这些包含"框架"（frames）、"脚本"（scripts）和"图式"（schemata）等元素的结构仍被认为是知识的表示（因此受 KR 假说的指导），但更强调过去经验的记忆，而非有关世界的普遍真理。重点不是从其他事实推导出结论，而是识别模式，通过在当前环境和记忆的经验之间寻找类比，以解决新问题。

Cyc 项目

上述两种方法都针对常识本质以及（我们将在后文探讨的）实现机器常识所需的要素提供了有用见解，但该研究缺乏与人类常识进行深入比较的广度，只专注于孤立的例子和有限的知识领域。

斯坦福大学的研究人员道格拉斯·莱纳特（Douglas Lenat）决定着手解决常识性知识广度的难题。在 20 世纪 80 年代中期，莱纳特和他的同事们在得克萨斯州奥斯汀的一家微电子和计算技术公司启动了一个名为 Cyc（即"百科全书"）的长期研究项目，旨在开发一个常识知识库——这个知识库的符号结构与知识表示假说完全一致，用于展示某种形式的常识，并避免专家系统的脆弱性缺陷。莱纳特的假设是，专家推理需要以通常未明示的常识事实为基础，因此他着手创建一个包含此类潜在事实的综合性知识库（即前文所述的陈述性隐性知识）。这是一个庞大的项目，可能是人工智能领域有史以来规模最大、最雄心勃勃的项目，也是运行时间最长的项目。据称，Cyc 知识库目前包含"超过10000 个谓词，数百万个集合和概念，以及超过 2500 万个断言"，这是一个令人惊叹的成就。

那么，Cyc 项目是否成功实现了目标呢？很遗憾，我们目前仍未知晓。该项目的大部分工作仍然保密，现在还不可能进行批判性评估。正如人们所见，在过去 10 年里，几乎没有任何有关 Cyc 项目的公开报道，而且在相当长的一段时间里，几乎没有任何有关 Cyc 项目的同行评议出版物（与此类似，IBM 的"沃森"系统也由于缺乏透明度而难以评估）。这是令人遗憾的。此类研究工作希望保护知识产权，这可以理解，但这种做法阻碍了科学界对研究成果的了解与评估。

莱纳特在 2019 年的《福布斯》（Forbes）杂志上发表了两篇观点有趣的文章，重申了 Cyc 的理念，在充分理解《罗密欧与朱丽叶》剧本情节的背景下得出了一些结论并提供了一些相关例子。这些例子通过英文描述、几个 Cyc 公式和两个屏幕截图进行解释，在许多方面都令人信服。据报道，Cyc 知识库已成功应用于商业领域。然而，由于此项工作的保密性质，拥有普遍常识的人工智能系统并没有随之出现在公众面前。

为什么会这样呢？难道常识不应该源自常识性知识吗？由此，我们可以总结出一条经验：尽管知识对常识来说可能是必要的，但并不是充分的。最关键的是，对人工智能系统而言，仅拥有对所有常识知识的访问权，以某种符号形式在内部表示，并不足以让其能够有效地运用这些知识来完成其所需的任务。

关于 Cyc 项目，值得注意的一点是，人们为此付出了巨大的努力。据估计，约有 1000 人花费数年进行研究，重点是构建一个庞大的知识库，而不是研究如何处理和应用这些知识。用之前的术语来说，Cyc 项目主要关注的是常识性知识，而非常识性推理。此类问题不仅在 Cyc 项目中存在，我们在其他相关项目中也能看到，比如卡内基梅隆大学计算机科学家汤姆·米切尔及其同事们开展的"永恒语言学习"（Never-Ending Language Learning，NELL）项目。在该项目中，NELL 系统并非手工构建一个大型知识库，而是通过扫描网页上的信息来自动构建知识库。自 2010 年以来，通过这种方式已经获得了近 300 万个断言。然而，与 Cyc 项目类似，研究人员并未研究如何将这些断言进行整合和处理以达到某种目的。

多年来，人们一直致力研究人工智能的自动推理，但主要是用于解决高级数学和逻辑等专家级问题。然而，关注通用常识的研究人员一直关注于知识本身，或者是被麦卡锡称为系统的认识论充分性。

平心而论，Cyc 项目并未忽视推理。由于其知识结构的庞大数量和复杂性，Cyc 项目的创建者们努力探索如何使推理速度足够快，以便投入应用。Cyc 项目团队研究了麦卡锡的认识论充分性的补充理论，即启发式充分性，与"如何搜索可能性空间和如何匹配模式"相关。为了支持计算，Cyc 的工程师开始以不同的方式冗余地表示相同的信息，每种方式都有其独特的结构和推理过程。据莱纳特所说，"到 1989 年，我们已经明确和实现了大约 20 个这样的特例推理器，每个推理器都有其自己的数据结构和算法。到目前为止（2019 年），这些'启发式推理模块'已达到 1100 多个了"。

一个拥有大量特殊计算模块的架构对于管理专家使用的推理方法池（例如，用于解决电路分析、流体力学或积分微积分问题的专门分析技术）方面可能具有意义。然而，为什么我们要认为该架构对常识来说会也有好处呢？据称，Cyc 的推理模块可以像某种"主体社区"一样协同工作。事实果真如此吗？

虽然莱纳特和他的同事们已经编写了 Cyc 知识库中的各类知识，并

机器如人
通往人类智慧之路

总结出了正确使用这些知识可以得出的结论，但他们并未说明 Cyc 在自动方式下如何处理所有库中的知识，尤其是当首次将不同的知识组合在一起时。许多关于 Cyc 推理的研讨都强调工程问题，这对于工作软件系统肯定是适用的，但对更广泛的常识来说并没有太大作用。常识有助于对意外情况做出适当反应或避免计划和行动中的错误，但事实上，Cyc 中的推理方法并未受到这方面的启发。

Cyc 有一个优势，它通过将推理模块应用于各种领域，实现了其庞大知识库的灵活应用。实际上，这意味着使用 Cyc 的人工智能系统构建者必须自己解决所有问题。Cyc 没有详细说明如何在没有人类干预的情况下运用普通的、日常的知识（比如关于鳄鱼和障碍赛跑的知识）来实现普通的日常目标，只是说明了这涉及很多方法。尽管其拥有 1100 个推理模块，涵盖 2500 多万个断言，所有的元素都具备，而且还非常丰富，但仍未找到最终的配方。太多问题有待解决。

例如，假设人工智能系统拥有以符号形式表示的全部所需知识，那么它如何自动地将这些知识结合在一起，并得出全新的结论呢？系统是通过何种过程来探寻有关鳄鱼和障碍赛跑的事实，并将它们结合起来得出人们所期望的结论呢？这个过程是如何开始的，又在何时结束？在此过程中，符号逻辑（或符号概率论）起到什么作用？在没有使用经典逻辑和概率的情况下，使用何种演算方法（按照莱布尼茨的术语）作为替代方案？在考虑和发展一系列新结论的同时，如何确保这个过程能够在实际情况下快速运行？换句话说，人工智能系统如何通过掌握大量可用的知识来增强整体行为，而不会受到可能与之相关的项目数量的限制？莱纳特提到了使用"元知识"和"微理论"作为控制知识处理方式的方法，但这些方法会受到何种限制呢？

如果我们无法明确回答这些问题，就很难看出 Cyc 或任何其他推理系统在实践中如何工作。仅通过从 Cyc 知识库中的组合项目得出各种常识性结论的实例，并不足以解决问题。我们无法知晓 Cyc 会以怎样的方式串联知识，而不会迷失方向或应接不暇。

面对像 Cyc 这样知识型系统的所有这些顾虑，我们可能会问，对于人工智能系统中的常识性推理，有没有什么替代的知识表示假说呢？答案是，目前暂时还没有。如前所述，尽管基于深度学习的人工智能系统取得了令人瞩目的成就，而这些系统显然不是基于符号表示，因此我们有理由相信，仅凭这些想法是远远不够的。最近，深度学习社区的一项名为 COMET 的项目实际上就是采用了传统的知识库来训练语言模型。即便如此，该研究的重点仍然是常识性知识，而不是我们所研究的常识性推理。

可是，我们为什么认为基于知识表示假说的系统会更好呢？对很多现代的人工智能研究人员来说，所有这些关于知识和符号的讨论似乎早已过时。这正是哲学家约翰·豪格兰德（John Haugeland）不久前提出的 "优秀的老式人工智能"（GOFAI）。他们可能会说："符号人工智能？真的吗？我们在 20 世纪 70 年代尝试过，但并未成功！" 但这种观点未免过于武断。毕竟，在相当长的一段时间里，人工智能领域的研究人员可能会说："神经网络？真的吗？我们在 20 世纪 60 年代尝试过，而明斯基（Minsky）和帕佩特（Papert）证明它们不起作用！" 正如我们在前一章中所见，有关这些人工智能研究的真实故事更加微妙和复杂。

在本书的下一部分，我们不仅将从原则上探讨各种方法是否可行，而且希望以更具有建设性的方式来探讨知识表示假说，详细阐述我们认为所需的全部要素：所需的常识性知识类型、用于表示常识性知识的符号结构，以及能够以实际和有效的方式处理这些表示的计算操作类型。我们将在第 5~8 章中进行这些探讨（虽然之前的工作可能有价值，但我们将从基本原理出发进行探讨）。在第 9 章中，我们将展示如何将这些要素相结合，以支持需要运用常识来应对意外情况的主体。

显然，这仍然无法解决问题。知识表示假说仍然是一种假说。然而，我们希望这些分析至少能赋予其一些可信度，以成为理解常识的一种方式。

5

对世界的常识性
理解

———————————— ✳

你不可能拥有一切。你会把它放在哪儿呢？

——史蒂文·赖特（Steven Wright），引自杰森·齐诺曼（Jason Zinoman）的《脱口秀喜剧的源泉》（Headwaters for a River of Stand-Up）。

我们正在开发的常识就是某种能力，即在日常场景中有效利用大量普通背景知识来决定采取何种行动的能力。然而，这种能力的基础是什么？我们探讨的是何种知识？如何使用这种知识？在何种情况下使用才有效？

在第 5~8 章中，我们将尝试回答这些问题。我们并非要提供一种虚假的常识体验，而是要真正研究常识的运作原理。本书并不打算探讨什么捷径或者窍门，因为这只会造成表面假象，给出不切实际的测试案例的百分比或者持续时间。我们要研究和探讨常识在机器中的实际工作原理。

请注意，我们只是为大家提供一个概要。我们会深入细致地进行阐述，对某些读者来说可能有些过于详细，而对那些负责构建此类计算系统的工程师来说，则显得有些粗略。我们相信，尽管还有许多问题有待解决，但它们与我们即将阐述的问题具有相同的性质。

首先，我们来探讨常识性知识，也就是对于普通情况和事物的看法，可以用日常语言表达。请注意，当我们探讨人们对世界的了解时，并不一定要寻求科学家或专家所认可的解释。我们不希望局限于科学家已经进行了精确分析的话题。我们并不认为数字精确度会对常识性思维产生什么重要作用，比如，人们都知道奶酪三明治或者换尿布，那这些事物跟精确度有什么关系呢？我们也不想用只有专家才会使用的术语来叙述我们的故事，比如物理学中的量子或哲学家所谈论的感受质。

哪些人具备常识呢？这些人的年龄如何？他们属于哪种文化？在大多数情况下，我们会想到成年人，并且我们希望找到适用于广泛背景和文化的常识。毫无疑问，每个人了解的知识都各有不同。例如，加拿大人通常对于黑冰（路面上的薄冰）非常了解，但对于哈卡（某种礼仪舞蹈）可能就不太了解；而对新西兰人来说，情况恰恰相反。我们在探讨常识性知识时，不会涉及其归属于哪些主题。每种文化都有一些普遍和日常的知识，该文化中的成年人都了解并且认为其他人也都了解这些常识。

常识的构成主要取决于常识所依赖的知识。我们会说，在机场发生骚乱时，避免前往机场就是常识。然而，如果你不知道机场有骚乱，或者已经知道有骚乱但认为所谓的骚乱只是人们在一起狂欢，那么你选择去机场就情有可原，不能说你缺乏常识。

在下一章中，我们将深入探讨常识性知识。但首先我们需要做好准备。在本章中，我们将研究常识性知识的前提条件，也就是在你开始理解有关世界的常识之前，必须掌握正确的理解方式。就像知识本身一样，不可能仅凭单一方法来做到这一点。我们会提出某种方法来理解世界常识，但肯定还有其他方法也能实现（就像对认知发展感兴趣的心理学家所做的那样）。

事物及其属性

在探讨知识（尤其是用普通语言表达的普通知识）之前，我们来看一个思想实验。假设你平生从未听说过足球运动，你想让别人给你解释一下，对方也许会告诉你：

足球是一种有点像曲棍球的运动，只是……

当然，如果你不知道曲棍球是什么，这种解释就没有任何意义。你可能更喜欢不涉及其他运动的解释：

足球是两支球队在户外场地上踢球的游戏……

要理解这种表述（这种表述枯燥乏味，你肯定不希望在实际对话中听到，但现在请暂时忽略这点），你仍然需要对以下内容有所了解：什么是游戏，什么是足球，什么是踢球，什么是球队，两个球队比赛是什么意思，什么是户外场地，在场地上游戏是什么意思。例如，如果你不知道足球是什么样子，别人就会告诉你：

足球是一个空心的球体，大小约为……

要理解这种表述，你就需要了解什么是球体，什么是空心的等，需要对方进一步解释。

问题的尽头在哪儿？似乎永远都没有尽头：你总是可以问一些后续问题，比如："啊，好吧，但你说的……是什么意思呢？"然而，只要我们仔细思考就会明白，这种谈话必然会在某个地方结束。你仍然可以要求对方解释，但是你得到的答案可能没有任何新增的内容。

例如，你可能被告知：足球就是具有某种大小的事物，但是假设你此时打断对方，并询问什么是事物，以及它具有某种大小是什么意思？对方可能会尝试给出这样的解释：

事物就是任何东西，事物具有各自的属性……

实际上还有另一种解释：

这些事物被称为"事物"，它们具有某些被称为"属性"的属性。

显然，这种解释跟没解释一样！如果你本来就不知道事物是什么，或者不知道事物具有属性，那么这种解释根本无济于事。当你被告知一个足球有一定的大小，一个足球队有一个守门员，或者一个足球场的两端都有网时，你必须已经明白这些都是事物并且它们都具有属性。要了解有关足球的任何其他知识（或者世界万物的知识），你必须先了解这些基础知识。

万物理论

让我们来探讨事物及其属性。

事物根据各自属性可分为不同类型。某些事物是非实体事物，如数字、信念和故事等；而某些事物则是实体事物，如冰箱和湖泊，它们具有大小和位置等属性。

事物具有的某些属性只是诸如拥有生命或每周二都要举行活动之类的属性，而其他属性则涉及不同事物之间的关系，比如某人在某个城市出生或是两个数字的总和等。某些属性具有不同的程度，比如对某事物的喜爱程度。

时间点是线性排列的非实体事物，因此具有先后关系的属性，即先于或晚于其他时间点。当我们谈论事物的存在或它们具有的属性时，总是相对某个时间点来说的。某个事物可能在某个时间点不存在，但可能会在稍后的时间点出现，也可能会在更晚的时间点消失。同样，某个事物在某个时间点可能具有某个属性，但在另一个时间点可能就会失去这种属性。

　　事件是非实体事物，其存在会引起变化。我们认为，存在的事物及其属性随时间推移而保持不变，除非在某个时间点发生了某个事件，它们才会发生变化。有些事件是由主体引发，有些事件是由早期事件引发，还有一些事件是自发生成的。

　　有些事件仅在单个时间点发生，并导致即时变化。而还有一些事件发生在多个时间点，并随时间推移产生渐进性的变化，被称为"过程"。多个事件可以同时发生。有一种被称为时间流逝的过程，它始终在进行，并逐渐改变所有实体事物。

　　关于这个微型的"万物理论"，我们能说些什么呢？也许最明显的是，它所呈现的世界观恰恰与我们的世界观一致！语言表述可能看起来有些奇怪，而且其中有些内容也比较晦涩。我们不会用这种方式来表达自己，而且我们并不完全认同其中的某些内容。也许我们不认为会存在自发生成的事件，或者我们会认为某些事物是顺其自然地发生改变，而不是由某种持续的过程引起，比如说头发的生长。但总体而言，它描绘的图景是我们非常熟悉的。我们认为，大家从孩童时代就掌握了这些知识，只不过没有明确地表述出来而已。

　　还有一点值得注意，该理论呈现的世界观是常识性知识的前提条件。例如，如果我们还没有理解事物可以随着时间的推移发生变化，很难想象我们以后通过何种知识才能了解这种可能性。

　　这个世界观中包含一个重要部分，即常识性惯性法则：除非事物因事件而改变，否则事物将保持不变。这类似于艾萨克·牛顿（Isaac Newton）的物理学第一定律，但它不仅适用于物体的恒定运动。比如，我们把一条长椅漆成黄色，并期望它在第二天依然保持这个颜色，或者为钢琴调音并期望它在第二天也能保持声音正常，我们实际上就是在应用这条定律。

　　要将这条定律应用于我们关心的事物，我们必须确保没有任何事情会改变它。这条定律之所以有效，是因为存在所谓的"变化的局部性"：随着我们关于世界的常识性知识的积累，我们逐渐意识到每个事件只会改变少数事物，而每个事物的属性只会被少数事件所改变（尽管存在蝴蝶效应）。因此，尽管世界上不断发生各种类型的事件，但总体格局仍保持稳定。然而，我们也认识到，一些灾难性的事件，如天文或地震事件，会对我们关心的事物产生广泛的影响，即使它们对整个宇宙的影响仍然有限。

惯性法则和变化的局部性使我们在这个世界中的生活变得更加可控。在大多数情况下，我们可以根据经验学习：当再次遇到某件事情时，我们会预期它在很大程度上与第一次相同。这样，我们就可以依次完成我们的任务。在很多情况下，我们完成一个任务后，然后再继续下一个任务，并且确信第一个任务保持完成状态不变。例如，我们可以把车停在停车场，然后放心去商场购物，而不用担心车会离开原位。当然，我们也必须意识到，我们不能把车停下来，去斐济玩三年，然后期望回来时车还在同一个地方。世界是稳定的，但并非绝对稳定。

此外，这种稳定性也让人类语言所谓的位移属性（即谈论不在身边的事物的能力）体现出宝贵价值。例如，我们可能读到有人近期遇到危险事物的新闻，尽管我们没有亲眼看到，但我们仍然予以重视，就是因为我们认为这些危险依然存在。

然而，这个微型理论并不完善。它虽然提到了实体事物，但并未深入研究，也并未阐述主体。接下来我们将对此进行详细探讨。

朴素物理学

在我们所了解的许多事物中，几乎所有的注意力都集中在实体事物上。下面，我们尝试给出一个普遍的解释：

实体世界是由空间中的物质所构成。

空间中的点是在三个独立维度上线性排序的非实体事物。在空间中连续的点的集合被称为区域。区域的边界是由接触区域内外的各点所构成。每个区域都有一定的体积，用于衡量其包含的空间量。

物质的组成单位是具有空间存在性的事物。也就是说，对于每个物质组成单位，都存在一个其独有的确定其位置的空间点。物质有各种类型，例如空气、花岗岩和姜汁汽水，具有不同的特征密度。物质组成单位还具有非空间属性，也被称为能量属性，例如它们的运动、热量、光、声音和电荷。

物体是由连续的物质组成单位所构成的事物。涉及的物质总量（考虑密度）被称为物体的质量。包围所有物质的最小区域被称为物体的形状，而总体积被称为物体的大小。有时，一个物体结束而另一个物体开始之间的边界并不清晰。

在物体的属性中，空间位置可能是最重要的。这是因为实体对象必须位于操作者附近，才能被以某种方式操作或使用，例如弹吉他、吃苹果或拿梳子。要将两个物体紧密接触，可以将一个物体放入另一个物体之内，或牢固附着在其上。

物质组成单位会随时间推移发生变化。有些物体在不断变化，如云朵和河流；有些物体则变化缓慢，如岩石和塑料袋。物体的形状也会随时间变化。根据物体的变形属性，它可以处于固态、液态或气态。一些固态物体会始终保持形状（如建筑物）；液态物体则会根据周围所处的固态物体呈现出特定的形状（如水洼）；气态物体会随时间推移自发地改变形状（如空气）。物体还可以由不同状态的组成部分构成：例如，一杯牛奶作为一个物体，具有固体外壳及其包裹的液体。

这只是迈向朴素物理学的第一步（在这里，"朴素"并不意味着错误，而是指比较浅显或者未经科学论证）。与真正的物理学不同，它并没有深入探讨微观层面的细节。虽然涉及质量和能量等定量性质，却没有任何相关理论（我们将在后文专门探讨定量性质）。

朴素物理学主要关注的是既不太大也不太小的物体，我们可以称之为中等宏观物体。这是我们所了解的事物的一个特例，但对我们来说意义重大，因为这是我们通过感官可以直接感知和操纵的对象。

物体概念的一个问题在于它们的空间边界。对非固态物体来说，这一点最为明显，但对于固态物体也存在这个问题。比如，某个特定的路面是主要公路的一部分还是出口匝道的一部分？常识性的答案是：没有人在乎。虽然我们意识到了这个问题，但并不在意，因为此类物体的精确边界无关紧要。类似的考虑也适用于基于程度的物体分类。一条小溪必须达到多宽才能被认为是一条河流？石头何时因为太小而不再是石头？同样，小吃何时变成一顿正餐？熟人何时成为朋友？

将物体视为离散事物存在另一个难点，即它们会随着时间的推移而消失。一座房子会在火灾中被毁坏；一个细胞会分裂并被两个新细胞取代；水坑会蒸发变干；门框上安装一块木板就变成门。尽管存在此类复杂性，但我们仍然认为实体世界中的物体足够稳定，可以在人类时间尺度上工作，而不是像量子力学所暗示的那种不稳定的混合物。这里并不存在矛盾。即使物体的基础微观属性波动剧烈，但其宏观性质仍可以保持稳定。

以上论述中隐含着我们通常所说的常识搭配定律：如果一个物体被包含在另一个物体中或附着在另一个物体上，那么改变后者的位置就会同时改变前者的位置。这可以被看作是常识的惯性定律的明确例外。通常情况下，像护照这样的物品的位置不会受到与其他物体相关的事件的影响，比如弹吉他、吃苹果或梳头。可是如果你把护照放在汽车后备厢里的手提箱中，那么你开车去蒙特利尔就会改变护照的位置，以便于后续使用。正如史蒂文·赖特所说，在这个世界上，有个让人头疼的事实，即你不仅无法拥有世界万物，而且甚至无法拥有在你身边的所需事物，必须采取适当的措施才能得到它们。

在上述的"万物理论"中，最后一个重要主题是主体。在所有实体物体中，我们可能大部分时间都在试图理解主体在做什么以及为什么那样做。当然，我们特别关注那些与我们类似的主体。

主体是能够主动引发特定事件的实体。在这种情况下，这些事件被称为行动，主体负责执行该行动。有意识的主体是依据心理状态执行行动的主体，该心理状态是由命题组成。

命题是具有真假属性的非实体事物。原子命题的真假取决于某物是否具有特定属性或某物是否存在。复合命题的真假取决于其他命题的真值，例如房间中的每个人是否都在费城出生。

在任何时候，有意识主体都会认定某些命题为真（无论这些命题是否真的为真），还会希望一些命题为真。我们将后者称为主体的目标。虽然有意识主体可能会无意中执行某个行动，但在一般情况下，主体都是有意识地执行行动，并且相信这样做会实现预期变化。

一个有意识的主体可以采取智能行为，尽可能利用自己的信念来实现目标和满足欲望。但实际上，即使主体按照自己的标准，也不一定会采取正确的行动。主体可能未能意识到其信念和欲望带来的全部后果。

主体通常会设定一些目标，认为这些目标可以通过其他主体的行动来实现。当然，其他主体也会根据自己的信念和欲望行动。然而，两个主体之间因为相互信念而建立紧密联系：当两个主体都相信某个命题，并且认为彼此都相信该命题时，就可以说他们对该命题具有相互信念。有时，当某个主体认为他与另一个主体建立了相互信念，而后者希望该行动由前者来完成（甚至可能愿意以后互相回报），该主体就会选择采取行动。为了达到这样的状态，主体会与另一主体沟通，如通知或请求，其目的是改变对方关于互信的信念。

虽然主体被认为是引发事件的事物（如烤面包机），但我们研究的重点是有意识的主体，即那些根据自己的信念、欲望和具体目标选择行动的主体。关于这些主体，有一种简单的论述：它们会根据世界的运行规律来采取行动。例如，我们可以说，当天气预报预测将下雨时，主体会带上雨伞。这种简单论述与经验非常吻合。对此，有一种微妙而重要的观点，即这种论述是错误的，主体的信念才是重要因素。如果主体误以为天气预报预测的是晴天，那么即使实际预报的是下雨，他们也不会带雨伞。众所周知，儿童在四岁左右构建心智理论以后，才能意识到其他主体可能持有错误信念并错误行事。

关于有意识的主体，存在一种被称为常识主体倾向的概念：主体会采取他们认为能够推进目标的行动，并避免采取他们认为会妨碍目标的行动。然而，这只是一种倾向，而不是严格的法则。一方面，主体有时会随意做出选择，甚至不考虑重要的目标。一个非常看重金钱价值的人可能会不理智地消费——很难解释这种选择，或许是出于原始冲动，或许纯粹是自由意志行为（"我这样做是因为我有钱"）。另一方面，主体有时会陷入错误的推理模式，导致他们误入歧途。因此，很难预测主体在特定情况下的实际行为。期望有意识的主体表现得像某种理想的逻辑机器，始终充分利用他们的所学知识来实现愿望，这种想法过于简单化。事实证明，即使是粗略地近似，这种关于人们行为方式的观点也不会起到什么作用（如前所述）。

这是一个关于交际行为（或称言语行为）的简要理论。一旦一个主体将另一个主体识别为有意识的主体，就为实现特定目标开辟了一个全新的维度。一个主体可以走过去打开一扇窗户，或者在适当的情况下，站在原地说几句话，比如："这里太闷了，不是吗？"此时，其他主体可能会去开窗户，达到相同的效果。同样，由主体构成的群体可以互相协作，完成个体无法完成的任务。要进行全面分析，就需要考虑更广泛的社会惯例以及群体之间的互动，即所谓的朴素社会学。

⚙ 量级与限制

　　尽管常识性思维可能不会诉诸科学和数学中常见的精确的数字计算，但它确实涉及量级，比如物体的轻重、明暗、新旧等。一头成年大象无法装进小汽车里，这是常识。那么如何描述尺寸这样的量级呢？请参阅以下方法：

　　自然数是一种按线性排序的抽象事物。一个数比另一个数大或小，取决于它在序列中的位置是靠后还是靠前。每个数字都有一个后继数，即在序列中比该数字大的下一个数字。每个数字也都有一个前驱数，即在序列中比该数字小的上一个数字。

　　事物可以具有数字属性。其中一些数字属性仅用于标识，即不同的事物将与不同的数字相关联。然而，有一种被称为量级（或程度）的抽象概念，它们具有特殊的数字属性，可将事物分类。例如：面积、电压、成本和持续时间等。这里的数字属性以某些标准化单位来衡量数量的大小。例如，对于某个给定长度，我们可以要求按照米、足球场或光年等单位进行测量，从而得到不同（但相关）的数字。

　　量级通常用于表示不同事物的属性：地毯的面积、人的体重、电池的电压、自行车的成本或用餐时间等。两个事物可能具有相同的量级，例如两个人拥有相同的年龄。量级也可以描述多个事物之间的属性，例如，两个城市之间的距离。

　　当某种事物发生变化时，其属性可能会发生量级变化。例如，一个人的体重会增加或减少。如果某种事物发生变化，产生了新的量级，并且新测量值（单位固定不变）比旧测量值更大，我们就认定该事物的量级增加。同样，当新的测量值较小时，表示量级降低。这种量级变化有一个关键特征：如果某个量级不断降低，最终量级会变为零。

　　举个最简单的例子：在一个（数量有限的）物体集合中，其中所涉及的量级就是集合中物体的数量。在这种情况下，从集合中移除某物会减少

5

对世界的常识性理解

091

物体数量，不断移除物体，最终会导致集合内物体为零，即空集合。

这个关于量级的论述从对自然数的描述开始，没有过多使用标准算术术语（除了"零"以外）。设定排序的主要目的就是能够探讨一个数量相对于另一个数量的大小，并进行比较。最后提及的一个重要特征就是所谓的常识极限定律：反复减少的量级最终会归为零。就像前文讨论的惯性定律一样，这是一个强大的定律，可以帮助我们思考一些棘手的问题。

例如，我们想把一堆砖块装到卡车上。基于这条定律以及常识，我们可以通过反复从这堆砖中拾取砖块并放到卡车上来达到目的。我们每次选择搬运哪块砖并不重要。更具体地说，为了确保最终结果，我们不必事先制订一个确定哪块砖在何时被拾取的计划（但我们必须确保一直有砖块可被搬运）。当我们需要以统一的方式处理一系列事情时（比如阅读所有的邮件或给所有土豆剥皮），也会有类似的思维方式。

这个极限定律还可以帮助我们在不采用数学方法的情况下轻松得出某些结论，前提是我们能够确定所涉及的量级。例如，在国际象棋游戏中，国王可以到达棋盘上的任意方格，因为我们可以看到，国王总是可以不断移动以逐步接近目标方格。即使这个棋盘很大，我们也能轻松得出这个结论。

这篇关于量级的论述只涉及自然数。我们假设量级是以足够小的单位进行测量，以避免出现分数，但这并不是关键。不过，我们在处理分数时仍要小心。例如，我们希望能够得出这样的结论：当两个物体彼此靠近时，它们最终将接触到一起。如果我们用分数单位来测量距离，并且允许距离存在任何微小变化，那么就需要进行更复杂的分析。

当我们谈论自由女神像大小之类的主题时，我们实际上讨论的是三种事物：雕像（物体）、高度（与雕像相关的抽象量级）和数字93（该量级的测量数值，单位为米）。然而，基于多种考虑，我们绕开了量级，只探讨另外两个事物：雕像及其高度（以米为单位的测量值，即93米）我们将在后续章节中探讨这种简化形式。

⚙ 反事实思维与世界的状态

在探讨事物的现状以及它们因事件而发生变化时，我们认为事物的状态可能随时发生变化。同样地，在探讨主体的信念和目标时，我们至少应考虑到事物可能与它们过去或未来的状态不同。

在探讨这些问题时，有一种观点是采用"其他世界"概念进行论述。例如，我们可能会说某人正在构想另一个世界，那里存在某种理想的条件。这种表述就不太合适，因为它暗示着宇宙中存在着比现实世界更广阔的事物，存在着许多此类世界。我们恰好生活在其中一个世界中，但可以通过某种神奇的望远镜来观察另一个世界，甚至可以直接前往那里，就像访问一个遥远的星球。我们可以进行探索，研究相似之处和不同之处，或许还会碰到生活在另一个世界中的自己。

然而，这种观点并不能用于解释事物在过去的真实状态。事物在过去的状态可能与现在不同，但我们不认为事物在过去属于另一个世界，比如说我们过去的自己生活在另一个世界中。根据常识，昨天的自己不是别人，还是我本人。同样，假设我不死，明天出现的人还是我，而不是长得跟我一样的其他人。

常识性理解不是探讨其他世界，而是探讨以下内容，普遍适用于过去和未来，以及主体想象的更极端的可能性：

世界是唯一的，但是它具有许多不同的存在方式，我们称之为世界的状态。状态完全由存在的事物及其所拥有的属性决定。因此，在任何给定的时间点，世界都处于某种状态下，这被称为当前状态，并且事件可以将世界从一种状态改变为另一种状态。

世界上任何不同于当前状态的状态都被称为反事实状态。主体的信念和欲望与反事实状态有关，因为他们相信或希望为真的命题只能在非当前状态下为真。

还有一种特别有趣的现象，即某个状态几乎与另一个状态非常相尽管我们正在探讨世界的当前状态、五分钟前的世界状态和五分钟后的世界状态，但主体可能并不知晓这些状态的实际情况。除了错误的信念以外，主体可能会出于各种原因而不了解真实情况。对任何一个主体来说，世界千变万化，在当前、过去和未来呈现出各种不同的状态。其中难点之一就是实践。主体只能观察、测量和验证当前状态下的有限事物。除此之外，主体还会遇到很多概念性问题。例如，如果对构成实际物体或事件的边界缺乏准确界定，就可能导致人们对世界真实状态产生分歧。这与主体拥有的主观意见是完全不同的，比如一部电影是否无聊。表达主观意见并不需要考虑有关世界的客观事实。

在思考反事实情况时，我们可能会谈到一些我们认为目前不存在的事物。例如，在谈论未来时，我们可能会讨论乔治正在建造的房子。这并没有什么问题，只要我们清楚自己所认定的世界状态就行。例如，我们可能坚持认为这个房子有五个卧室，尽管从严格意义来说，我们并没有实际的房子可供讨论。同样，我们在谈论诸如福尔摩斯在伦敦的住所地址或圣诞老人靴子的颜色之类的话题时，也采用了类似的思维方式。

因果关系和其他高级主题

需要注意的一点是，有些主题属于常识性理解的一部分，但很难通过语言来学习和理解（本文使用语言来说明这些主题，只是为了便于读者理解，并非要从零开始详细介绍）。在某些情况下，我们提到了一些主题，但只是提及了其中的部分细节。比如，探讨物体时，我们提及了质量和能量，但并未提及力，比如重力。探讨主体时，我们提及了信念和目标，但并未提及情绪，比如主体感到兴奋、害怕和羞耻的情绪，以及这些情绪如何影响他们的选择。这些省略只是为了保持论述的合理长度，并不意味着未提及的内容不重要。

我们可能会探讨许多相关的主题，而这些主题最终很可能成为智能机器的常识性知识基础。在此阶段，很难确定哪些主题最适合通过其他主题来理解。对主体来说，我们希望理解道德概念，比如主体如何根据某些原则将某些选择视为善或恶。此外，我们还有必要探讨关于控制、自由和责任的话题，即设想主体在日常情况下自由行动或受人胁迫采取行动的情况。人们需要了解物体的外观，外观如何随时间推移发生变化，以及外观如何与物体的基本属性和外部表征相关联。还有一个值得详细探讨的主题，即因果关系的概念。

我们在很多主题领域中的世界观都是用因果关系来表达的。我们想了解是哪些因素导致了事情的发生，因为我们想知道当事情发生时，哪些人或事物需要负责，或者我们应该采取何种行动来实现我们希望发生的事情。例如，我们可能会认为，简开会迟到是因为她的闹钟没有响，吉米不能玩水滑梯是因为他的身高不够。从更广泛的角度来说，我们可能会认为吸烟会导致癌症，碳排放会导致全球变暖。

这些并不是关于世界的简单事实，而是涉及反事实的复杂情况。在探讨此类问题时，不能简单地认为存在两个事件，其中一个事件在另一个事件之前发生，因此两者便存在因果关系。比如，简睡过头了，然后简就迟到了。这是律师们常说的"后此谬误"（post hoc ergo propter hoc）。因果关系意味着，如果你想象一个世界状态，在这个状态中如果第一个事件不发生（或某个属性不成立），那么在其他事物保持不变的情况下，第二个事件就不会发生。因此，我们可以认为：如果简没有睡过头，她就会准时到达；如果吉米个子高一些，他就可以玩那个水滑梯；等等。

然而，反事实故事本身并不完全正确：它既不是必要条件，也不是充分条件。请读者考虑以下情况：我们可能碰巧知道，那天简不但睡过了头，而且乘坐的公交车又遇到交通堵塞，但我们仍然认为她迟到就是因为她睡过头，尽管事实上她即使没睡过头也会因交通堵塞而迟到。再考虑这种情况：如果汤米把蒂米推下楼梯，我们会认为蒂米摔倒是因为汤米推了他（因为如果不是这样，他就不会摔倒），但我们并不认为蒂米摔倒是因为他在楼梯边上（事实上，如果他不在楼梯边上，他肯定不会摔倒）。如果某个事件的发生涉及多个人，这些人不一定都是引发事件的责任人。这一点很重要，因为它意味着相关各方不一定都需要负责。

这些都是因果关系中难以精确描述的微妙特征。然而，如前所述，因果关系包含两个基本方面，它们将成为我们研究项目的核心，并且我们将在本书中经常探讨这两个方面：

（1）事件可能会导致世界发生变化。例如：一场雨会淋湿草地，生日聚会让客厅变得一片狼藉，购买汽车可以改变汽车的所有权，开车去蒙特利尔可以改变护照的位置。

（2）在某些情况下，主体可能会导致某些事件发生。例如：主体可以搬运砖头、吃苹果、唱歌或开车去蒙特利尔。

然而，关于如何以更全面的和符合常识的方法来理解因果关系，就连专家们也尚未达成一致意见。

最后，我们应该好好想想，我们是否因为避免忽略一些重要的主题，而探讨了过多的主题。本章探讨了掌握常识性知识的一些前提条件，或者说，我们在理解世界万物之前需要具备的基础条件。然而，我们是否罗列了过多的前提条件呢？本文探讨的这些主题是否能够全面覆盖呢？构建一个常识性的世界观更像是智能研究的最终目标，而非起点。正如布莱恩·坎特韦尔·史密斯所说的那样："本体论是智能研究的成果，而非前提条件。"我们只能辩称，这是一个观点的问题。事实上，我们提出了很多前提条件，但正如我们将在下一章中探讨的那样，这只是为未来一个更大的游戏所做的准备。

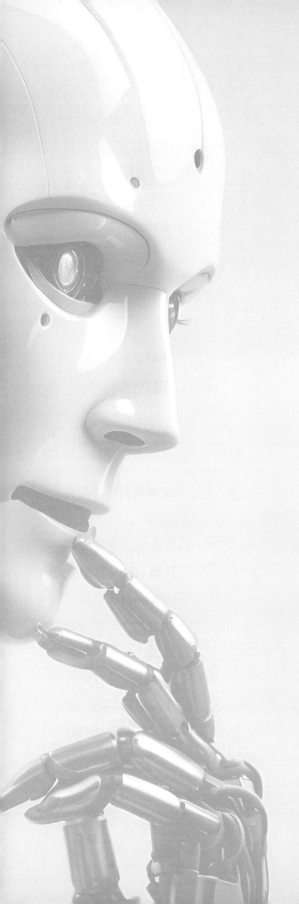

6

常识性知识

————————————— ✳

海象说："我们该谈论一些事情了，比如鞋子、船、密封蜡、卷心菜、国王。"

——刘易斯·卡罗尔（Lewis Carroll），《海象与木匠》（The Walrus and the Carpenter）。

　　我们已经看到了常识如何构建世界，现在是时候谈论常识性知识本身了。那么这种知识是关于哪些方面的呢？答案很简单：它与我们身边的日常事物（比如电梯门、摩天轮、前院草坪、汽车贷款、悬疑小说、苹果派、法庭裁决甚至卷心菜等）有关。

　　正如前文所述，它还涉及一些事件，比如城市议会会议、娱乐节目、交通堵塞、餐厅用餐、森林火灾、出国旅行，以及每天发生的所有可以导致其他事物属性随时间改变的事件。

　　在前文中，我们将常识定义为有效利用普通的日常经验性知识来决定行动的能力。在本章中，我们将阐述一些有关此类知识的问题——即关于普通事物、它们的属性以及它们如何变化的知识。

　　为了实现我们的方法和最终目标，我们致力于研究计算机掌握和利用常识知识所需的条件。为此，我们需要找到一种可以让计算设备操作和处理的知识表达方法。如前所述，这种表示方法将采用某种可计算的符号形式。然而，在我们投入研究之前，应该花些时间更好地理解我们想要表达的事物的类型。我们会发现，其中存在一些有趣的细微差别和复杂性。因此，我们将可以陈述事物的自然语言作为一种知识表示的临时替代方式，以便于计算机操作，我们将在下一章中进行阐述。

整体组织

我们对世界的大部分了解似乎都与特定的个体事物有关——我们遇到过的事物、与之互动过的人以及我们拥有的经历等。正如我们所见，我们可以认为，这些事物构成了世界的某种状态。此外，我们允许当前并不存在，但在未来可能存在或我们希望存在的世界状态。人们善于回忆世界以前的状态，并至少会在有限范围内想象行动和事件的结果，也善于为想象中的未来制订计划。我们所想象出的这些场景与我们当前所处的实际场景相差无几，其中包括人物、地点等，就像我们当前的世界一样。

那么，我们对于这些个体事物有何了解呢？显然，人类会有序管理他们所掌握的知识，比如与家庭、工作、地理、时间甚至思想相关的信息。将世界上概念或结构相似的事物进行组织整理是一种非常有效的方法。因此，我们倾向于将事物归为某些类型或类别后再进行探讨。

在讨论常识时，我们需要超越个体事物本身，研究所谓的概念结构。我们不仅要了解医院和生日聚会之类的事物，还要有能力辨识出它们。因此，除了个体事物本身以外，我们还应掌握事物的概念（比如医院的概念），以便于我们对个体事物进行归类分析。

想象一下，一些人正在户外场地上运动。某甲观察到的是，场地上正进行一场棒球比赛，包括一个投球手和一个接球手。而与此同时，某乙观察到的则是，一群人在互相传球、接球、用棍子击球、奔跑等。这两个人观察到的事物、事物的属性以及正在发生的事件都完全相同，但他们的观点却产生了分歧（或并未沟通），原因就在于：某甲掌握了有关棒球比赛的概念结构，而某乙则没有。

概念结构涉及我们所想象的事物类型及其属性。在我们知道约翰出生在波士顿之前，我们需要把约翰看作是具有出生地属性的事物。换句话说，我们需要掌握人的概念，并且知道人是一种有出生地属性的事物。同样，我们需要掌握棒球队的概念，并且知道每个球员在球队中都有特定角色，比如游击手；我们需要掌握医院的概念，同时知道它包括手术室和患者；我们需要掌握生日聚会的概念，同时知道其中包括来宾和生日蛋糕等。通过掌握此类概念结构，我们可以对个体事物进行概括和类比，更全面地理解事物，而不是把它们视作孤立的个体，从而帮助我们理解世界。

此类概念结构的最基本形式是含有动词"是"和"存在"的语句：

医院是一栋建筑，里面存在患者和配置明亮灯光的手术室。

包含"是"的部分引导了一个泛化层次结构或分类法。医院是建筑物。建筑物是物理封闭空间。房屋是建筑物。度假屋和湖边小屋是房屋。而包含"存在"的部分也引导了一个层次结构——城市存在医院，医院存在患者，患者存在伤病，伤病存在治疗方法。从这些层次结构的角度思考，例如将某些概念看作比其他概念更一般或更特殊，是一种处理大量概念的有效方法。词典和百科全书的条目通常是围绕此类想法设立的，即先阐述总体类别，然后详细说明特定术语的不同之处和更具体的特征。

我们将在后文提到，概念之间还存在着其他更具因果关系或时间性的重要关系。在这些情况下，概念之间的关系涉及位置和结构，例如手与胳膊的关系。然而，我们主要研究通用概念，并不涉及世界上的任何特定个体。这种通用知识对认知来说至关重要，无疑是常识的重要组成部分。

因此，当我们探讨如何表达常识性知识时，我们不仅要关注个体事物及其属性，还要关注概念，以帮助我们理解这些事物。常识需要利用概念结构。例如，面对新的、意料之外的事物，我们需要了解这是何种事物。在此基础上，我可能还需要了解（或猜测）相关的其他信息，并且明确下一步应该做什么。这种知识的双重组织方式，即嵌入在概念结构中的关于世界上个体事物的观念，构成了常识性知识的基础。

概念中包含哪些要素？

概念结构由一系列以各种方式相互关联的概念组成。那么，我们应该如何理解每个概念呢？例如，医院的概念是什么？当我们想到医院时，我们会有怎样的想法？此外，试图用语言来表达这个概念是否具有意义？下面是《韦氏大辞典》的释义：

医院是对患者进行医疗护理的机构。

某个儿童词典的释义：

医院是照顾患者的地方。

尽管这些定义在某种程度上已经比较贴切，但它们显然没有达到我们对医院常识性理解的期望值。它们没有告诉我们在医院里思考、徘徊或决策时需要了解的各种事情。谈到医院，我们会想到很多内容。首先是医院建筑本身：急诊入口、手术室、重症监护室、病房和护士站。医院里的人：患者及访客、医生、护士、勤杂工、礼品店营业员和其他工作人员。各种医疗服务：检查、手术、用药和缠绷带等。医院的各个科室：重症监护室、产科、肿瘤科和财务科等。医疗器具：病床、药车、担架和手术台。其他服务部门：药房、自助餐厅、礼品店和长期停车场等。

另外，当我们表述医院概念时，我们是表述医院的基本属性，而不是可以根据这些属性得出的结论。例如，以下是我们了解的有关医院的常识信息：

医院比一辆冰激凌车要大。

尽管这是常识性知识，但冰激凌车的概念并不属于医院概念的一部分。的确，我们能想到医院比很多东西都要大，但我们希望这种结论是通过涉及大小的更基本属性推导而得。请看下面这种极端表述：

医院是一栋低于 n 层的建筑。

毫无疑问，医院楼层数少于 279 层，这是符合常识的。实际上，我们知道有无数种类似的语句表述都是正确的。同样，我们希望这些表述可以从有关医院楼层数更基本的属性推导而得。

总而言之，要正确表述医院的概念，我们需要了解比词典定义更多的东西，但是我们肯定不可能掌握所有关于医院的事实。总体而言，有两个主要方面需要注意：首先，医院的概念如何与概念结构中的其他概念（如建筑物或医疗机构）相关联，即它在属性上如何专门化或概括化我们所知道的其他概念。其次，除了医院本身之外的其他事物（如患者、候诊室和担架）在扮演何种角色。如前所述，这通常可以用动词"是"和"存在"来表达。然而，在许多情况下，会涉及一些事件，这种情况下使用其他英语动词来表述会更自然。例如，请看下面这种笨拙的表述：

医院是一栋建筑，里面包括医疗服务活动、治疗地点和接受治疗的患者。

我们会采用更合理的表述：

医院是患者接受医疗服务的建筑。

在这种表述中，我们不仅关注医院本身，而且将医疗服务想象为具有治疗地点、治疗接受者（以及其他属性，如医务人员）的事件。

注释概论

当我们试图用语言表达医院的概念时，难免会出现以下情况：我们从总体上对医院的概念进行了阐述，但就在快要讲完时，我们忽然感觉其中某些内容不太准确。很难给出"每个医院都有……"或"所有医院都是……"这样的论断，因为其中存在很多变化因素。每当你讲述某件事情时，总想纠正或者进行一些完善。我们总感觉需要详细阐述，涵盖一些特殊情况，于是，最终只好将所有可以想象到的内容都罗列出来。

那么我们应该如何表述呢？可以采用这样的方式：我们对所述的一切事物都持有保留态度。我们对医院做出直接和未限定的大体表述，使用诸如"医院是……"或"医院有……"之类的语句，并认识到这些只是初步表述，待后续注释。简单表述是儿童所能掌握的全部知识。随着我们掌握更多的知识，我们会对概念逐步完善，包括对概念内容进一步注释，添加细节，并修改最初的不完善的论断。我们学到的知识越多，添加的注释就越多。

脚注就是一种直观的注释方法，如图 6-1 所示。对这样的注释而言，其中每一行都需要进一步的注释。一般来说，由线性单词串组成的语句并不适合此类注释。

明斯基在其 1974 年的一篇文章中，建议我们不要采用线性单词串来表示医院之类的事物，而是采用实体和关系的复杂结构来阐述（即框架）。明斯基针对这类概念结构提出了一些有用的观点，我们引用了他在论文"表示知识的框架"（*A Framework for Representing Knowledge*）中提出的一些观点。请注意，他在这篇论文中主要探讨的是符号表示节医院是一个为患者[3]提供医疗服务[4-5]的建筑[1-2]。

1　医院可以由砖石和水泥建成，但有些只是帐篷。有时，医院只是一个户外区域，可能带有屋顶和墙壁，以防雨水和尘土进入。

2　我们可能希望区分医院作为一个物理封闭空间和医院作为组织化医疗服务集合的概念。与其说医院是一个建筑物，我们可能更倾向于说医院驻扎在一座建筑物中。这样，即使建筑本身被拆除，我们也可以说医院将搬迁到新地点。

3　患者是指生病或受伤，并由医护人员照顾的人。除了患者外，医院还有许多其他人员，包括医生、护士、护工、访客、后勤人员和管理员。有时，需要紧急医疗护理的人会突然出现在医院的急诊入口，但他们尚未成为患者。此外，还有动物医院，那里的患者是家养宠物，医护人员是兽医及其助手。

4　医院提供多种医疗服务，例如手术、重症监护、长期治疗和实验室检测。但一些医疗服务如眼科检查和常规理疗，通常不在医院提供。医院还为患者和其他人提供非医疗服务，如礼品店和餐厅。这些服务旨在为患者和访客提供便利和支持。

5　医院和医护大楼（由多名医生开设诊所）之间的区别主要在于规模。医院通常足够大，可以为多名医生和患者提供昂贵的医疗设备。

图 6-1　带有脚注注释的医院描述

点与关系的网络。但现在让我们暂时忽略这一方面，只了解他对这种概念框架的观点。

当某人遇到一个新情况（或对当前问题的观点产生重大改变）时，他就会从记忆中选择一种被称为"框架"的结构。这是一个记忆的框架，可在必要时通过改变细节来适应现实情况。

框架是一种用于表示固定情境模式的数据结构，比如身处某种类型的客厅或参加孩子的生日聚会。每个框架中都涉及几种不同的信息。其中有些信息是关于如何使用该框架，有些信息是关于我们预期后续会发生什么，还有些信息是关于遇到与预期不符的情况时应该怎么办。

我们可以将框架看作是一个节点和关系的网络。框架的"顶层"是固定的，代表假定情境中始终为真的事物。较低层有许多终端，即需要由特定实例或数据填充的"空格"。每个终端可以明确说明其分配必须满足的条件（这些分配本身通常是较小的"子框架"）。简单条件由标记指定，这些标记可能要求终端事物是一个人，具有足够价值的物体，或者是指向特定类型的子框架的指示物。更复杂的条件可以明确说明各个终端事物之间的关系。

相关的框架集合被链接在一起形成框架系统。系统中各种框架之间的转换反映了重要行动的影响。这些转换使某些类型的计算更加简便，展现了重点和关注目标的变化，并阐释"想象"的有效性。

对视觉场景分析来说，系统中不同的框架从不同的视角描述场景，而框架之间的转换则表示从一个地方移动到另一个地方的效果。对于非视觉类型的框架，系统中的框架之间的差异可以表示行动、因果关系或概念视角的变化。系统中的不同框架共享相同的终端，这点非常重要，可以让我们协调来自不同视角的信息。

理论的现象学能力很大程度上依赖于人们的期望和其他类型的假设。框架的终端通常会被填充一些"默认"的分配项目。因此，框架中可能包含很多并不符合具体情况的细节。这些细节可用于表示通用信息、最可能发生的情况、绕过"逻辑"的技巧和有效概括。

默认的分配项目与终端之间的连接并不牢固，因此可以被更符合当前情况的新项目轻松替代。因此，它们也可以被用作"变量"或"例证推理"的特例，或"教材范例"。而且，通常并不需要使用逻辑量词。

这些框架系统通过一个信息检索网络连接在一起。当一个协议框架不符合现实情况（无法找到适合其终端标记条件的终端分配项目）时，该网络就会提供一个替代框架。这些框架之间的结构使得以其他方式表示有关事实、类比和其他有助于理解的信息的知识成为可能。

当我们准备使用某个框架来表示某种情境，系统就会进入匹配过程，尝试为每个框架的终端分配符合各个位置的标记的数值。匹配过程在一定程度上受到与框架相关的信息的控制（其中包括处理意外情况的信息），并在一定程度上受到关于系统当前目标的知识的影响。当匹配过程失败时，获得的信息也具有重要的用途。

当然，我们可以将框架系统的内容拆分成一系列的语句，但我们一定要清楚，这些语句并不是孤立存在的。它们可以通过其他语句注解，提出相关的观点，阐述、澄清、保留解释余地，有时甚至通过提出变化和特殊情况来制造矛盾。

请看下面的例子：

一个医院有六层楼…

对医院建筑大小来说，这是一个合理的默认设定（即医院通常比摩天大楼矮，但比平房高），但我们也知道，医院的楼层种类有很多选择，非六层楼高的医院很常见。

这种自由度的概念非常关键。考虑一下：

鸟是一种与人类手掌大小差不多的动物。

我们可以接受这种关于鸟类大小的粗略描述，或者将其视作关于某种原型鸟的描述，在这种情况下，我们允许该描述存在较大的自由度。尽管一只正常大小的皇家信天翁或者幼小的蜂鸟都比手掌小得多。但我们认识到这些都是极端的情况。根据常识性知识，昆虫比鸟小，鸟比狗小，尽管我们很清楚也存在一些例外情况。我们不能过度严格或绝对地使用我们所相信的知识。

这种自由度的概念还与那些只在某种程度上成立的模糊属性有关。我们可以说，绿色的 X 就是颜色为绿色的 X，但我们不能以同样的方式来描述"高"的 X。形容词"高"的含义取决于所讨论的 X 本身的属性，类似于表述"其高度处于 X 的较高高度范围"的含义。一家高的医院可能有 20 层楼高，但一所高的中学则没有这么高，而一座高的市中心酒店可能会高得多。这充分表明，概念不仅包括默认值，还包括默认的高值和低值，甚至可能包括非常高和非常低的默认值（更进一步，我们甚至可以想象一个完整的默认值分布，从最常见的默认值到各种不太可能的默认值）。

以数量级的方式来思考典型量级的问题（如医院的高度或理发的时长），是一种有趣的方式。一个较小的数字 n 可能意味着一个在某些合适的单位下取值介于 10^n 和 $10^{(n+1)}$ 之间的数字。例如，我们可以将硬面精装书的默认数量级成本（以美元计）设置为 1，空调为 2，订婚戒指为 3，汽车为 4，房子为 5（这些物品的豪华版可能会比默认数量级高一级，而低端预算版则会低一级）。这些数字起到了定性排序的作用，相当于我们在英语中常用副词（如"极其""非常""有点""勉强"等）所起的作用。通过这种方式，我们就能轻松地得出酒店一晚上住宿费要比一个汉堡贵的结论，而无须了解它们各自的具体价格。

因此，当我们准备理解某种事物并试图用语句来表达时，我们应该遵循明斯基的框架系统的思路。这些语句将告诉我们在正常和典型的情况下会发生什么，需要寻找哪些条件，以及需要提出什么问题。我们需要对这些语句进行充分注释，不能孤立地理解。特别有趣的是，框架系统可用于"鉴别诊断"，即针对当前事物的最合理预测提出替代方案。

同样地，我们不应该过分草率地否定我们认为错误的语句。请看下面的陈述语句：

狗是一种棕色的哺乳动物。

在这里，问题不在于我们认为该陈述在现实中是真还是假（关于这点，我们将在下一节中详细讨论），而是我们对该陈述的坚信程度。例如，当我们看到一只黑色的狗时不会感到惊讶，但要是看到一只绿色的狗就会感到非常惊讶。另外，当我们描述狗是哺乳动物时，陈述的自由度就会小得多。我们都知道机器狗或玩具狗都不是真正的狗，而真正的狗应该是哺乳动物。很难想象会有一只皮肤干燥、表面有鳞片且会产卵的狗，我们都知道那肯定不是狗。

明斯基的"框架"概念涵盖了典型情境中的常识性知识的重要理

念。值得一提的是，这个概念还涵盖了有关事件序列的知识。人工智能研究人员（如尚克）在早期的研究工作中着重研究基于日常经验的典型行动序列，即通常所称的"脚本"。在餐厅用餐就是一个典型事件序列的范例，其中包括进入、点餐、用餐、付款和离开等场景。前文所述的注释、情境匹配和基于预期的识别过程同样适用于这些事件序列。请注意，时间与因果关系的常识性概念将成为支持此类机制的基本要素。

⚙ 正确理解概念

我们很难写出"每个医院都有……"之类的绝对性陈述，这并不奇怪。语言学家早就指出，对于世界上的很多事物，我们都很难用语言来完美描述其特征。例如，哲学家路德维希·维特根斯坦（Ludwig Wittgenstein）提出问题：对于变化范围很广的事物（如游戏），我们应该如何描述其常识性概念？

这个问题在很大程度上与边界条件有关。医院的概念边界（就像前一章所述的溪流的边界一样）不一定是清晰明确的。我们可能更倾向于使用术语"医疗大楼"来描述范围较窄的医疗场所，并使用类似"医疗保健机构"的术语来描述范围较广的机构，但我们并不认为这种分类会划分明确的边界。

在构建常识性概念时，我们并不需要将适用于该类别所有事物和唯一事物的事实作为确定的标准，当我们接受这种观点以后，就会更轻松地完成任务。如前所述，我们可以先确定一个直接且无限制条件的初始概念。它忽略了许多问题、特例、变化和细节。为了弥补这一点，我们需要在必要时添加注释来完善描述。

要看到这一点的实际效果，请看下面未添加注释之前的儿童生日聚会的概念：

儿童生日聚会是由孩子的父母在家中组织的庆祝孩子生日的纪念活

动。聚会通常在接近孩子的出生日期的周末举行，事先邀请约六个孩子（通常是朋友或亲戚）参加聚会。每位参加聚会的客人都应携带一份包装好的礼物送给过生日的孩子。

以下事件依次发生：

1. 聚会开始，父母组织了一些游戏，让孩子们参与，例如给驴戴尾巴的游戏。

2. 然后，孩子们坐在桌旁吃点零食。

3. 孩子们吃完零食后，灯光变暗，父母端出生日蛋糕，上面插着一些点燃的小蜡烛，蜡烛的数量与过生日的孩子的年龄相符。

4. 蛋糕被放在过生日的孩子的面前，客人们一起唱"生日快乐"歌。

5. 歌曲结束后，过生日的孩子许愿，然后吹灭所有蜡烛，客人们鼓掌祝贺。

6. 接下来，父母将蛋糕切成小块，分发给大家。

7. 然后，过生日的孩子会收到客人带来的礼物。

8. 过生日的孩子当着大家的面，依次打开每份礼物，并向赠送礼物的客人表示感谢。

9. 收到所有礼物后，孩子们继续玩耍一段时间，然后聚会结束。

110

我们都很熟悉这个脚本：包括过生日的孩子、客人、礼物、蛋糕、蜡烛以及一系列场景，还包括两个重要环节：唱生日歌和吹蜡烛。然而，这种描述并不适用于所有儿童生日聚会，过程描述太过简略。它只提及了在孩子的父母家中举行生日聚会的情况，但并未提及在附近餐厅用餐和去礼品店购物的情况，而实际上许多聚会都会去这两个地方。它提及聚会活动在周末举行，但没有考虑到假期时也可以在周中举行。它甚至没有区分两岁孩子和十岁孩子的生日聚会。此外，聚会中的每个子事件都以确定的顺序进行了明确说明，几乎没有变化的余地。所有这些都需要通过注释予以完善。

为表达常识性知识，我们建议对儿童生日聚会进行简单描述，尽管我们也知道，这种描述并不适用于所有的生日聚会。而事实上，如果描述过于详细，就不适用于大多数聚会。但是这就引出了一个令人困惑的问题：如果我们不在乎准确性或真实性，是否可以采用任何描述呢？描述是否会出现错误呢？

请看下面这个古老的笑话（谜语）：

问：什么又大又灰，有长鼻子，在树上生活？
答：大象。我隐瞒了"在树上生活"这一事实。

这个谜语的极致荒谬版本如下：

问：什么又大又灰，有长鼻子，在树上生活？
答：数字七。我隐瞒了一切事实。

这样就引发了一个问题：我们可以用任意奇特的术语来描述常识性概念，然后再通过注释来纠正错误。例如，我们可以给出下面这种关于大象的概念：

大象是一种大型树栖生物……

然后我们再使用注释来修饰完善"树栖生物"这一部分。这样是否会出现问题？

是的，的确如此。这个描述中使用了"树栖生物"这个词，而我们知道（或者说，常识告诉我们），应该使用"陆栖"来描述。"大型树栖生物"这种概念描述本身并没有错，但是如果用来描述大象的特征，就是完全错误的。

一般来说，如果我们在同等详细程度上对概念的某部分进行修改可以得到更准确的描述，那么就可以认为这种概念描述是错误的。（就像前面所述的大象、医院或生日聚会）。我们通过编辑就可以直观感受这点：如果你将概念描述的某个部分去掉后，能用同等详细程度更好的描述来替换，那么这种概念描述就是错误的。相反，如果你只是发现其中任何部分（包括你正在考虑的任何注释）令人反感或产生尴尬，使得你不得不添加一些更详细的注释，那么这种概念描述就没有错误。因此，回顾生日聚会的例子，描述"在孩子父母家中举行生日聚会"是可以的，因为可以通过更多细节和讨论来提供更准确的描述。

此外，描述生日聚会之类的模式化事件有助于解释那些并不适用于其他情况的一般经验知识。例如，人们（倾向于）在生日聚会上吃蛋糕的事实。这种事实似乎与我们所认知的人们或蛋糕的事实有所不同，但它非常适用于生日聚会的概念，尤其适用于在聚会活动中扮演特定角色的人们。还有很多类似的例子，比如人们在曲棍球比赛中欢呼、饭后洗碗以及在冬季穿保暖衣服等。

原型和范例

以上论述大多建立在模式化情境的基础之上，现在我们来详细地探讨一下这个问题。在前文论述中，我们着重探讨了简化和常识性的世界观，而非严谨的词典定义、精心制作的百科全书条目或专家知识。我们甚至使用了术语"朴素物理学"来与物理学家持有的观点相对比。普通人的世界观包含的是简单想法，比如"未受支撑的物体会坠落"，而不是像扭曲的时空或引力波这样的概念。

这是因为常识性知识来源于普通人的日常生活经验。我们在童年时期通过自己观察、父母和老师的指导来不断发展和完善世界观。因此，我们对世界的运作方式、人们的行为原因以及事件的变化原因的理解通常是直观而肤浅的。我们在理解语言之前（当然也早于我们能阅读书籍之前），就能观察到周围人们与物体的相互作用。于是，我们就形成了一种局部思维，并且在我们遇到例外情况之前就已经牢固地根植于我们心中。我们最终会了解到很多新奇事物，并通过阅读和学校教育来理解更复杂和隐藏的宇宙规律，但我们的大多数常识性知识都来自个人经验。

虽然我们对世界的了解最初是源于我们的特定个人经验，但我们天生就具有归纳能力。我们会发现，我们遇到的第二、第三和第五只狗似乎与我们之前见过的狗有一些明显的共同特征：尾巴、黑色的鼻子、四条腿等。当然，它们之间肯定会有差异，比如颜色、鼻子的形状或者是否吠叫。然而，当我们看到几条狗以后，会很自然地发现这些狗之间存在共同性。这种归纳的冲动具有很大的价值，因为这样我们就可以在下次遇到同类事物时预期其特征和行为，比如：我们遇到的第一只狗摇着尾巴，所以自然而然地假设下一只狗也会这样做。

我们可以采用不同的方法来保留我们的最初体验及其概括知识。当涉及人类时，一些认知科学的研究倾向于使用所谓的"原型"或"理想表征"来构建类别，基于个人对某种事物的最初体验。如果孩子第一次遇到的恰好是一只牧羊犬，那么孩子所认知的狗的原型将具有那只牧羊犬最显著的特征。此后，随着他遇到更多的狗并观察到新的特征，这种表征会被逐步抽象化和完善。我们在这里所述的内容直接承认了一个事实，即常识性知识似乎是建立在一些源于个人经验的概念之上并进行概括，同时它允许表达概括和保留默认值。我们的机制也允许通过逐步添加注释来处理不可避免的例外情况和细微差别。

还有一种保留日常知识并将其应用于新情境的方法，是通过给定类别的实例来实现，而非抽象的原型。在这种情况下，我们会将新的事物与我们遇到过的特定个体的知识进行比较［比如在电影《流浪汉》（Tramp）中，我们在院子里第一次见到的那只特定的狗和我们现在的宠物费多（Fido）等］，而不是代表该类别的某种虚构个体。一些心理学家发现，人们可能既使用原型来描述该事物类别的核心特征，也围绕原型使用具体实例进行阐述。

虽然我们对这些问题没有明确的立场，但是任何构建人工常识认知的人都可能需要采取其中一种观点。重要的是，我们所讨论的概念框架应该能够适应任何一种方法（但有关此问题，还存在一个更激进的观点，请参阅本章最后一节）。

⚙️ 改变：事件、行动及其影响

就像其他事件一样，生日聚会也会改变世界：蜡烛被点燃和吹灭，蛋糕被吃掉，每个礼物的所有权从客人转移到了过生日的孩子手中。要了解生日聚会所带来的变化，我们需要观察发生的各个子事件。有些事件还包含其他方面。除了包含子事件外，我们认为这些事件还可能是主体有意执行的行动，以实现他们关心的目标。

以开门为例。我们可能对门了解很多（包括它们的材质、安装、把手、铰链和锁等），但从常识的角度来看，它们的主要特点是它们的位置以及它们可以被打开和关闭。我们为什么关注这一点？正如前面所述，我们关注的是靠近某些物体以便能够对它们进行操作，而要做到这一点通常需要进入一个存放这些物体的房间，这有可能需要通过一扇门。如果门没有打开呢？主体可以采取特定的行动来改变门的状态。我们可以将这种有关门的知识表述如下：

门具有开启、关闭 + 上锁、关闭 + 未上锁等状态。

主体可以在门处于开启状态时将其关闭，而效果是将其状态改变为关闭 + 未上锁。

主体可以在门处于关闭 + 未上锁状态时将其开启，而效果是将其状态改变为开启。

主体可以在门处于关闭 + 未上锁状态且主体持有该门的钥匙时将其锁住，而效果是将其状态改变为关闭 + 上锁。

主体可以在门处于关闭 + 上锁状态且主体持有该门的钥匙时将其解锁，而效果是将其状态改变为关闭 + 未上锁。

这段文字描述了主体可以执行的四个操作，每个操作前后都有一个状态：在主体通过主观意志力成功执行动作之前必须满足的条件，以及主体成功执行动作后引起的变化。前者被称为动作的先决条件，后者被称为动作的效果。在这种情况下，实际上在操作期间具体发生了什么并没有具体说明。在大多数情况下，门的事件可能被认为没有任何子事件。例如，钥匙的具体使用过程只会在补充注释中描述。

我们对这种模式非常熟悉。就像门的状态受到开启、关闭和锁定事件的影响一样，婚姻状况也受到婚礼、离婚和死亡等事件的影响。同样，物品的所有权受到销售、捐赠和收回等事件的影响。无生命物体的位置受到运输事件的影响，同时受到常识搭配规律的影响。主体执行的某些行动会引发或终止其他长期事件。因此，拔掉装满水的浴缸的塞子会立即让浴缸排水。浴缸中的水量本来是随时间推移慢慢减少的量级，但受到这个排水事件的影响后，会发生较大变化。同样，头发的长度是一个随时间缓慢增长的量级，除非突然受到理发事件的影响。

像上面那样的事前和事后状态特别适用于决定要执行的动作，尤其是常识性的行为所需的目标–手段分析（即分析如何实现目标以及通过何种手段实现）。如果你想从某个房间拿一本书，你可能需要先朝完全相反的方向走，尽管这听起来有些荒谬，但也是常识性的行为。为什么呢？因为你可能知道房间的门是锁着的，你首先需要取上钥匙来解锁，然后才能打开门、进入房间并拿到书。

尝试将行动串联起来以实现目标的确属于常识性知识，但除此之外，我们还需要知道哪些动作是不适合的，或是因为不值得付出努力或很可能失败，或是因为这些动作可能会产生不良的副作用。例如，如果你不知道门的钥匙在哪里，仍然有其他方法可以进入房间，比如拆下门上的铰链，找锁匠开锁，在墙上开个洞等。虽然可能存在一些牵强的情况，其中每种动作都是合理的选择，但根据常识性知识，我们就会知道执行某个行动后会产生哪些一般结果（或不便、成本、风险），并利用这些知识来排除不适合特定目标的行动方案。

当然，如果不知道钥匙放在哪儿，想要拿到钥匙的一种方法就是询问那些知道的人。利用其他主体实现目标是人类和其他社会性动物常用的策略。这就需要我们认识到，其他主体不仅参与事件，还可能导致事件发生。如前所述，如果能让一个主体与你共享同一个目标，就足以让主体采取必要的行动来实现该目标。因此，通过沟通和表达你的意愿，就可以有效完成任务，包括找到钥匙，甚至实现更高级的目标，比如从上锁的房间中取出书籍。

同样要记住，让其他主体参与可能需要付出巨大的努力，并且还有可能产生副作用。如果你想知道现在是几点，你可以向任何人（甚至是陌生人）询问时间，这很正常。然而，如果你在周末需要开车出游，那么你想要说服陌生人借给你车肯定是徒劳的（如果那个陌生人碰巧经营租车业务，那又是另一回事了）。根据常识，主体很容易接受某些目标，或者会很痛快地同意请求，但如果没有特殊原因，他们不会接受其他很难实现的目标。

最后，有一些事件的发生是由于主体的努力，尽管在特定的情况下，它们可能更适合被看作是自然发生的事件，类似于雷雨或交通堵塞。例如，我们可能不认为生日聚会是一个由主体为达到某种目的而执行的行动。尽管我们非常确信，客人在生日聚会上会吃到蛋糕，但我们绝不会为了吃蛋糕而专门参加一个生日聚会。相比之下，像在面包店购买蛋糕这样的复杂事件，会被理解为：仅为了达到获取蛋糕这个目的而做的事情，它的子事件引起的许多变化（比如开门、取号、打开展示柜、使用收银机）将只被视为副作用。

关于个体事物的事实信息

正如本章开头所提到的，我们对世界的了解基本上都是关于具体的个体事物。的确，我们掌握了大量概念用于描述这些事物。然而，我们所知的具有至少一个独特特征的个体事物的数量非常庞大。举个小例子，我们知道，数字 7503（且只有 7503）的前驱数是 7502。

我们所掌握的个体事物的常识性知识就像是一个事实清单：住在隔壁的人约翰出生在波士顿，在理发店工作，他的母亲叫苏。周六晚上，约翰在地下室组织了扑克牌游戏，有五个玩家，持续到凌晨三点。关于个体事物的知识与概念结构之间存在着紧密联系：要相信一个事物具有某种属性，就必须将其视为拥有这种属性的事物类型。换句话说，概念结构决定了事实清单的范围（即人们可以了解的世界上个体事物的范围）。

在用英语表达关于个体事物的知识时，存在一个棘手的问题，即使用名词短语来描述世界上的事物。我们所说的"约翰""约翰在地下室"或"波士顿"指的是什么？如果约翰没有地下室，我们应该如何理解包含短语"约翰在地下室"的句子？或者，如果约翰有两个地下室，又该如何理解？

哲学家伯特兰·罗素（Bertrand Russell）对在这种情况下运用英语名词短语（包括姓名）提出了有用的建议。当我们写出下面的句子：

约翰出生在波士顿。

我们应该理解为：

有一个名字叫"约翰"的人，这个人出生在一个叫作"波士顿"的城市。

换句话说，我们应该解释清楚当前存在的事物以及属性。因此，当我们说：

在约翰的地下室正举行一场比赛。

我们应该理解为：

有一个叫"约翰"的人，他有且只有一个地下室，有一场比赛正在那里举行。

117

换言之，罗素的建议就是，这个建议是将描述个体事物的名词短语（可能不包括引号内的字符串和数字）替换为关于各种类型事物存在和其属性的声明。并且在某些情况下（例如使用定冠词"the"的名词短语），可能还会有唯一性的声明。

当涉及个体事物的知识时，前面提到的基本知识和派生知识的问题再次发挥作用。例如，假设我们知道以下事实：

（1）玛丽拿着手电筒在约翰的地下室。

由此，我们可能了解以下事实：

（2）约翰的地下室里有一个人，手里拿着手电筒。
（3）除了乔以外，还有一个人拿着手电筒在约翰的地下室。
（4）爱丽丝或玛丽拿着手电筒在约翰的地下室。

这些中的每一个都可以很容易地从（1）中推导得出。区别在于（1）将所讨论的个体明确标识为玛丽，而（2）、（3）和（4）则并未明确个体身份。

然而，有一种有趣的可能性，我们可能已经了解到像（2）这样的基础知识，但并不知道任何有关（1）的具体信息。例如，我们可能透过一个小而脏的窗户看到地下室里有一个人，但无法看清是谁。同样对于（3），我们可能通过观察，知道地下室里的人绝对不可能是乔（比如说乔个子更高），但我们无法获得更多信息。对于（4），我们可能能够判断出这个人不是爱丽丝就是玛丽（因为她们长得很像），但无法进一步缩小范围。

在讨论知识时，哲学家有时会区分"知道什么"和"知道谁"。我们可能知道有人拿着手电筒在地下室里，但不知道是谁。我们可以知道一张纸牌已经从一副牌中抽出，但不知道具体是哪张。这是一种被称为

不完整知识的情况。比如下面的表述，

x拿着手电筒在约翰的地下室。

虽然这种表述没什么问题，但我们并不知道x是谁。对于（2），x可以是任何人；对于（3），x必须是除了乔以外的人；对于（4），x必须是爱丽丝或者玛丽。我们还使用全称量词（如"所有"）得到类似的不完整知识：

约翰地下室的所有油漆罐都被灰尘覆盖。

在这种情况下，我们表达了一组个体事物具有某种属性，但没有具体说明这些个体事物是谁或是什么（关于如何确定个体事物的含义，我们稍后将会详细阐述）。

为什么我们关心这种不完整的知识呢？主要原因就是，当我们通过语言或经验来了解世界时，我们经常以零散的方式获取信息，并且有时我们只能依靠手头的信息来解决问题。例如，我们可能在约翰的地下室看到某个人，在确定此人为玛丽之前，我们需要决定下一步行动。

对机器和人类来说，这种不完整的知识都会导致严重的复杂性。简而言之，我们被迫从事物及其属性的直接表达转向关于事物及其属性的信息表达。将这些信息片段组合起来得出结论，就像是利用线索解决某种谜题一样。

为了更清楚地理解这一点，请看图6-2中关于三对情侣参加舞会的例子。在本例中，所有相关的人和他们的属性都已明确说明。如果我们知道这些信息，那么我们立即可以看出吉娜将会与鲍勃一起去参加舞会。但根据常识，吉娜不会和比尔一起去。

然而，现在请看图6-3所呈现的变体（有时以逻辑谜题的形式呈现）。这次我们很难直接看出来谁将与吉娜一起参加舞会（实际上，这个人又是鲍勃）。使用给定的三个线索确定吉娜的约会对象显然可以说是一种思考方式，但这是一种特殊类型的思考：它需要付出一定的努三对情侣准备参加舞会。男士包括：鲍勃、比尔和布拉德；女士包括：加比、盖尔和吉娜。

● 鲍勃将与吉娜一起参加舞会。
● 盖尔将与比尔一起参加舞会。
● 加比将与布拉德一起参加舞会

谁将与吉娜一起参加舞会？

图 6-2　关于三对情侣去舞会的第一个例子

力，可能需要铅笔和纸，而且并非每个人都擅长。虽然得出正确结论：吉娜不会和比尔一起去，但这已超出了常识的范畴。在解释常识的运作方式时，一个更微妙的挑战是解释这两种情况之间的区别（我们将在本书末尾的附加章中详细探讨这一内容）。

三对情侣准备参加舞会。男士包括：鲍勃、比尔和布拉德；女士包括：加比、盖尔和吉娜。

● 鲍勃将与盖尔以外的其他人一起参加舞会。
● 盖尔将与布拉德以外的其他人一起参加舞会。
● 加比将与布拉德或比尔一起参加舞会

谁将与吉娜一起参加舞会？

图 6-3　关于三对情侣去舞会的第二个例子

下面是关于舞会谜题的推理过程。根据第一条线索，我们知道盖尔不会和鲍勃一起去，根据第二条线索，她也不会和布拉德一起去。所以盖尔一定会与比尔一起去。根据第三条线索，加比要么和布拉德一起去，要么和比尔一起去，但由于盖尔要和比尔一起去，所以加比必须和布拉德一起去。这样就剩下吉娜和鲍勃作为最后一对情侣。因此，鲍勃将与吉娜一起去参加舞会。顺便说一下，逻辑谜题通常利用其他常识性知识来增加谜题的趣味性。第一条线索可能会说"与盖尔的姐妹一起参加"，来替代"与除盖尔以外的人一起参加"。第二个线索可能会说"与布拉德的最好的朋友一起参加"，来替代"与除布拉德以外的人一起参加"。这不会改变推理结论：仍然是鲍勃与吉娜一起参加舞会。

这就引出了一个有趣的问题，即面对这种不完整信息（也就是尝试解决谜题之前），常识起到何种作用。可以说，根据上文的（4），我们应该能够确定爱丽丝、玛丽或吉尔在约翰的地下室里，而不必首先确定那个人到底是谁（我们将在附加章中详细地探讨这个问题）。

一般来说，明确某个个体事物的知识意味着什么呢？在上面的舞会谜题中，它意味着能够确认与吉娜一起去舞会的人的姓名：鲍勃、布拉德或比尔。但这不仅如此。我们之前建议过，我们应该将（1）理解为：

一个叫"玛丽"的人正在约翰的地下室里，手里拿着手电筒。

这与以下说法没什么不同：

一个头发是棕色的人正在约翰的地下室里，手里拿着手电筒。

为什么我们认为第一句话已经确定了所讨论的个体，而第二句话没有呢？如果很多人都有相同的名字，那么即使知道名字也不足以确定到底是谁。而且，这也并非必要；如果我们读一本谋杀案侦探小说，最后揭示凶手是管家时，即使我们可能不知道管家的名字，我们仍然会说我们最终知道了凶手是谁。

在这些例子中，似乎都涉及以下情况：我们需要考虑 n 个个体事物，这些个体事物以某种方式呈现，并且分别被描述为 d_1、d_2、$\cdots$、d_n。如果我们能够确定哪一个描述关联的是哪种事物，那么我们就知道新描述指的是谁。对于舞会的例子，个体事物是鲍勃、布拉德和比尔，所以我们需要通过姓名来确定吉娜的舞伴。对于谋杀案的谜题，个体事物可能是管家、离异的妻子和来访的教授，因此将凶手与其中某种描述相关联就可以破解谜题。

通常情况下，所研究的个体事物群组是通过指示法呈现的，即使用涉及"此时或此地"的短语：比如"从现在起五秒之后""从这里出发向前走两个街区""我现在戴着的手表"或"我左边门上的标志"。这是因为主体在执行涉及其他事物的动作时，了解这些事物相对于他们当前坐标的位置，而不是它们的全局的和绝对意义上的位置。如果你想要到达某个具体的位置，但并不知道自己的当前位置，那么只了解全局意义上的目标位置是不够的，你需要知道如何从当前位置到达目标位置（例如，向前走两个街区）。同样，如果你想要在某个具体时间做某事，但并不知道当前时间，那么只知道全局意义上的目标时间就是不够的，你需要知道如何从当前时间过渡到目标时间（比如，等待五秒）。

这种指示性的方法也适用于名字。例如，你想和房间里最富有的人握手。你得知以下信息：

房间里最富有的人是瑟斯顿·豪威尔三世。

此类信息没有太大帮助，因为你并不知道房间里谁叫这个名字。相反，如果你得知以下更具指示性的信息：

房间里最富有的人是你右边的人。

那么你就可以和那个人握手了。

关于种类的事实信息

我们关心的大部分事实信息都是关于个体事物及其所具有的属性。当我们问类似于"有多少个 P？"或"是否存在一个具有属性 Q 的 P？"这样的问题时，我们就是在问一个事实性问题。有多少人参加了婚礼？星期二有棒球比赛吗？在 24 和 28 之间是否有质数？答案取决于我们认为存在的事物以及它们所具有的属性。

有时，我们在寻找事实信息时，似乎并不关注事物本身，而是关注事物的种类。例如，我们可能会问：

这个问题看起来有点奇怪。如果从概念结构的角度来思考，可能会有如下回答：

据我所知，世界上有警犬、赛犬、卡通狗、爱叫的狗……

这显然是答非所问。然而，这里隐藏着一个更合理的问题，不是关于概念而是关于世界：

世界上有多少个犬种？

这是一个事实性问题，与询问有多少人参加婚礼并没有太大的区别。事实上，世界犬业组织目前记录在案的有 339 个犬种（截至撰写本文时），包括比熊犬和西高地白梗犬等，分为十大主要类别。

因此，与狗本身和各种狗的概念（例如警犬）不同，世界上有一些被称为犬种的事物，具有起源、历史、相关品种等属性。一个看似询问狗的种类的事实性问题实际上是一个完全不同的抽象事物的问题。类似的思考方式也适用于有关福特汽车的型号、通用磨坊生产的谷物以及杂货店里的玉米等问题。

当我们承认存在像犬种这样的事物后，就会很自然地将其视为狗的属性。就像狗可以有某种颜色一样，它们也可以有某种犬种（尽管很多狗是杂种，但我们在此忽略了这个复杂因素）。就像我们可以说某条狗是棕色狗一样，我们也可以说某条狗是哈巴狗（339 种犬种之一）。然而，这两种属性之间存在着显著差异。对于棕色狗，我们只知道它是一条狗且颜色为棕色，仅此而已。然而，对于哈巴狗，我们不仅知道它是一只狗，属于哈巴狗这种犬种，我们还知道它有独特的皱纹、突出的眼睛和卷曲的尾巴（或者爱狗人士了解的更多细节）。这些知识从何而来？

123

首先要注意的是，卷曲的尾巴等都是狗的属性，而不是犬种的属性。此外，这些狗有卷曲的尾巴这个事实并不是它们碰巧具有的某种属性，就像前面提到的约翰地下室里的油漆罐上有尘土一样。我们可以想象这样说：

所有犬种是哈巴狗的狗都有卷曲的尾巴。

我们可能会以类似的方式说：

狗展上所有的狗都戴着红色的狗项圈。

但是这两句话强调的重点不同。卷曲的尾巴在某种程度上属于犬种的内在属性（关于临时物品的信息，比如地下室里的油漆罐或者狗展上的狗，本身也很有趣。详见附加章节）。这表明我们所指的更像是哈巴狗的概念。就像生日聚会上有生日蛋糕一样，哈巴狗也有卷曲的尾巴：

哈巴狗是一种具有皱纹、突出的眼睛、卷曲的尾巴等特征的狗。

我们还可能进一步描述，提到它的扁平鼻子、短毛、大小等，还可能谈到它的犬种：

哈巴狗是一种犬种为哈巴狗的狗，具有皱纹、突出的眼睛、卷曲的尾巴等特征。

这样的表述没错，但它忽略了这样一个事实：如果你有一条狗，犬种为哈巴狗，那么就足以认定它是哈巴狗，无论它是否具有其他属性。这个属性的充分性可以用"任何"一词来表达，如下所示：

哈巴狗是任何犬种为哈巴狗的狗，具有皱纹、突出的眼睛、卷曲的尾巴等特征。

这类似于我们以充分条件来描述其他概念的方式，比如：

四足动物是任何有四条腿的动物。

相对于：

马是一种有四条腿的动物。

总结一下：关于事物种类的事实性问题最好理解为关于某些抽象事物的问题，比如犬种、谷类食品的品牌、汽车的型号和玉米的品种等。这些抽象事物可以拥有自己的属性，比如它们首次引入的时间。相关事物（即狗、谷类食品、汽车和玉米）的属性则以通常的方式表示为概念结构的一部分，并根据相应的类型额外规定了充分性条件。

关于概念结构的挑战

本章已接近尾声，但我们仍有很多问题没有讨论。有许多话题，即使是最简单形式的常识性知识，也很难用语言表达出来。在结束本章之前，我们想从不同的视角再次探讨这类挑战。

在我们思考有关世界的事实性知识时，很容易想到这样的陈述：

（1）湖上有一艘红色的船。

类似于下面的陈述：

（2）24 与 28 之间有一个质数。

这两句话都表述了事物是什么以及它们有什么属性。然而，对于像（1）这样的表述，你要知道其中的"红色""船"和"湖"分别是什么意思。正如前面提到的，人们对它们的界限会产生分歧。"红色"到底是什么意思呢？物体"具有某种颜色"是什么意思？是指物体的整个表面都必须是该颜色，还是只有部分是该颜色？有多少？那么，"船"是什么意思呢？是否包括玩具船和带有座位的木筏？最后，"湖"是什么意思？我们是否可以既认为（1）是错误的，同时又相信在码头上停着一艘红色的船？

这种细枝末节的争论看起来有些可笑，可能只有像律师这样试图在技术性争论中取胜的人才会感兴趣（这让我想起比尔·克林顿的名言"一切都要取决于'是'这个词的意思"）。然而，这些争论是对常识性知识的整体观念提出了严峻的挑战。

挑战在于：也许我们所认为的常识性知识永远无法用语言表达出来。当我们使用普通的词语（如"红色""船"和"湖"）时，也许我们只是在自欺欺人。也许我们所拥有的只是一些与实际经验相关联的想法，而这样根本无法将世界划分为像"红色""船"和"湖"这样的可命名的离散范畴。布莱恩·坎特韦尔·史密斯指出：

> 的确，我们在探讨问题时可能认为世界在本体上是离散的，而且我们可能也是这样思考的。然而，我们逐渐发现，这种直觉更多地反映了语言和表达的离散组合性质，而并不是任何潜在的本体论事实，也不是我们表达所依赖的隐性和直觉思维模式。

因此，由"红色""船"和"湖"等词语表述的类别，可能更多地关乎我们的说话方式，而非世界的本质，或者我们对世界的思考方式。

如果这种观点没错，那么在这个有关"红船"的例子中，我们应该

126

如何思考呢？下面介绍一种方法。想象一下，你指着附近的船、色块和一个湖，说出下文（3）中的话。

（3）在这个区域的表面，有一个这样的东西，它的颜色是这样的。

当然，我们仍在（3）中使用了词语，但并未假设一个包含红色、船和湖的潜在概念结构。

这种思考常识性知识的方式有一个很好的优势，那就是直接与过去的经验建立联系。我们不再将某物视为"红色"，而是将其视为与之前感知到的一系列色调（在某种程度上）相似的东西，这些东西可能有标签，也可能没有。没有原型，只有一堆未区分的感知范例（这对于构建能够进行低层次感知学习并展现常识的人工智能系统可能具有重要影响）。

然而，这个挑战本身是否正确呢？毫无疑问，我们拥有一些无法用语言表达的知识，比如：如何骑自行车，吉米如何看起来像他的表兄萨米，以及酸橙与柠檬的味道有何不同。然而，当我们想办法用语言来表达这些事物，就像（1）那样，那我们是否只是在自欺欺人，认为这就是我们的思考方式？

正如我们在这里试图论证的那样，我们的观点是，概念结构确实远不只是一种描述世界的方式。它直接关系到智能主体会做出怎样的行动决策。

我们再来看本章开始时的例子：棒球。我们真的想要说明，"双杀"只是一种谈论棒球的方式，而不是一种思考方式吗？当游击手决定将球扔到二垒而不是一垒时，这个决定中难道没有考虑任何棒球的概念（比如局中已经有几个人出局），而只考虑了人们奔跑、投球和挥棒的过往经验吗？同样，当我们决定对房间里的某个孩子说"生日快乐"，而不对其他人说，那么这个决定难道没有考虑任何生日的概念，只考虑了与戴着派对帽的孩子们在一起的过往经验吗？这一切似乎极不可能，与史密斯所说的恰恰相反。

我们并不是要低估感知和学习在棒球等比赛中的重要性，但事实上，游击手在大多数情况下会将球投向一垒这一事实对于当前议题并不重要。重要的是我们要知道采取某种行动的原因，而这些原因都涉及棒球的概念。在棒球比赛中，有一些关键的考虑因素，比如球员们需要知道和关注有多少球员出局，但这些因素并不由比赛的直接感知领域决定或获得。人工智能科学家罗德尼·布鲁克斯（Rodney Brooks）提出的非表征名言"世界就是自己最好的模型"（大概意思就是："如果你想要了解某件事情，就要看世界本身，而不是其模型"）。这对像足球和围棋这样的活动来说是合理的（或者至少对它们的某个部分来说是合理的），但显然对于棒球、生日聚会，以及我们所处的许多常识情境来说并非如此。

最后，我们最好将这个挑战视为一个经验问题。史密斯认为，符号人工智能之所以没有制造出具有智能表现的系统，部分原因是它们被束缚在对世界过于简单的分类中（即可命名的事物及其属性）。我们则有不同观点：符号人工智能的失败是因为人们没有给予常识性知识和常识性推理应有的重视。时间会证明一切。

7

表示与推理
（第一部分）

--------------------------------- *

所有知识都与所有其他知识相关联。乐趣就在于建立这些关联。
——亚瑟·奥夫海德（Arthur Aufderheide），引自凯文·克拉伊
克（Kevin Krajick）的《木乃伊医生》（The Mummy Doctor）。

在第 5~6 章中，我们详细阐述了常识性知识的概念，现在我们来看看如何将这种知识实际应用于机器中。自此，我们将从探讨使用非正式英语术语表示知识转向研究如何让机器掌握和处理这些知识（我们不打算涵盖前几章提出的所有内容，而只会探讨一些主要想法）。

如前所述，我们采用知识表示假说，这意味着在接下来的两章中，我们将采用符号（symbdic）方法来叙述：主体将以符号形式表示常识性知识，然后对这些符号结构进行计算操作，以决定需要采取的行动。在本章中，我们概述了常识性知识如何在我们称为模型（model）的连接符号结构中表示，以及对这些模型进行的一些基本处理。在下一章中，我们将讨论如何以符号形式表示命题（proposition），以及如何以更复杂的方式使用模型进行推理。

在本章和下一章中，根据我们在该研究领域的经验，将提出各种可用于常识性表示和推理的符号结构。然而，有许多不同的方法可以实现这一点，其他人工智能研究人员也使用了完全不同的符号表示和推理形式。在本书中，我们让符号结构看起来类似于英语表达方式，以便让

7

表示与推理（第一部分）

131

读者阅读起来更容易，但是请注意，它们仍然是为机器理解而设计的符号。重要的不是我们人类能够如何轻松地阅读和解释它们，而是机器能够用它们做些什么。

为了理解如何在符号和符号处理的基础上构建常识，有必要剥开常识的外壳，仔细观察其底层运作方式。我们认为这是获取常识的关键过程，但也更具挑战性：这些内容更为枯燥、不直观，也不太符合常识。当我们来到第 9 章后，研究道路就会越发平坦，因为我们将看到，我们所研究的符号机制可用于做出更熟悉的常识性行动决策。

世界模型

在研究如何表示常识性知识时，有必要将需要表示的内容分为两个不同的领域。如前一章所述，需要考虑两种不同类型的知识：

- 关于世界上个体事物（比如"约翰"和"波士顿"）及其属性的知识，这些属性构成了世界的状态。
- 关于概念结构中的概念（比如"医院"和"生日聚会"）的知识，这是关于可能存在的事物种类以及它们可能具有的属性的一般概念。

相应地，常识性知识的表示将包含两个部分：一个表示世界状态的世界模型，一个表示概念结构（即用于对世界中事物进行分类的概括框架）的概念模型。

简单来说，世界模型是一种符号结构，旨在直接反映所考虑的世界状态的片段。由于我们想象的世界由具有属性的事物组成，世界模型将由代表这些事物的符号和代表这些事物属性的符号组成，它们之间以某种方式相互关联。

我们举一个简单的例子就可以说明这点。假设现在有一个世界，其中有两个人，约翰和苏，苏是约翰的亲生母亲。要表示这个世界，我们需要一个代表约翰的符号，用"约翰（John）"表示，和一个代表苏的符号，用"苏（Sue）"表示（我们将使用这种字体来显示世界或概念模型中的符号）。接下来，我们需要一个代表人的概念的符号"人（Person）"，以及一个代表亲生母亲关系的符号"生母"，它表示约翰和苏之间的关系。最后，我们需要一种将这些符号分组以表示它们之间的关联。最简单的分组方式就是以下符号排列组合：

约翰是一个人。

苏是一个人。

约翰的生母是苏。

这就是一个世界模型的全部内容：它以这三种句子形式为基础进行表达。内容符号（约翰、苏、人和生母）在每个句子中会有所变化。而其他符号（是、一个、有和作为）将始终保持不变。实际上，我们可以省略这些符号，使用类似下面的形式，也能达到相似的效果：

（约翰　人）

（苏　人）

（约翰　苏　生母）

然而，这样的符号结构会增加阅读难度（为了有助于阅读，我们将个体事物名称的首字母大写，而将属性名称的首字母小写）。

在继续探讨之前，有必要对上述三个句子进行一些修改。首先，我们应该避免在世界模型中使用像约翰和苏这样的名字，因为很多人可能会有相同的名字。相反，我们将使用特殊符号"#"来表示世界中的个体事物，并将这些事物的属性与标识名称（在引号内）或数字相关联。因此，我们采用下面的方式来描述约翰和苏：

人 #17 是一个人。

人 #17 的名字（firstName）叫约翰。

人 #16 是一个人。

人 #16 的名字叫苏。

其次，我们并没有直接表达"约翰的生母是苏"，通过进一步分析这一属性，我们发现这一属性实际上源于一个涉及约翰与苏的潜在事件，即涉及约翰的出生事件。这一属性不仅间接表示约翰与苏之间的关系，还让我们考虑事件相关的其他属性，例如事件发生的地点和时间。

基于这种思路，我们将模仿上面的"生母"句子来进行如下表述。首先，我们来看关于波士顿市的符号表示法，城市（city）#18：

城市 #18 是一个城市。

城市 #18 的名称（engLishName）是波士顿。

接下来，波士顿的某个空间点的符号表示法，空间点 #25（SpacePt#25）：

空间点 #25 是一个空间点（Point In Space）。

空间点 #25 的所属城市（enclosingCity）是城市 #18。

然后，关于 1979 年某个时间点的符号表示法，时间点（Time Pt）#24：

时间点 #24 是一个时间点（Point InTime）。

时间点 #24 的所属年份（enclosingYear）是 1979 年。

最后，关于特定事件的符号表示法，事件（Event）#23，即约翰在 1979 年的某个时间点在波士顿的某处出生的事件：

事件 #23 是一个出生事件（birthEvent）。

事件 #23 中的婴儿（baby）是人 #17。

事件 #23 中的母亲（mother）是人 #16。

事件 #23 的时间（time）是时间点 #24。

事件 #23 的地点（location）是空间点 #18。

人 #17 的出生事件是事件 #23。

因此，我们没有直接表示约翰的生母是苏，而是表示约翰是一个（人类）出生事件的一部分，而在这个事件中，苏是其生母。有了这些符号结构以后，我们就不再使用类似于生母的符号表示。在下一章中，我们将探讨如何重新引入该符号来表示一个派生属性：当存在具有正确属性的相关出生事件时，可以将某人认定为另一个人的生母〔我们希望通过更多细节分析这个出生事件，一方面可以将其视为一系列复杂子事件的组合，涉及其他个人（如护士和助产士），另一方面可以将其视为

机器如人

生殖过程的结果，涉及其他个人（如父亲）]。

图 7-1 的第一项展示了世界模型的基本结构。[我们将在后面探讨图中的另外两项（概念模型和派生子句）]

世界模型
- 将某个个体事物与概念相关联。
  人 #17 是一个人。
  将某个个体事物与另一个个体事物通过角色相关联。
- 人 #17 的出生事件是事件 #23。

概念模型
- **概念**：一种表示事物普遍意义的类别。
  人是一种动物。
  出生事件是一种事件。
- **角色**：一种与概念相关的基本属性。
  持续时间是事件的一种属性。
  母亲是出生事件的一种属性。
- **限制**：一种对某个角色填充物的数量与类别的限制。
  数量限制 #29：出生事件中有一个相关的婴儿。
  值限制 #26：出生事件中的母亲是一个女人。
- **注释**：一种对某个角色的取消或默认过滤。
  注释 #504：如果是多胎分娩，则数量限制 #29 将被取消
  注释 #702：事件的持续时间（秒）默认为 1。

派生条款（在第 8 章中阐述）
- 采用"如果"以及语言 L 的表达式来表达派生属性。
  人：x 的生母是人：y。
      如果
  存在一个事件：z，其中
  人：x 的出生事件是事件：z，并且
  事件：z 中的母亲是人：y。

图 7-1　知识库的组成部分

虽然在世界模型中使用上述简短句子对后续的计算来说已经足够了，但随着模型不断扩大，人类读者理解其中的内容就会变得越来越困难。因此，世界模型通常使用带有节点和边的图形来展示，这样对人们来说更容易查看和理解，如图 7-2 所示。（为便于理解，注意最左边的圆代表苏，最右边的圆代表波士顿。）

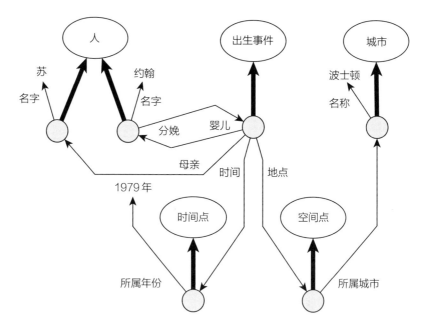

图 7-2 世界模型的图形版本

那么，世界模型中的这些句子到底意味着什么呢？具有此类模型的计算机系统会对其世界持有何种观念？我们还没有完全准备好回答这个问题，因为我们还没有讨论命题，而如前所述，命题就是人们相信的事物。我们将在下一章中详细回答这一问题，但在这里可以给出一个粗略总结。使用世界模型来表示世界状态的主体认为，在该状态下，存在着一定数量的事物，这些事物具有一定数量的属性（如前所述，主体还可以使用世界模型来表示世界的反事实状态，例如过去或未来的状态、其他主体认为存在的状态，以及其他想象的状态）。像人 #17 和空间点 #18 这样的名称，如果它们彼此没有建立关联，就会变得无关紧要。另一方面，像人和所属城市这样的名称实际上是指主体的概念模型中的元素，即主体用来思考世界的类别，我们稍后将讨论。

那么，在世界模型上要执行哪些推理操作？我们将在下章中探讨其主要的操作，因为这些内容也涉及命题。尽管如此，我们可以想象一些有趣的操作，它们不直接涉及命题，而是涉及个体之间的关联：

约翰与苏有何关联?

约翰有一个出生事件，其中苏是其母亲。

约翰与芬威球场有何关联?

他出生的城市有一个棒球场"芬威球场"（Fenway Park）。

约翰与宾夕法尼亚州有何关联?

他出生在宾夕法尼亚州首府哈里斯堡（"三英里岛"），当年在附近地区曾发生一起重大核事故。

为了确定这些连接，我们可以采用一种计算操作 FIND-PATH（寻找路径），它可以使用世界中的两种个体事物的表示符号作为其参数（即输入参数）。例如，我们可以使用表示约翰和苏的符号来调用 FIND-PATH。FIND-PATH 将通过世界模型来计算出连接两者的路径。这样的路径将是一个表示关系和其他个体事物的符号序列（有关此操作的详情，请参阅本书附录）。在这里，我们不打算深入探讨这个推理操作，只是说明此类操作对于所谓的联想思维非常有用，比如寻找由其他人想到的个体事物。

概念模型

现在，我们来看概念模型。我们可以将前一章的概念结构视为类似于世界的某种事物。然而，它并不是像前文所述的那样是一种关于事物和属性的世界。它是一种概念的世界：涉及事物及其各部分的一般概念，以及这些概念与其他概念的关系。这些可以用类似于世界模型的符号结构表示出来，即概念模型。

为实现我们的目的，我们可以将概念视为具有三种类型：角色（role）、限制（restriction）和注释（annotation）。角色是与概念相关联的属性和本质关系，限制是与概念相关联的角色填充物的约束条件，而注释则是对概念的各部分进行解释。

下面，我们来看一些例子。请大家想想在上一节中使用的出生事件和母亲关系的概念。概念模型可能包含以下内容：

出生事件是一种事物。

母亲是出生事件的一种属性。

因此，在概念模型中，我们将按照上面两句话的方式来表达概念与角色。这些句子中的内容符号是出生事件、事物（thing）和母亲（mother）；所有其他符号只是为了便于阅读，表达出内容符号之间的本质关联。其他概念（如人和城市）和其他角色（如婴儿和所属年份）的表述亦是如此（为了简化措辞，从现在开始，我们有时会使用表示概念的符号来指代概念本身。因此，当我们说"像人和城市之类的其他概念"时，我们真正的意思是"由人和城市之类的符号所表示的那些概念"）。

现在让我们来看限制。值限制（value restriction）用于限制可以作为角色填充物的事物。例如：

值限制 #26：出生事件中的母亲是一个女人。

在这种情况下，我们使用符号值限制 #26 来表示对出生事件概念的母亲角色的期望填充物类型的限制（就像概念和角色都有名称一样，限制也有名称，以便我们在后面的注释中直接引用）。这里的内容符号是值限制 #26、母亲、出生事件和女人。

数量限制（number restriction）类似于值限制，用于限制可以作为角色填充物的事物的数量。例如：

数量限制 #28：出生事件中有 1 个相关的母亲。

在这种情况下，符号数量限制 #28 用于表示对出生事件概念的母亲角色所期望的填充物数量的限制。内容符号是数量限制 #28、母亲、出生事件和数字 1（如果数字更大，为了阅读习惯，我们可能会将母亲符号变为复数形式）。请注意，与某个概念相关的角色数量与填充物的数量不同。某个单一角色（如父母角色）可能有两个填充物，反过来说，一家公司可能有首席执行官和总裁，但这两个角色可能由同一个人来担任。

概念模型（或其中某些部分）通常以类似于世界模型的图形形式显

示，如图 7-3 所示。请注意，此图所展示的关系涉及值限制：对于出生事件概念，母亲角色被限制为女人；对于空间点概念，所属城市角色被限制为城市（我们将在下一节中详细探讨女人和人之间的广泛联系）。

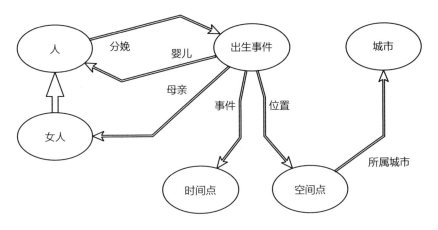

图 7-3　部分概念模型

在深入讨论概念模型的其他方面之前，让我们简要回顾一下它们与世界模型的连接方式。我们已经看到，世界中的事物可以具有涉及其他事物的属性。例如，在上一节中，我们表达：

事件 #23 是一个出生事件。

事件 #23 中人 #16 是母亲。

上图展示了一个特定的出生事件，其中苏是母亲。这个世界模型的片段与上面的概念模型的片段明显相关：

出生事件是一种事物。

母亲是出生事件的一种属性。

换句话说，"事件 #23 是一个出生事件并且苏是母亲"这一想法依赖于一个更普遍的概念，即出生事件是与母亲相关的事物。如果事件 #23 是一个棒球比赛而不是出生事件，我们就不会在世界模型中看到母亲的概念。此外，由于上面的数量和值限制，我们期望母亲（在本例中是苏）是一个女性，并且是该角色的唯一填充物。通常情况下，世界模型中角色的填充物符合概念模型中规定的限制（我们将在后面探讨一些例外情况）。

除了上面看到的数量和值的限制之外，我们还可以想象与概念相关的其他类型的限制。这些可能是角色的填充物共同满足的其他属性，可以使用下一章中介绍的公式来表达。

分类法

除了具有角色和限制等组成部分之外，概念之间也可以彼此直接相关。其中最重要的关系是一个概念是另一个概念的子概念（subconcept），这意味着前者包含后者。例如，我们可能会表达：

人是一种哺乳动物（mammal）。

这表明人是一种哺乳动物，而不仅是一种事物。除了确定了这两个概念之间的关系之外，其结果是世界上被认定为人的任何事物也可以被视为哺乳动物。通过以图形方式展示子概念或父概念关系，我们得到图7-4中所示的熟悉的分类图表。图7-3中女人（woman）和人之间的广泛联系就是这种关系的一个实例。

参考上文的出生事件示例，我们的概念模型可能包含以下内容：

出生事件是一种活体哺乳动物分娩事件（live Mammal Birth）。

出生事件是一种医疗程序（medical Procedure）。

然后，活体哺乳动物分娩事件或医疗程序中包含的任何角色、限制和注释也将被视为出生事件的一部分（这当然适用于那些由医务人员处理的出生事件）。正如我们将在下一节中看到的那样，这些部分被称为是继承（inherited）部分——除非通过注释明确取消它们。

如前所述，将概念组织成子概念和父概念的分类体系是一种以模块化方式组织大量概念的强大方法。例如，涉及母亲、婴儿和其他事物的人类分娩概念实际上是从更普遍的哺乳动物胎生分娩概念继承而来的（与卵生分娩相对）。因此，我们可以想象概念活体哺乳动物分娩事件

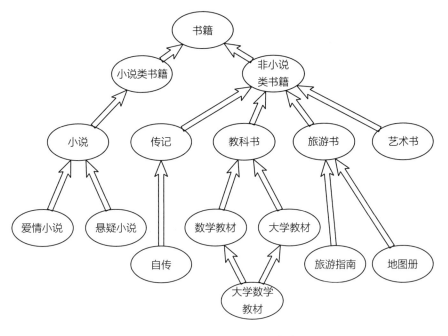

图 7-4　书籍概念的分类法

拥有母亲和婴儿两种角色，以及值和数量的限制。然后，出生事件概念将继承所有这些结构，仅具有两个自身的局部限制，确保这两个角色的填充者是人而不仅是哺乳动物（一个概念可以具有或继承与同一角色相关的多个限制。这些限制应被理解为同时适用）。同样，第一节中在世界模型中使用的出生事件的时间和地点角色是继承通用的事件概念。医疗程序概念也会继承这两个角色，因为它也是一种事件，而且会限制地点在医院内——这个限制将被出生事件继承。

继承和取消

虽然认为一个概念是另一个概念的子概念通常很有用，但如果我们必须相信前者的每个实例都必须具有后者的所有属性，那么这种效用就会大大降低。举一个与人工智能有关的著名例子，我们可能会认为鸟类是通过飞行来移动的动物，企鹅是鸟类，但我们不想被迫认为企鹅是通过飞行来移动。当然，大多数鸟类都会飞行，这当然是鸟的一部分概念，然而还有很多鸟不会飞，包括企鹅、鸵鸟、几维鸟等。鸟类的大小也相当标准，但同样也存在例外，蜂鸟以及皇家信天翁的大小都是比较特殊的。

这表明，除了角色和限制以外，概念还可以具有前面所述的注释，以覆盖不适用的父概念部分。概念模型中的注释将用类似于限制的句子表示。请先思考出生事件概念中对婴儿角色进行数量限制的情况，然后看下面例子：

数量限制 #28：出生事件中有 1 个相关的婴儿。

这反映了一种预期事实，即在正常情况下，出生事件只会涉及一个婴儿。由于存在例外情况，因此我们可以在概念模型中以如下方式说明多胎分娩：

多胎分娩（multiple Birth）是一种出生事件。

注释（ann）#504：对于多胎分娩，数量限制 #29 将被取消。

第一句话表明，多胎分娩（包括双胞胎、三胞胎等）是一种出生事件；第二句话表明，对于多胎分娩，有一个注释（注释 #504）取消了对相关婴儿数量的限制（nr#29）。注释中的内容词是注释 #504、数量限制 #29 和多胎分娩。于是，多胎分娩的子概念（如双胎分娩）可以自由添加自己的新的数量限制。值限制和概念的其他部分也以类似方式被覆盖。

基于这种"取消（ancellation）"概念，我们就可以具体说明一个概念采用可取消的方式继承另一个概念的一部分有何意义。我们构想一个可以在概念模型中操作符号结构的 GET-PARTS（获取部分）过程。GET-PARTS 将表示概念的符号作为参数，并将该概念基于当前概念模型所拥有或继承的所有角色、限制和注释的表示符号作为值返回。这个想法如下：如果从概念甲到概念乙之间存在一个（也可能为空的）关联词"是（is a）"（例如，人是哺乳动物，以及动物是生物等），那么就可以说概念甲是概念乙的子概念。然后，如果给定概念是与（概念模型中的某个数字限制句子内的）某部分直接相关联的另一个概念的子概念，并且该概念中没有取消该部分的继承注释，GET-PARTS 就会返回该部分（比如数量限制）。当然，如果这个取消注释要被继承，它本身就不能被第二个注释取消，而第二个注释不能被第三个注释取消，依此类推（相关详细信息，请参见附录）。

需要注意的是，尽管我们现在还未讨论命题，但我们能看到 GET-PARTS 操作是一种推理形式。例如，它可以让我们得出结论，比如：可以根据狗的一般属性推断出边境牧羊犬有四条腿。当我们深入到分类体系的底部时，就会看到：概念会从所有父概念中继承角色、限制和注释，并形成丰富的结构。此外，即使在大型概念模型中，GET-PARTS 操作也可以轻松完成计算。我们希望在分类体系中，每个概念只位于少数更通用的概念之下。这样的话，即使在非常庞大的分类体系中，也可以搜索这些"是"的关联（如果这些关联本身可以被取消，那么继承过程将变得更加复杂。请参见下一节）。

默认值和其他注释

对一个概念来说，也许最有用的注释就是为角色指定一个默认填充值（default filler）。例如，考虑某个通用事件的通用概念的表示形式，其中可能包括事件持续时间（秒）的概念（如前文所述，我们可能更倾向于采取更具体的量级来表示持续时间，基于不同的度量单位提供不同的数值，但在这里我们进行了简化）。我们可以通过添加以下注释来为持续时间（秒）（duration In Seconds）角色指定一个默认填充值：

注释 #706：事件的持续时间（秒）的默认值为 1。

这表明，对于事件概念，存在一个注释（注释 #706），为持续时间（秒）角色提供默认填充值 1。实际上，这样可以保证，如果我们正在寻找该角色的填充值，并且没有理由选择其他值，我们就可以使用默认值，并且理解它可能会被其他考虑因素所移除。因此，如果我们找不到理由去选择其他值，我们将假设事件的持续时间为 1 秒。

角色的默认值概念是一个强大的理念，极大改变了表示的使用方式。

这里有一个应用案例。在一些人工智能著作中，有人提出了取消子概念或父概念关系的想法，比如取消"企鹅（Penguin）是鸟类（Bird）的子概念"和"鸟类是飞行动物（flying Animal）的子概念"，这样的话，企鹅就不必成为飞行动物的子概念。如上所述，这个提议让继承的定义变得非常复杂（请对比附录中的 GET–PARTS 定义），以至于确定某个属性是否被继承变得更像一个逻辑难题。这与我们认为常识性推理应该快速而简单的观点背道而驰。

使用默认值就可以避免这些复杂性。我们首先将具有严格充分条件的事物类别（例如飞行动物）表示为派生属性，而非需要进一步特化的概念（我们将在下一章中探讨这点）。换句话说，当一个动物的运动方式是飞行时，我们才将其视为飞行动物，这是唯一的条件。因此，我们不再说鸟类是飞行动物的子概念，而是说鸟类概念的默认运动方式是飞行。企鹅概念可以作为鸟类的子概念，但其他注释可以取消这个默认值。

在如何使用这些表示方法中，还需要思考最后一个难题，那就是角色的重要性（importance）以及限制或注释的强度（Strength）的概念。

如果我们要根据概念模型在世界模型中明确表示出所有存在的事物，那么每个人都会有一个出生事件，而每个出生事件都涉及一个母亲——一个比婴儿年长的人。而这个母亲又会有一个涉及她母亲的出生事件，如此循环。这就意味着世界模型中将包含无限多的人！

然而，在表示一个人时，即使我们知道必然存在出生事件，我们也可以选择不明确表示他们的出生。我们在探讨人时，出生可能重要，也可能不重要。这种重要性由注释确定，该注释指示该角色（作为先验）对所讨论的概念有多重要：

注释 #501：出生对一个人来说具有 0.6 的重要性。

假设这些重要性数值介于 0.0 和 1.0 之间，我们可以将注释 #501 理解为人的出生是一个相当重要的属性（0.6），但我们并不过于在意其存在。所以，并不是说苏没有出生事件，而是我们认为这个事件相对模型中的其他事物来说并不重要。换句话说，我们并不认为她的出生事件会成为下一章中探讨的推理操作的主题。然而，随着我们的关注点的变化，我们可能需要扩展模型并考虑她的出生事件。我们将在下一节中探讨这个问题。

限制和注释的强度的想法是相似的。我们再来看出生事件。虽然我们能理解一个出生事件中可以包含多个婴儿，但是如果一个出生事件中包含多个母亲，我们肯定会感到无比惊讶（或者震惊）。这表明，在出生事件中对于母亲填充物数量的限制（上面的数量限制 #28）要比对于婴儿填充物数量的限制（上面的数量限制 #29）更强。我们可以为此引入新的注释，但是更简单的做法是，假设限制和注释在句子中有一个额外的部分可以表示（先验）强度。因此，上面的两个数量限制可以表述如下：

数量限制 #28：出生事件中有 1 个相关的母亲（强度 1.0）。

数量限制 #29：出生事件有 1 个相关的婴儿（强度 0.9）。

在这里，我们明确要求母亲的数量必须是 1 个（1.0），但是我们并没有强烈要求只能有一个婴儿。同样，事件的典型持续时间可能由以下内容指定：

注释 #706：事件的持续时间（秒）默认为 1（强度 0.1）。

这个默认值是相当松散的，是一个弱的默认值。事件的子概念（如电影演出或生日聚会）可以取消这个默认的持续时间，并给出一个更高强度的不同默认值。

顺便说一下，使用数量级数字来确定强度的等级可能更有意义。在一个出生事件中，对于只有一个婴儿的限制，强度可能为 2（几百分之一的概率），但对于只有一个生母的限制，强度可能要接近 11（几万亿分之一的概率），这意味着原则上这个限制仍然可能被违反，例如母亲产下连体双胞胎。

我们可以想象其他种类的注释。在这里我们提到了三类。

第一，我们可以使用注释来记录概念之间的相似性（Similarities）。例如，鲸鱼与鱼相似，马车与汽车相似。还有其他的类比范例：卢瑟福原子就像太阳系，辩论就像战争，时间就像金钱。相似性注释通过将某个概念的某些部分映射到另一概念的某些部分，以建立概念之间的关联。除此之外，这将有助于进行前面（和下面）提到的差异诊断。

第二，我们可能想注释世界模型中个体的属性。在第一节有关约翰出生的模型中，我们如此表述：

事件 #23 是一个出生事件。

事件 #23 的位置是空间点 #18。

在这里，事件 #23 代表他的出生事件，而空间点 #18 代表波士顿的一个地点。我们会在注释中记录我们是如何相信事件发生在那里的。如果这是一个默认分配，那么我们会记录我们对该默认使用的强度。如果我们从这个分配中得出额外的结论，我们也会记录它们的来源。如果我们最终不得不重新考虑约翰的出生地，那么这些注释将发挥作用。

注释的第三类可能的应用涉及元级概念和角色。我们可以将概念模型中的数量限制表示为：

数量限制 #29：出生事件中有 1 个相关的婴儿（强度 0.9）。

这句话似乎可以拆分为以下句子：

出生事件中包含数量限制 #29 这一部分。

数量限制 #29 是一个数量限制。

数量限制 #29 的主体是婴儿。

数量限制 #29 的对象是 1.0。

数量限制 #29 的强度是 0.9。

概念模型中的其他句子，包括注释、概念和角色，都可以类似地扩展。这些扩展使概念模型看起来与世界模型完全相同，但处于元级：个体由类似出生事件、位置和 706 号注释的符号表示。概念由类似数量限制和角色的符号表示；角色由类似部分和主体的符号表示。我们可以借此机会将类似出生事件和位置的符号替换为类似概念 #19 和角色 #58 的符号，就像我们用于表示世界模型中的个体符号那样，允许多个概念具有相同的名称表示。

图 7-5 展示了图 7-3 所含的元层级世界模型部分（为方便阅读，请注意，最左上方的个体代表概念人，最右边的个体代表概念出生事件。底部居中的个体表示值限制 #26）。然后可以按上述方式对元层级个体进行注释。例如，数字限制的对象角色的默认值设为 1，注释的强度角色的默认值设为 0.4。如果找不到其他典型值，则可以使用这些典型值，并且可以对其本身进行进一步注释。

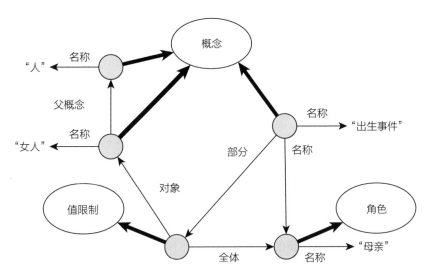

图 7-5　图 7-3 中的部分概念模型所含的元层级世界模型部分

添加到世界模型中

如上所述，随着我们注意力的转移，我们可能需要扩展我们的世界模型，以包含其他事物和属性。例如，当我们将苏看作一个独立的个体而不只是约翰的母亲时，我们希望在她身上能看到人拥有的其他属性。为此，我们可以使用上面提到的 GET-PARTS 过程来查找人概念的角色。在这种情况下，出生角色（可能是从哺乳动物继承的）将被视为非常重要，因此我们希望在模型中找到一个能代表其角色填充物的符号，就像我们为约翰所做的那样。根据对这个角色的值限制，填充物应该是一个出生事件。因此，模型中需要有一个新的出生事件来表示苏的出生（已经有一个代表这个事件的符号）。

因此，我们需要用实例说明出生事件概念。我们再次（通过 GET-PARTS）查看该概念的所有角色，并决定哪些角色足够重要，需要用它们的填充物进行表示。我们可以看到，例如，婴儿角色应该由一个人来填充。然而，我们可能还会发现，人概念中存在一个相关的限制：一个人的出生事件中的婴儿应该就是那个人（这些类型的限制被称为角色链等式）。因此，新创建的出生事件将把苏作为婴儿角色的填充物。出生事件概念还具有其他一些角色，如母亲、时间和位置，这些角色目前可能没有填充物，还有一些不太重要的继承角色（如持续时间）。

到底是哪种因素会推动我们以这种方式扩展世界模型呢？很重要的一点是，出于某种原因，我们想把注意力从之前的事物转移开来。

这可能是自下而上的推动力。也许我们在周围环境中观察到了新的事物；也许有人提醒我们去关注一些新的事物或属性。但也可能是自上而下的推动力。也许我们决定执行某种感知行动，比如打开一个盒子，看里面有什么新的物体。也许我们需要使用一些新物体来实现感兴趣的目标；也许我们需要用耐热手套来端热锅，或者需要穿靴子在雪地上行走。

无论出于何种原因，我们都会被推动去扩展世界模型，以涵盖新的事物和属性。我们希望这种推动力或多或少能够明确说明应该包含哪些新的事物和属性。如果我们被告知，苏的母亲是一个我们以前不知道的人，那么我们就会扩展模型，将其包含在内，并且创建一个新的出生事件，其中苏作为婴儿，而那个人则是她的母亲。我们可能还会添加注释，说明这个模型的扩展是基于我们听到的某些信息。

如果我们需要考虑约翰的母亲和祖母，却没有其他额外的信息，我们就很难确定相关任务是否已经在模型中被表示。我们可以合理推测它们是新的，并相应地更改模型。同样，如果一个角色具有足够高的重要性，即使我们不太明确其填充物具体是哪种事物，我们也希望去表示它。这就是默认值的主要作用：当没有其他信息可用时，我们就会使用默认值。然而，在所有这些情况下，我们都会添加注释，说明目前进行的假设将来可能需要进行修正（请参阅本章的最后一节）。

如果我们得知苏的出生城市是凤凰城，这个过程大致相同。我们可能会将这个新位置项的其他属性都忽略掉，而只保留"所属城市"这一属性，这与约翰的例子相似。

然而，如果我们以某种方式得知苏的出生城市是凤凰城或图森，并且不知道具体是哪一个，情况就会变得更加复杂。我们可以像之前一样，随机选择其中一个城市作为苏的出生城市，并添加注释，说明这是随机选择的，以防以后发现选择有误。或者我们可能选择将苏的出生城市的信息视为一个待解决的谜题，就像对待第6章中的加比的舞伴谜题一样。尽管这种简单地概括世界模型表示以纳入特殊的新符号的方法看起来颇具诱惑力，但实际上并不能解决实际问题。世界模型将不再像之前那样表示所属城市，而只是表示关于该城市的一些信息（information）。无论采用什么符号，这些信息都很难进行推理（我们将在附加章中讨论）。

还可以采用一种更复杂的方法。我们可以自问，我们对这两个给定城市了解多少呢？我们可以查看我们的概念模型，并找到包括这两个城市的最具体的概念。例如，我们可能知道它们都是亚利桑那州的城市。然后，我们可以扩展模型以记录所属州：不再使用之前的所属城市属性，而是使用所属州属性。在这样做时，我们会丢失信息，尤其是在两种事物几乎没有共同之处的情况下，例如图森和廷巴克图。然而，这样做也有明显的优势：我们可以向世界模型中添加一些与位置相关的信息，而无须解决逻辑难题或进行不必要的猜测。

⚙ 添加到概念模型中

现在，我们已经介绍了足够的技术机制，可以设想在计算机中构建一个庞大的知识库，其中包含描述计算机可能在其世界中遇到的个体事物的丰富概念。在上一章中，我们重点讨论了我们希望表示的事物和属性的种类。如果我们回顾一下前面有关人类常识的内容，就会想起常识主要涉及日常事物和事件，被记忆下来以支持快速合理的推断。当我们在世界中看到一些感觉上是相同类型的事物时，我们会迅速进行概括，并开始简化我们对这些事物的记忆；我们倾向于形成一种新概念，捕捉其中一些更显著的属性。

想象一下我们第一次遇到汽车的情况。我们可能看到一辆黑色汽车，一辆白色汽车，还有一辆银色汽车，之后又看到许多其他银色汽车。也许我们还会看到一两辆敞篷车，但主要是轿车。随着我们注意到它们许多的感知相似之处，我们就会很自然地构想一个新概念，这些汽车都是它的实例。根据我们观察到的示例分布，我们在构建汽车概念时，会倾向于模仿常见的银色四门轿车。当然，肯定有许多例外情况，但最简单的记忆方式可能就是将汽车概念的默认颜色设定为银色，尽管默认强度较弱。因此，当我们看到一辆红色的汽车时，并不会让我们感到惊讶，只是放弃银色作为默认颜色。另外，通常我们对汽车具有四个轮子和挡风玻璃的默认假设会更强，因为我们几乎不会看到较少车轮或没有挡风玻璃的汽车。

这种创建一个概念以反映同类事物最常见特征的理念，不仅有助于构建新概念和记忆新事物，而且有助于心理学家研究人类记忆。我们能记住特定的代表性示例或可能构建的概念原型，而非同类事物中每个成员的细节。像弗雷德里克·巴特利特爵士这样的心理学家观察到，人类的大部分记忆似乎基于这些原型和重建形式，而不是对观察到的细节的准确记忆。通常情况下，人们通常成为不太可靠的目击者，除非他们所目睹的人（或犯罪行为）具有一些显著异常的特征，这些特征与我们记忆中的普遍印象不相符合。巴特利特认为，要实现有效记忆，不是记忆观察到的个别事物的图形表象，而是记忆观察到的普遍情况和明显异常情况，即所观察事物应该呈现的状态与实际状态之间的差异。异常越明显，就越容易被记住。

当我们记忆事件或程序的顺序时，就会发现完全相同的现象。人工智能中的经典示例包括看病、用餐或举办生日聚会等。一旦我们遇到了这些情况，我们就会构建概念，捕获常规案例并设置为脚本，其中包含的小型事件顺序具有各种通用角色的参与者。为了表示这些按时间排序的活动，我们需要更多的装置，尤其是更复杂的机制来表示事件的时间顺序与影响。我们将在下一章中介绍其中部分内容。

下面，我们将详细探讨当我们的原型预期未得到满足时会发生什么。总体而言，我们似乎能很顺利地想到概念以及可以遵循的脚本，如我们前文探讨的自动驾驶模式。我们在上一章中引用的明斯基的框架理论就是如此。上述所有的技术机制都是为了快速和近乎条件反射地解释新情况并确定下一步行动，以有效表示普通事物。

世界模式的调整

在本章末尾，我们简要讨论一下出现问题时可能发生哪些情况（在遇到意外情况时，常识经常会发挥作用）。我们可以将本章和下一章中的计算操作看作是纯粹的内向型过程：我们只关注内部表示，并尽力利用它们。只有当我们意识到存在问题时（例如我们想要纳入模型的新信息与已有的某些信息发生冲突），才会从梦境中苏醒。

人们对所信仰的观点存在重大矛盾，就会引发问题，并且可能永远无法完全解决。这些重大矛盾通常涉及对立观念之间的界限。例如，我们可能会强烈要求保护言论自由，同时也会强烈要求禁止仇恨言论。就像我们有时可能判断某条小溪是河流，而有时又觉得它太小而不足以称之为河流一样，我们在言论自由和仇恨言论之间的边界上可能也存在不一致的看法。

我们此处探讨的是更温和的矛盾，比如：我们将要参观的医院的世界模型的默认值是六层楼。然而，当我们接近这座建筑时，我们观察到它只有五层楼，与模型相矛盾。或者再举一个前面提到的例子：我们被告知翠迪是一只鸟，于是得出结论它通过飞行来移动，但后来我们得知翠迪实际上是一只企鹅，不能飞行。这种预期失败的情况非常常见，应在世界模型中对某些部分进行调整，以避免造成重大破坏。

在最简单的情况下，世界模型中的冲突值可能是一种松散的默认值。我们需要检查注释来了解分配的强度。只要该默认值未得出其他结论，我们就可以将其取消，适当修改世界模型，以解决问题。

然而，并非所有的调整都如此简单。例如，如果我们进入一座我们预期是医院的建筑，却发现这是一个有着高天花板的大房间，人群聚在一起唱歌和祈祷，我们就需要重新考虑我们身处医院的前提。此时，上面提到的相似性注释就可以发挥作用，可以让我们意识到这里更像是一座教堂。我们需要对以前被理解为是医院一部分的事物进行重新解释，并将它们重新分配给教堂的相应部分。所有这些都是日常常识性推理的重要组成部分。

机器如人

通往人类智慧之路

8

表示与推理
（第二部分）

———————————— *

阅读只能给人提供知识素材，只有思考才能让所读内容变成自己的思想。

——约翰·洛克（John Locke），引用于霍勒斯·曼（Horace Mann）的普通学校期刊《手册：警告和建议》（*Hand Book: Caution and Counsels*）。

在上一章中，我们讨论了采用世界模型和概念模型来表示常识性知识。然而，如果考虑到常识的实际所需条件，还有一个很大的表示难题有待解决。

为了更好地理解这点，我们来看一个具有常识的主体的思维过程。例如，他认为某个门正处于开启状态，并在考虑是否关闭它。请注意，为了能够沿着这种思路思考，主体必须能够考虑到门是关闭的这个想法，即使他实际上认为门是开启的。这样的想法被称为命题。因此，我们假设具有常识的主体能够想到本身为真的命题，而不一定要认定这些命题在当前状态下为真。

如果计算机系统能够以这种方式处理命题，则需要对命题进行符号表示。系统掌握的世界知识可能仍然是通过上一章中的世界模型和概念模型来表示。用洛克的话来说，这些是他所说的知识素材。然而，出于某种原因，系统将要考虑的命题必须在与这些模型不同的第三个领域中表示。事实上，知识本身就是一个命题问题。主体可能在世界模型中表示门是打开的，但它实际是相信这样一个命题：除其他方面外，他相信门是打开的。

在本章中，我们将讨论命题的符号表示，并展示认知主体如何与其世界模型协同使用这些表示，来处理诸如"P 现在成立吗？"，"如果我采取行动 A，P 会成立吗？"和"我可以采取什么行动使 P 成立？"这些都是常识性思维的基本组成部分。

⚙ 命题的表示语言

为了符号化表示命题，我们将使用一种被称为 $\mathcal{L}$ 的人工语言。从技术上讲，$\mathcal{L}$ 是一种类似英语的变体，属于所谓的一阶谓词演算。它与普通英语的主要区别在于，它使用了被称为变量的特殊符号。因此，$\mathcal{L}$ 的表达式，也被称为合式表达式（well-formed formulas），在形式上类似于英语，只是在指代个体事物时有两种方式：一种是采用像人 #17 这样的符号，我们将其称为常量（Constants）；另一种是采用带特殊字符"："的符号，例如人：x，我们称之为变量 Variables（我们一会儿会介绍变量的使用方式）。$\mathcal{L}$ 的常量和变量被统称为单称词项（Singular terms）[简称为"词项（term）"]，相当于英语中的名词短语。

在本节中，我们将详细介绍语言 $\mathcal{L}$，并解释表达式的意义，即哪些表达式表示真命题，哪些表示假命题（为了措辞简便，从现在开始，我们会说 $\mathcal{L}$ 的某个表达式为真，而不会说某个命题的符号表示为真）。

让我们先来看表达式的结构。$\mathcal{L}$ 有三种表达式：原子式（atomic formulas）、等式（equalities）和复合式（composite formulas）。$\mathcal{L}$ 的原子式就是世界模型中出现的符号表达式，但它除了常量之外还可以包含变量。例如，

人 #17 的出生事件是事件 #23。

这是一个原子式，但以下也是一个原子式：

机器如人

通往人类智慧之路

人：x 的出生事件是事件 23。

L 的等式是由两个词项以及中间的"是"组成的表达式。例如，

人：x 是人 #16。

这是个等式。

最后，L 的复合式是指由其他表达式组合而成的表达式：通过在两个表达式之间放置"并且"一词来构建合取式（conjunction）；通过在两个表达式之间放置"或者"一词来构建析取式（disjunction）；通过在表达式前面加上"并非如此"来构建否定式（negation）；最后，通过在表达式前面加上"存在"、变量和"其中"来构建存在量化（existential quantification）。以下是一个复合式的示例：

存在（There is）一个事物：x，其中

事物：x 是一个人，并且

事物：x 并不是人 #16。

这就是整个语言的内容。这些组成部分在图 8-1 中进行了总结。此外，L 中还有一些特殊用途的附加功能，与处理数字和序列的世界模型无关。我们在附录中描述了这些功能，以供随时参考。请注意，我们忽略了语言 L 在句法上的歧义性：包含多个"并且（and）"或"或者（or）"的表达式可以采用多种方式分组。我们将视情况使用页面缩进来消除歧义。

为便于阅读表达式，我们会采用缩略形式表达。当我们使用由多个"并且"连接而成的表达式时，我们会省略除了最后一个"并且"以外的所有"并且"，并使用逗号作为分隔符。类似地，当我们在一个"存在（there is）"的句子内部嵌套另一个"存在"时，我们会将变量组合在一起，并用逗号分隔，最后用"并且"。请看下面的缩略表述：

存在一个人：x 和一个事件：y，其中

人：x 是一个人，

事件：y 是一个出生事件，并且

人：x 的出生事件是事件：x。

词项
- **常量**（Constant）：世界上某个个体事物的名称。
  - 人 #17
- **变量**（Variable）：个体事物的占位符，用法类似于代词。
  - 人：x。

简单表达式
- **原子式**（atomic formula）：一种世界模型语句，允许使用变量。
  - 人 #17 的出生事件是事件 #23。
  - 人：x 是一个理发师。
- **等式**（Equality）：一种用"是"将两个词项连接的表达式，意指两个词项都表示同一种事物。
  - 人：x 是人 #16。

复合表达式
- **合取式**（conjunction）：一种用"并且"来连接两个表达式的表达式，意指这两个嵌入表达式都为真。
  - 人 #17 的出生事件是事件 #23，并且
  - 人 #17 的名字叫约翰。
- **析取式**（Disjunction）：一种用"或者"来连接两个表达式的表达式，意指这两个嵌入表达式至少有一个为真。
  - 人 #17 的名字叫约翰，或者
  - 人 #17 的名字叫詹姆斯。
- **否定式**（Negation）：一种用"并非如此（it is not the case that）"开头的表达式，意指嵌入表达式为假。
  - 并非如此：
    - 人 #17 的名字叫詹姆斯。
- **存在量化**（Existential qualificatian）：一种带有"存在"和"其中"的表达式，表示存在具有某些属性的事物。
  - 存在人：x，其中
    - 人：x 是一个理发师，并且
    - 人：x 的出生事件是事件 #23。

图 8-1　语言 $\mathcal{L}$

下面是未采用缩略形式的表达：

存在一个人：x，其中

存在一个事件：y，其中

人：x 是一个人，并且

事件：y 是一个出生事件，并且

人：*x* 的出生事件是事件：*y*。

尽管这些缩略形式没有给语言增加任何实质内容，但它们可以让表达式变得更加简洁。

我们之所以采用像 $\mathcal{L}$ 这样的符号表示语言，主要就是为了处理符号结构的计算。我们将在下一节开始讨论这些推理操作。然而，让我们先来探讨一下表达式的含义，从没有变量的表达式开始。凭直觉，这些表达式应根据世界模型理解为真或假。没有变量的原子式应该按照以前的方式进行理解。与世界模型中所述事实完全相同的表达式被视为"真"，所有其他的表达式都被视为"假"。例如，对于上一章所述的世界模型，下面表达式被视为"真"。

人 #17 的名字是"约翰"。

但是以下表达式：

人 #17 的名字是"詹姆斯"。

就被视为"假"。（因为约翰是名，而詹姆斯是姓）。只有当两个词项是完全相同的常量时，没有变量的等式才为"真"。这表明，无论世界模型有何内容，下面表达式都被视为"假"。

事物 #237 是事物 #238。

对于没有变量的复合式，规则如下：一个"并且"表达式仅当两个合取式都为真时才为真，一个"或者"表达式仅当至少一个析取式为真时才为真，一个"非（not）"表达式仅当否定式为假时才为真。

包含变量的"存在"表达式的真值判断略显复杂。如果存在一个常量，可以让嵌入"存在"的表达式通过用该常量替换相关变量而变为"真"，则该表达式就被视为"真（true）"。

假设，我们有一个类似于上一章的世界模型，其中仅包含以下七项：

人 #17 是一个人。

人 #17 的名字是"约翰"。

人 #17 的出生事件是事件 #23。

时间点 #24 是一个时间点。

时间点 #24 的所属年份是 1979 年。

事件 #23 是一个出生事件。

事件 #23 的时间是时间 #24。

那么，根据此模型，以下表达式为真：

存在一个人：*x* 和一个事件：*y*，其中

人：*x* 的名字是"约翰"，并且

人：*x* 的出生事件是事件：*y*。

这个表达式之所以为真，是因为我们可以在嵌套表达式中将变量人：*x* 替换为常量人 #17，将变量事件：*y* 替换为常量事件 #23，最后得到：

人 #17 的名字是"约翰"，

人 #17 的出生事件是事件 #23。

这被视为真。这个表达式表示了"约翰具有出生事件"的命题，或者更确切地说，存在两种事物，第一种事物是名字"约翰"，第二种事物是出生事件。

最后，我们来看如何处理下面这种带变量的表达式：

人：*x* 的名字是"哈利"。

这是一个既非真也非假的表达式，它没有真值。它可以被理解为"它的名字是'哈利'"，也就是一个带有代词的句子。该表达式仅当其出现在"存在"量词的范围内时才获得真值，例如：

有一个人：*x*，其中人：*x* 的名字是"哈利"。

这种表达可以解读为"存在一个事物，它的名字是哈利"，或者更好点，"有个事物的名字是哈利"。根据上述模型，这个语句是错误的（因为没有常量可以替换人：*x* 变量以使嵌入表达式为真）。未处于"存在"量词的作用范围内的变量被称为自由变量（free variables），只有没有自由变量的 ℒ 语言表达式才能获得真值。

🧠 回答事实性问题

现在我们准备讨论推理。正如开始所述，$\mathcal{L}$ 语言的主要用途是表达有关推理主体出于某种目的而考虑的关于世界的问题。问题的答案可以在世界模型中找到，但问题本身将用表达式表示。尽管 $\mathcal{L}$ 语言中的问题有关于模型所表示的世界，但它们并不属于世界模型。

总体而言，有两种类型的事实性问题需要考虑。一种是 wh 问句（wh-question）或特殊疑问句（比如"约翰在哪里出生"），期望的答案是世界中某个事物的表示符号，比如一个地点。另一种是是非问句（yes-no question）或一般疑问句（比如"苏是否在多伦多生过孩子"），期望得到一个二元的答案（是或否）。特殊疑问句也可以有多个答案（比如"在波士顿出生的人都有谁"），在这种情况下，答案将是一组有限的符号。关于有多少事物具有某种属性的问题（比如"有多少养蜂人是化学家"），也可以通过计算数量来回答问题。

我们可以用 $\mathcal{L}$ 的表达式来表达这些问题。我们设想下面两种表达式操作：

- 对于是非问句，TEST（测试）操作会根据当前模型判断给定表达式为真还是假，然后返回符号真或假。
- 对于 wh 问句，FIND-ALL（查找全部）操作将返回所有常量的组合，如果其自由变量可被这些常量所替换，则该表达式将为真。

请注意，对于 TEST 操作，参数必须是一个没有自由变量的表达式；否则它将没有真值。例如，TEST 能够计算出下面表达式的真值为假：

人 #17 的名字是"吉姆"。

但是对于下面表达式：

人：x 的名字是"约翰"。

则无法计算真值。另一方面，FIND-ALL 操作可以将该第二个表达式解释为 wh 问句"谁的名字是约翰？"，并计算出答案为人 #17。TEST 和 FIND-ALL 操作的工作原理都是将给定表达式分解为若干部分，然后在世界模型中寻找原子式。由于 $\mathcal{L}$ 语言是递归构建的（表达式可以作为其他表达式的一部分出现），因此 TEST 和 FIND-ALL 过程同样是递归的。关于这两个过程的完整定义详见附录，具体细节并不重要。

需要注意的是，wh 问句的答案可能并不能提供有用信息。例如，假设我们想知道约翰是什么时候出生的。FIND-ALL 返回的单一答案可能是时间点 #24，这的确是根据上述世界模型所表示的约翰出生的准确时间点，但并没有以任何方式对其进行标识（identify）。在某些情况下，我们可能不需要标识，例如，我们可能只想检查两个返回的结果是否相同。但如果我们需要标识，我们就需要通过后续的 wh 问句，将时间点 #24 这样的符号转换为标识字符串或数字。对于一个时间点，我们可能需要年份和月份的名称（或更多详细信息）。对于一个人，我们可能需要名字和姓氏，或者是电话号码或电子邮件地址，这取决于我们正在尝试做什么。即使在需要指示性标识以进行后续行动的情况下（如前所述），我们仍然想要标识字符串与数字：从现在开始还需多少秒？指针从当前位置顺时针旋转了多少个四分之一？正前方的标牌上写着什么字符串？

同样值得注意的是，TEST 和 FIND-ALL 操作执行了一种逻辑推理。（我们将在附加章中详细说明。）然而，重要的是，TEST 的操作比处理经典逻辑中的演绎规则集合要简单得多。我们使用的是数据库检索领域的思想，几乎没有逻辑机制。实际上，使用现成的数据库技术，可以实现推理操作在具有数十万个符号的巨大世界模型上运行。正是这些操作的计算易处理性使得这种简单的逻辑推理形式非常适合常识性推理。

派生新属性

我们使用世界模型来表示知识，但并不意味着 $\mathcal{L}$ 语言的表达式只能用于问题。我们可以将世界模型看作是用于表示世界中事物的基本（basic）属性，然后使用 $\mathcal{L}$ 语言的表达式来处理从这些属性中派生出的其他属性。

这里有一个思路。回顾前一章中关于约翰和苏的世界模型。我们可以看到，名叫约翰的人与一个出生事件相关联，然后该事件又与波士顿某处相关联。换句话说，约翰的出生城市是波士顿。然而，我们无法简单提问，如"约翰的出生城市是什么"，因为出生城市并不是一个在模型中直接表示的属性。然而，如果使用 $\mathcal{L}$ 语言的表达式，我们就可以扩展我们的概念词汇，将出生城市视为从其他更基本属性派生而来的人的属性。

为此，我们可以想象，除了世界模型和概念模型之外，知识库中还包含称为派生子句（derivation clauses）［或简称为子句（clauses）］的符号表达式（参见图 7-1）。子句由三个部分组成：一种使用变量、词语"如果"和 $\mathcal{L}$ 语言表达式。其思想是，子句开头的表达式是一个新的表达式，当子句末尾的 $\mathcal{L}$ 语言表达式为真时，该新表达式也为真。我们可以很容易地扩展 TEST（以及 FIND-ALL）来允许此类派生子句的集合（详细内容请参见附录）。

为说明其效用，我们可以想象将一个人的出生城市描述为该人出生的所属城市：

人：x 的出生城市是城市：c

    如果

存在一个事件：e 和空间点：s，其中

人：x 的出生事件是事件：e，事件：e 的位置是空间点 s，并且

空间点：s 的所属城市是城市：c。

这定义了一个新的派生的角色，将人与城市联系起来。出生城市关系成立的条件是：存在某个事件和空间点，并满足以下条件：①该事件是所讨论的人的出生事件；②出生事件的位置是该空间点；③该空间点的所属城市是所讨论的城市。

基于这个派生子句，当我们在表达式中看到类似下面的句子

人：z 的出生城市是城市：65。

TEST 就会进行解释，就像使用上述子句中嵌入的表达式一样。上一章提到的生母属性也可以进行类似处理。

现在，我们可以明显看到，TEST 是一种推理操作。例如，假设世界模型包括以下内容（图 8-2）：

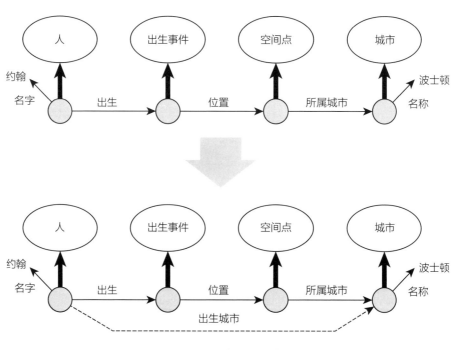

图 8-2　派生子句的应用

人 #17 的出生事件是事件 #23。

事件 #23 的位置是空间点 #25。

空间点 #25 的所属城市是城市 #18。

然后，TEST 操作就会得出结论：

人 #17 的出生城市是城市 #18。

这个结论为真。该操作将四个个体事物的一些基本属性组合起来，以得出将约翰（人 #17）与波士顿（城市 #18）相关联的新结论，如图 8-2 所示。

上述使用派生子句的方法可以让我们引入具有任意数量参数的派生

属性，而不仅是派生角色。例如，我们要将多伦多本地人定义为在多伦多出生的人：

人：x **是多伦多本地人。**

　如果

存在一个城市：y，**其中**

人：x **的出生城市是城市**：y，**并且**

城市：y **的名称是"多伦多"。**

请注意，这些派生子句涉及我们前面所述的充分（sufficiency condition）条件。我们想要表达的是，只要出生在名为多伦多的城市，就足以被视为多伦多人。如果我们想要一个更丰富的多伦多人概念，就需要在概念模型中引入具有其他部分的概念，正如上一章所示。只要是涉及充分条件的其他属性，例如飞行动物或四足动物，都可以采用类似的处理方式（有关如何以派生属性来阐述第 6 章的犬种示例，请参见附录）。

如上一章所述，派生子句为我们提供了一种处理典型属性的好方法，而无须涉及可废除的子概念和父概念关系的复杂性。这里的思路是，当所讨论的动物具有正确的运动属性时，派生的飞行动物属性就会成立。如果在默认情况下，个体鸟类将运动作为它们的属性，则同样地，它们将被归类为具有这个飞行动物属性。因此，鸟类默认情况下被视为飞行动物，而不需要在概念模型中鸟类的一般概念和飞行动物属性之间建立任何关系。

我们还可以派生出关于在世界模型中看似无关的两个事物的属性（例如石榴和洗衣篮）。考虑一个物体体积比另一个物体大的属性（为简单起见，我们没有将物体的体积视为量级，而是视为一个未指定单位的数值，就像前一章中对持续时间的处理方式一样）。这个属性可以进行如下编码：

事物：x_1 **的体积大于事物**：x_2 **的体积**

　如果

存在数字：v_1 **和数字**：v_2，**其中**

事物：x_1 的体积是数字：v_1，

事物：x_2 的体积是数字：v_2，并且

数字：v_1 ＞数字：v_2。

这里的＞是 $\mathcal{L}$ 中用于数字的特殊符号，并且具有其常规的算术解释。例如，如果 TEST 操作可以确定事物 #656 的体积为 3，事物 #474 的体积为 7，那么它就能推断下面表述为真。

事物 #474 的体积大于事物 #656 的体积。

同样，可以使用算术方法来表征具有一定程度的属性（例如富有或喜欢某物）。利用这些思想，我们还可以拥有包含多于两个事物的属性，这是无法在世界模型中表示的，例如下面这个属性：约翰的年龄与比尔更接近，而与苏相差相对较大。

最后，我们允许用递归方法来定义属性。例如，假设我们已经有了一个（基本或派生）的父母属性。那么我们可以有以下派生子句：

人：x 的祖先是人：y

　如果

存在一个人：p，其中

人：x 的父母是人：p，并且

人：p 是人：y，或人：p 的祖先是人：y。

换句话说，要想让"甲的祖先是乙"成立，那么需要具备以下条件：甲有一个父母，这个父母要么是乙，要么［递归地（recursively）］这个父母的祖先是乙。这样，如果这两个人在世界模型中存在父母关系链，TEST 操作将正确地推断出一个人是另一个人的祖先（附加章中对此进行了探讨）。

⚙️ 模拟变化

使用 $\mathcal{L}$ 的表达式来描述可以派生出的属性的想法，提供了一种自然的处理变化（至少是简单形式的变化）的方式。回顾第 5 章，我们的

常识世界不仅由具有属性的事物构成，而且这些属性还随着时间的推移而发生变化，这是由世界中发生的事件引起的（事件也可能导致事物的开始或结束，但在这里我们忽略了这部分内容）。

让我们再来看门的例子。我们可能会期望世界模型将门表示为处于某种状态，如打开或关闭，可能采用以下表达方式：

门（Door）#58 是一扇门。

门 #58 的门状态（door State）是"打开"。

但我们还需要表示在事件发生后事物发生的变化，比如门的打开或关闭。

为便于分析，我们假设在世界模型中对可能或不可能发生的事件都进行了表示，这样我们就可以假设推测，如果这些事件发生时，会出现什么情况。因此，就我们的目的而言，世界模型中的符号，如事件 #427，是表示一个事件（例如：婚礼、购买自行车或关门），而不是假设该事件已经发生或将要发生 [这与前一章中所述的事件 #23（即 1979 年发生的一起事件）不同]。

要讨论如果某个事件（如事件 #427）发生时会出现什么情况，我们可以使用语言 $\mathcal{L}$，并添加一个附加特性：在原子式中加入词语"后（after）"，在这个词语后面跟着一系列术语。当这些术语表示事件时，这种扩展的原子式才有意义。这个扩展的原子式表达的是，当给定的事件序列发生后，嵌入表达式立即成立。实际上，我们将不带序列术语的原子式视为带有空序列的缩写形式：

门 #58 的门状态是"打开"。

可以理解为：

门 #58 在 [ ] 后的门状态是"打开"。

然而，我们应该如何修改 TEST 推理，以解释这种原子式呢？答案是，我们可以将门状态的变化视为派生属性。对于使用空序列的原子式，TEST 过程可以完全像以前一样处理，即在世界模型中查找没有"在 [ ] 后"部分的表达式。这可以被视为世界模型中所表示的门的当前

（Current）状态。但对于事件序列不为空的情况，TEST 过程可以寻找派生子句，以描述事件序列之后的门状态变化（图 8-3）。

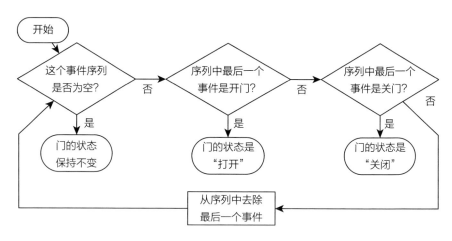

图 8-3　在一系列事件之后确定门的状态的流程图

　　基于我们对门的讨论，我们可能希望按照图 8-3 中描绘的流程图来推理在一系列事件后门的状态如何改变（如有变化）。换句话说，我们可以使用如下方式来描述门状态的变化：

　　在任何事件序列（Sequence）之后，门的状态（State）如下：

● 如果序列中最后一个事件是开门，则门的状态将是"打开"（无论之前状态如何）。

● 如果序列中最后一个事件是关门，则门的状态将是"关闭"（无论之前状态如何）。

● 否则，门的状态不受序列中最后一个事件（无论是否与门相关）的影响，并且将保持在该事件之前的状态。

　　下面是用派生子句表示上述内容：

门：d 在"序列：s | 事件：e"后的门状态是状态：z。

　　如果

如果（if）事件：e 是开门事件，并且

　　事件：e 的对象是门：d。

则（then）状态：z 是"打开"。

否则，如果事件：e 是一个关门事件，而并且 and

事件：e 的对象是门：d。

则状态：z 是"关闭"。

否则（else），门：d 在序列：s 之后的门状态是状态：z。

［此处使用的"if-then-else"（如果–则–否则）是对析取的一种缩写：要么"如果"部分为真且"则"部分为真，要么"如果"部分为假且"否则"部分为真。］这个略显复杂的递归规则实际上体现了一个非常简单的思想：即之前的常识惯性法则。它表明，除了特定的特殊事件（即特定门的打开和关闭）之外，门的状态保持不变。使用这个规则，TEST 不仅可以从世界模型中读取出门的当前状态，而且还可以读取任何给定事件序列之后的门的状态。

为了理解其工作原理，假设我们的世界模型中包含一个表示关闭门 #58 的事件符号事件 #817。同样，我们不假设该事件已经发生或将要发生。然后，使用上面的派生子句，TEST 会判定以下表达式为真：

在 [事件 #817] 之后，门 #58 的门状态是"打开"。

也就是说，在给定事件之后，门将立即关闭。此外，该操作还会确定，对于任何不涉及门 #58 的事件序列（例如哼唱一首歌曲或阅读一本书），以下表达式为假：

在 [   ] 之后，门 #58 的门状态是"关闭"。

附录中有其他事件序列的示例。此外，还要注意，我们可以使用 FIND-ALL 操作来查找会使门关闭的事件，例如：

在 [事件：u] 之后，门 #58 的门状态是"关闭"。

并且会得到答案：关门事件是事件 #817。尽管我们已非常接近让系统进行规划，但我们目前尚未完全实现这一点，因为主体无法知道事件 #817 是否会发生。我们将在下一节中介绍这个问题。

在这种应对变化的方案中，有一个微妙因素，即时间的流逝。某些属性可能会因为它们的持续时间而被看似无关的事件改变。例如，如果一个浴缸里装满了水，那么在拔掉排水口的塞子、关掉灯光和关上门的序列之后，浴缸仍然是满的。然而，在拔掉排水口的塞子、烘烤蛋糕和关上门的序列之后，浴缸将变为空的。一种理解方式是，拔掉塞子导致浴缸进入排水状态，在这种状态下，水位会根据任何后续事件的持续时间而改变，包括哼歌、烘烤蛋糕或阅读书籍。类似的时间因素还包括热物体的冷却或未受支撑物体的坠落等。

我们期望我们的知识库包括派生子句（像上文的门状态），用于任何可以被事件改变的基本属性〔如婚姻状况、浴缸中的水位、物体的位置等，在人工智能文献中称为流变（fluents）属性〕。如果某个基本属性在知识库中不存在这样的子句，那么 TEST 过程可以简单地假设该属性在发生任何事件时都保持不变。然而，对于非基本属性，尤其是由派生子句描述的属性，TEST 过程可以假设该属性的变化与子句的嵌入表达式中提到的属性变化相一致。

这种理解变化的方式可以让我们模拟由任何事件序列产生的变化。思路是，我们从包含以下内容的世界模型着手：

门 #58 的门状态是"打开"。

然后，我们想象发生的一些事件序列。我们会构建一个新的世界模型，其中的门状态由上述门状态的派生子句所确定。例如，如果在事件之后确定门是关闭的，那么新的世界模型将包含以下内容：

门 #58 的门状态是"关闭"。

现在，假设我们按照这种方式更新我们关注的每个基本属性，我们将最终计算出一个新的世界模型，该模型考虑了每个基本属性在事件序列的结果中的变化。派生属性将根据基本属性的变化自动改变。如果我们愿意，我们可以将这个新模型视为我们"当前"的世界模型。只有当我们想要考虑事情之前的状态，或者如果没有发生事件可能会有不同结果时，我们才需要回到原始模型。

机器如人

——

通往人类智慧之路

🎧 制订计划以应对变化

正如我们从一开始就强调的那样，常识的一个重要作用就是利用推理来有效地运用某些类型的知识，从而实现实际的目标。因此，确定主体可以采取何种行动来使事物在世界中为真，是实现常识的关键。

在前一节中，我们了解了如何推算某个事件所产生的变化。现在剩下的问题就是如何推断主体是否能真正引发该事件的发生。通常来说，主体能够执行的行为被称为动作（actions）。就我们的目的而言，我们将解释主体执行动作的概念，也就是该主体引发事件发生所采用的方式。例如，我们说主体按下了一个按钮，就是说主体使一个特定的按下按钮的事件发生。

在上一节中，我们看到关门事件会导致世界状态发生变化。但这并不意味着主体总是能够引发这样的事件发生。例如，一个远离门口的主体就可能无法关门。如前所述，我们预期主体执行的动作具有先决条件，也就是主体引发事件发生所必须满足的条件。

对于原始事件，即不通过简单组成事件来思考的事件，我们可以使用一个称为 "可能（possible）" 的属性来表示它们的先决条件。这个派生属性可以用以下类似的子句来描述：

事件：e 可能是主体：x 引发的

　　如果

事件：e 是一个关门事件，并且

　　There is 存在一个门：d，其中

　　　　事件：e 的对象是门：d，

　　　　主体：x 在门：d 附近，并且

　　　　门：d 的门状态是 "打开"。

换句话说，如果一个主体靠近某个门并且该门是打开状态，那么这个主体就可以引发关门事件。我们期望，知识库可以针对每种类型的原始事件包含一个这种可能（possible）派生子句。因此，就这个子句而

171

言，如果约翰靠近门 #58 并且那个门是开着的，他就可以引发第 817 号事件的发生。这是一个略显粗糙的描述，可能需要进一步限定或注释。例如，即使约翰靠近门，也有可能无法开门，比如他是个瘫痪的人，门是被撬开的，或者门太重以至于一个人无法移动等。请注意，这不同于动作产生的效果。在这里，我们询问的是主体是否能够引发事件的发生，而不是事件将会带来怎样的改变。

对于非原始事件，也就是由其他子事件组成的事件，我们仍然想知道主体是否能够引发它们的发生。让我们简单假设此类事件仅由原始事件的序列（sequence）构成。在这种情况下，我们需要确定何时可以引发一系列原始事件的发生。事实证明，这个我们称为"可能序列（Possible sequence）"的属性可以根据"可能"给出定义：必须能够执行序列中的第一个动作；在执行完第一个动作后的状态中，必须能够执行第二个动作；在依次执行完这两个动作后的状态中，必须能够执行第三个动作，以此类推（具体细节请参考附录）。

我们来看看这一切是如何工作的。假设在当前的世界模型中，门 #58 是打开的，人 #17（约翰）不在那扇门附近，但是约翰可以在当前状态下执行一个运动事件，即事件 #357，从而靠近门。TEST 可以判断以下两个表达式为真：

[事件 #357，事件 #817] 是人 #17 的可能序列（Possible Sequence）。

约翰可以在门附近移动，然后将其关闭。

在 [事件 #357，事件 #817] 之后，门 #58 的门状态是"关闭"。

在该事件序列之后，门将关闭。

由该事件序列产生的状态请见图 8-4（附录中还有其他有关可能和可能序列的示例）。这正是规划所需要的：存在主体可以执行的动作序列，并且在该序列之后，将实现关门的目标。

考虑到这一点，我们可以想象一种基本的计划形式。我们将制订一个计划（PLAN）过程，将主体和目标表达式作为参数。计划（PLAN）

图 8-4　涉及人 #17 和门 #58 的两个事件的序列

过程将返回主体可在当前状态下执行的动作序列，以使目标表达式为真。例如，约翰可能想为以下目标制订计划。

门 #58 的门状态是"关闭"。

并期望得到 [事件 #357，事件 #817] 的答案。换句话说，要达到关门的目的，约翰可以移动到靠近门的位置，然后将其关闭。

乍一看，我们可能会想到对以下表达式来执行 FIND-ALL 全局搜索，以为约翰制订计划过程，如下：

序列：s 是人 #17 的可能序列，并且 and

　　门 #58 在序列：s 之后的门状态是"关闭"。

但是这个想法并不完全可行。FIND-ALL 是在世界模型中查找常量（constant），但我们不能指望在我们需要考虑的所有（无限多个）潜在事件序列中去查找全部常量。

另外，如果我们正在寻找一个包含恰好两个动作的计划，而且我们考虑的每个单个事件在模型中都有对应常量，那么我们就可以对以下表达式来执行 FIND-ALL 搜索：

[事件：u，事件：v] 是人 #17 的可能序列，并且 and

　　在 [事件：u，事件：v] 之后，门 #58 的门状态是"关闭"。

换句话说，可以找到两个原始事件，以便约翰可以依次引发它们发生，当事件完成后，门将关闭。这样就会正确返回事件组合 [事件 #357，事件 #817]。正如我们将在下一章中看到的那样，这种更有限的基于记忆的计划概念对常识性目的来说已经足够了。

回答一般性问题

在本章结束之际，我们再次探讨"回答问题"，但问题类型与之前不同。我们使用 TEST 和 FIND-ALL 研究的问题是关于世界上的具体事物及其属性。然而，我们在谈论常识时，首先想到的是更一般性的问题，根本不涉及特定的事情：

- 鸟是会飞的动物吗？
- 婴儿会开车吗？
- 理发会比生日聚会花更长的时间吗？
- 灰熊比独轮车重吗？

虽然这些问题不是关于具体个体事物的，但确实还有一些关于个体事物的相关问题。例如，对于上面的第一个问题，我们可能会问是否所有（all）鸟类都是会飞的动物。假设我们已经拥有了鸟类（Bird）和飞行动物（flying Animal）的属性，则可以在以下表达式中使用 TEST：

以下并非事实（It is not the case），

　　存在鸟：x，**其中**

　　　　鸟：x 是一只鸟，**并且**

　　　　鸟：x 不是飞行动物。

如果存在某种不会飞的鸟，则此 TEST 操作将返回**真值**（TRUE），如果每只鸟都是会飞的动物，即可去除两个否定条件。但这显然与上面的通用问题不同。

因此，我们可以思考，以下两个问题之间到底有何区别？

（1）鸟是会飞的动物吗？（或者说，鸟类在一般情况下都会飞吗？）

（2）每只鸟都是会飞的动物吗？（或者说，所有的鸟都会飞吗？）

这里有两个主要的问题。首先，即使在（2）为假的情况下，（1）也可能被认为是真的。我们认为鸟类（在一般情况下）都会飞，即使我们知道存在一些例外情况，比如不会飞的企鹅 Chilly。其次，有时在（2）为真的情况下，类似（1）的说法也可能会被认为是假的。例如，假设我们所知的鸟类碰巧是像企鹅 Chilly 这样的特例，那么我们可能就会认为所有鸟都生活在南极，并且不会飞行，尽管我们可能不愿相信鸟类都是如此。显而易见的结果是，即使我们所知道的大多数鸟都具有某种属性，我们也可能不会相信鸟在一般情况下都具有这个属性。

正如我们所见，（2）是一个关于在世界模型中表示鸟类的问题，也是 TEST 可以处理的问题。然而，如何回答类似（1）这样的问题呢？对于"一般情况下"的鸟类，我们到底指的是什么，与世界模型中所表示的鸟类有何不同？

从某种意义上说，回答类似（1）的一般性问题涉及一种概念结构：当你考虑到"鸟"的概念时，你会想到哪些属性？你所了解的特定鸟类的属性不会让你给出明确答案。这里的复杂性在于，我们与"鸟"这样的概念相关联的属性受到一系列复杂的限制和注释的影响，包括默认值和撤销，以及不同级别的强度和重要性，正如前一章所述。我们并不想深入研究概念模型的结构（比如，对该角色有多少限制？这个注释的强度是多少？），但我们确实想利用所有这些结构来回答问题。

解释问题（1）的一种方法如下：

假设在一个世界状态中，存在一个你之前从未考虑过的新鸟。那么这只鸟是一种飞行动物吗？

换句话说，我们可以设想类似于前一章中所做的那样：通过使用概念模型中与鸟相关联的所有属性，直接或通过继承来扩展世界模型。这将产生一个新的符号（比如鸟 #247），用于表示这种假设的鸟，并具有各种属性。完成后，我们可以根据这个世界模型，使用 TEST 来确定以下表达式是否为真。

鸟 #247 是一个飞行动物。

这更接近我们对问题（1）的答案，尽管它仍然无法告诉我们飞行属性应归于默认值（以及该默认值的强度如何），还是更基本的概念限制（当然，这些限制仍然可能被取消）。在前一种情况下，我们可能会倾向于用"是的，通常如此"来回答类似（1）的问题；而在后一种情况下，我们可能会回答类似"是的，按理如此"。无论哪种情况，我们甚至可以填充一个包括表示默认值或限制强度的数字。

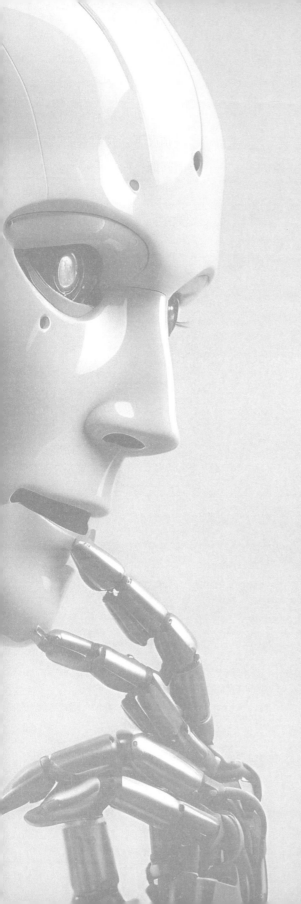

9

行动中的常识

---------------------- ＊

制订完美的计划并不代表计划一定会发生。

——泰勒·斯威夫特（Taylor Swift），引自丽芙·斯宾塞（Liv Spencer）的著作《泰勒·斯威夫特：白金版》（*Taylor Swift: The Platinum Edition*）。

正如我们前文所述，常识就是在日常情况下有效利用常规背景知识来决定行动的能力。在前两章中，我们研究了常识性知识的符号表示以及在这些表示的基础上所定义的通用推理操作。其目的是将这些知识用于计算。在本章中，我们将阐述如何利用这些计算来决定行动。具体来说，我们将先着重探讨在第二章中所述的常识的一个明显表现：遇到完全意料之外的事情后，会打破熟悉的常规思维模式。我们将详细研究一个计划出错的具体例子（就像泰勒·斯威夫特所说的那样），深入探讨常识应该如何处理这种情况，然后展示这如何根据前两章中所述的符号表示和推理而实现。

请注意，我们并不打算讨论所有常识表现形式。我们将采取某种功利主义的观点，即常识仅适用于即时行动。我们会搁置其他不太活跃的常识性知识的用途，例如做白日梦、回忆，甚至是阅读书籍或观看电影。我们最终目的是要为下面的问题寻找一个合适的答案："我现在应该做什么？"我们会想到一些比较常见且普通的行动，而同时期望会拥有相应的常见且普通的知识。对一个人来说，这些行动可能是说话、拿起物体或去某个地方。这些行动不会涉及控制内部器官或激活肌肉等，尽管这些生物活动显然也包含其中。

从这个功利主义的角度来看，第 2 章所提出的常识性推理实际上只有两种模式——自上而下和自下而上：

- 自上而下推理是主体需要利用他们掌握的知识来实现他们为之努力的目标。其目的是回答诸如"我应该怎么做才能使命题 P 为真？"之类的问题。

- 自下而上推理是主体需要利用他们掌握的知识来理解所感知到的事物。其目的是回答诸如"当命题 P 为真时，我应该如何应对"之类的问题。

正如我们所见，这两种推理都有助于回答"我现在应该做什么"的问题。

此外，请记住，当我们谈论常识性推理时，我们所能想到的内容要比根据已知信息推断出的所有可能内容要少得多。一个人在考虑应该打开 1 号门还是 2 号门时，很可能已经掌握了所有必要的信息，但是出于某种原因，他仍然无法确定。因此，这个人无法做出决策并不一定表示他缺乏常识。毫无疑问，基于常识，我们就可以根据已知信息得出合适的结论，但不一定能够得出所有结论。

在开始应用常识之前，我们首先重新审视一种没有常识的机械式行为，即使用简单形式的条件动作规则的行为。然后，我们将探讨如何将知识纳入过程以及原因。

基于规则的行为

我们先来探讨"例程（routine）"这一概念。正如第 2 章所述，我们人类在日常生活中处理的大多数事情都是平淡无奇的。我们绝大多数时间都是应对比较熟悉的情境。我们一次又一次地遇到相同类型的事物，并学会了处理它们的方法。可能是过马路、打开油漆罐或买杯咖啡之类的事情，也可能是我们观察到的事物，如来袭的风暴、烤面包的味道或接近的救护车的声音。在其最基本的形式中，情况如下：我们识别出熟悉的情境，从记忆中调取处理它的例程，并按照规定步骤执行。

要以这种方式行事，我们至少需要具备以下两种能力：

（1）识别某些共同条件的能力，不考虑上下文信息并且不依赖于任何目标或预期。

（2）遵循例程（及其调用的任何子例程）的能力，同样不考虑上下文信息并且不依赖于任何目标或预期。

总的来说，我们可以将这种基本行为视为基于规则的：我们有一个形式为 $[X \to Y]$ 的规则集合，其中每个 X 描述了世界中的一个条件，而每个 Y 描述了要执行的例程。在其最原始的单一目的形式中，集合中只有一条规则，即按照指令执行的单一例程。更一般的行为是一种观察（Observe）-决策（decide）-执行（act）循环：我们反复观察世界，并从满足条件 X 的规则 $[X \to Y]$ 中决定（以某种方式）执行哪些例程 Y，然后继续执行它们（事实证明，如果这种基于规则的系统还可以访问一个可读写的无限工作内存，那么所得到的架构将足够通用，可以模拟任何其他计算系统）。

当我们决定执行一个例程时，这个过程有点像按照菜谱烹饪。任务就是按照指定的顺序执行步骤，而不必质疑我们为何必须执行某些步骤，或者如果我们采取其他方式会发生什么。这些步骤可以被视为要执行的小仪式。如果例程要求我们按三下按钮，我们就会按照步骤执行，好像行动本身才是重要的，而它们可能产生的效果如何并不重要。

例程的逐步执行可以是相当盲目和机械的，可以由适当编程的自动机执行。然而，自动机并不简单，它可能是某种功能齐全的下棋机器或复杂的感染诊断机器。但是其执行与上下文信息无关，也就是说，关于周围环境的广泛的常识性知识不会影响执行过程。我们期望下棋的自动机在龙卷风中和全球战争期间能够发挥同等作用。除了程序输入之外，与世界的唯一真正联系就在于例程本身的调用。

如前所述，对于例程的调用，我们期望能具备对世界中某些常见条件的识别能力，而对要寻找的内容并无任何期望。显然，人类具有通过某种学习过程而获取知识的能力。如果我们正在观看一场棒球比赛，突然出现了意外情况，比如说一辆消防车冲入场地，我们仍然可以认出这是一辆消防车，尽管我们并未预期会出现这样的事情。同样，即使在我们并未预期听到任何音乐的情况下，我们也可以听出背景音乐是路德维希·范·贝多芬（*Ludwig van Beethoven*）的第五交响曲。然而，这并不意味着，感知可以在没有自上而下的期望的情况下，以其最一般的形式发生。在一张模糊的街景图像中，我们可能会将图像中的某个像素块识别为汽车，只是因为它占据了图像中我们认为应该由汽车所占据的位置。

因为我们正在想象的行为和感知方式不依赖于上下文信息，所以可以提前确定与整体行为相关的参数。换句话说，这种基于规则的系统就是我们之前所称的封闭系统（closed system）：一个具有一组提前预设参数的系统。虽然参数是可预测的，但这些参数的取值不一定是已知的。例如，即使你不知道对手会选择哪个棋步，但你仍然知道棋步应该是什么样的。即使你事先不知道需要多大力量来打开冰箱门，你也知道需要一定的力量才能打开。只要事情进展顺利，我们就不会退后一步，去质疑我们正在做什么，或者我们是否应该做其他事情。当然，这种封闭系统的概念非常强大。我们已经讨论了封闭式的人工智能系统及其令人印象深刻的成就。对许多实际应用来说，这已经足够了。但正如我们将看到的，在许多情况下，这还远远不够。

⚙ 打破规则

如果要让一个系统必须能够在无法提前确定的环境中正常工作，即在这种环境中可能发生完全意想不到的事件，那么封闭系统就无法满足要求。当存在不协调性、违反我们的预期情况时，我们需要从一套固定的规则中退后一步，运用常识来解决问题。

我们可能会遇到出乎意料的事情。也许我们正在过马路时，地面突然塌陷；也许我们进入酒店房间时，闻到烤培根的香味；或者也许我们正准备用螺丝刀打开油漆罐时，听到有人大喊："不要用螺丝刀！"这些也许并不是什么重大的事情。也许我们准备煮意大利面时，在锅里发现一个玩具长颈鹿。或者也许事情会朝着相反的方向发展：本应该发生的事情没有发生。也许炉子上锅里的水永远不会沸腾；也许我们伸手准备和对方握手时，对方无动于衷；或者也许我们刚刚在咖啡店点的咖啡没有送来。在这些情况下，我们需要打破常规，重新考虑接下来该做什么。

当然，一个基于规则的系统可能具有足够的灵活性，可以应对其中一些意外情况。在下棋过程中，即使对手下出奇招和怪招，下棋程序也可能会找到适当的着法来应对。一个过马路的例程可能能够很好地应对附近消防栓突然喷出的水流。一个基于规则的系统可能足够通用和灵活，能够应对许多此类变化。

然而，在一个真正开放的环境中，迟早会发生一些超出系统参数范围的事情。我们无法指望有一套固定的规则来合理处理现实生活中可能发生的一切事情。此外，如前所述，尽管每个这些意外事件从个体而言可能较为罕见，但由于这些事件非常多，有各种怪异事情可能发生，因此我们在现实生活中遇到这种事件的概率实际上是很高的。正如我们所说，罕见的事件实际上相当普遍。

那么，如果我们正在遵循的例程无法应对当前情况时，会发生什么呢？我们需要重新考虑我们在做什么。然而，为了实现这一点，例程需要做更多的事情，而不只是指定要遵循的步骤（和子例程）。我们需要更加慎重地执行，因此例程需要两个额外的组成部分：

1. 对于每个行动步骤，例程需要明确指出该步骤的意图，以便有可能确定该步骤是否成功，如果该步骤被证明行不通，可以允许主体考虑其他方法来达到目标。

2. 对于例程中指示需要满足某些条件的每个步骤，例程还需要明确说明等待多长时间才有意义，以及以怎样的频率来检查条件是否满足。

换句话说，为了处理变化和问题，我们需要一种符号表示形式，强调例程步骤所实现的世界条件。我们用"计划"一词来描述这种类型的例程（我们并不打算讨论所需的符号表示。它们与我们以前所述的符号表示非常类似。例如，计划可以使用语言 $\mathcal{L}$ 的表达式来表示世界中的条件）。

漫不经心和无意识地执行计划就像前文所述的刻板执行例程一样，只关注执行的步骤，而对其他一切都毫不在意。与之相反，慎重而细心地执行计划，可以对世界中的条件进行监视，可在某些条件不满足时随时中断执行。

因此，常识在行动中有双重作用：首先，我们需要观察我们采取的行动，确认我们的预期条件能否满足，并能及时发现意外情况。其次，预期行动失败时，我们需要能够根据我们正在处理的当前计划的结构、我们对当前情况的发现以及我们对世界的一般常识性知识，来重新考虑如何实现这些条件，以及是否可能采用其他方法来实现这些条件。在本章中，我们将重点探讨，当计划的执行不符合预期时，常识应该如何指导。

显然，我们还需要探讨另一个问题：是什么让人们从无意识地执行计划转变为有意识地执行计划？（一个相关的问题是反方向的转变：如何通过足够的练习，让初学者的有意识但有些笨拙的执行变成专家的无意识但流畅的执行？）

我们认为，从无意识到有意识的转变本身并不是常识作用的结果。以警报器为例。并不是说因为你决定听警报，所以你才能听到警报。不论你的信念和目标如何，警报都会无条件地吸引你的注意力。然而，警报的目的只是让你进入警觉的状态，你会问自己："发生了什么？我应该做什么？"当你被警报惊醒后，决定如何采取下一步行动时，常识就开始发挥作用。

这种情况的难点在于，它依赖于明确检测到的强烈信号，比如响亮的声音、明亮的闪光点、刺鼻的气味、明显的触感，或者人们说出类似于"小心！"或"注意！"这样的警示语言。然而，某些信号较弱的东西也能让你进入警觉状态，比如前面提到的在锅里意外发现玩具长颈鹿，甚至是异常的时间流逝，比如水迟迟没有沸腾。然而，并非所有意外的事情都会以这种方式吸引你的注意力。如果你在骑自行车时，碰巧看到路边的一只松鼠手里拿着一个套环，你肯定不会立即停下来，思考你现在应该做什么和为什么要这样做。同样，如果你专注于一次谈话，时间的流逝可能完全被忽略。当你考虑应该或不应该做某事时，就会触发对你当前情况的慎重考虑，这是一个棘手的问题，需要明确的解决方案。

目标和计划

　　主体的目标从何而来？答案很简单，他们的目标大多来自其他目标。穿越某条街道的目标可能来自想去特定餐馆的目标，而这个目标又来自外出就餐的目标，而外出就餐的目标又来自获取食物（和社交）的目标。这并不是说，要获取食物就一定要穿越那条街道，因为有很多获取食物的方式，包括在家做饭。但我们所知道的是：获取食物的一种方式是外出就餐，而外出就餐的一种方式是去那家特定的餐馆，而要去那家餐馆的一种方式是穿越那条特定的街道。经常使用某种计划来获取食物，它就变成了常规流程，成为我们之后能完整回忆起来的实现目标的方式。

　　那么，吃饭的目标是什么呢？它从何而来？有些目标不仅是实现其他目标的方式，而是更基本的驱动力。吃饭的需求并不是我们可以选择的。当然，我们可以选择不吃饭，但不能持续太久。每个系统，无论是生物还是非生物，都会有这样的驱动力，系统不得不应对这些驱动力，并且对其几乎没有任何控制权。例如，一个简单的计算机系统可以被驱动执行其程序。一个更复杂的机器人助手可能会接收到一个常规指令，让其执行任何被要求执行的指令，还可能受到类似艾萨克·阿西莫夫（Isaac Asimov）所提出的"机器人三大定律"的限制，从而衍生出各种子目标。

　　这并不是说，只有当我们发现其他能实现更高级的衍生目标的途径

185

时，目标才会改变。我们的价值观也会发生变化。我们可能会树立一个目标，因为随着时间的推移，我们逐渐发现这个目标是值得拥有的。例如，我们可能一开始对阅读经典著作没有兴趣，但我们内心渴望成为热爱阅读经典著作的人。从某种意义上说，我们的目标是最终成为具有某些其他目标的人。目标也受到我们已经做出的选择和承诺的影响。例如，一旦我们决定参加某个大学课程，我们所有随后的目标都将受到这个承诺的影响。

当涉及常识性的行为时，我们会问自己一个问题：根据我所知和我所想，现在我应该做什么？更详细的表述如下：

根据我当前的知识和目标，我认为最好的行动计划是什么，它会让我接下来做什么？

下面是更详细的阐述：

根据我所知道的一切，考虑到我还有很多不知道但可能发现的事实，以及考虑到我所有的目标，包括我所有的需求和欲望、偏好和倾向，以及抱负和志向，并考虑到我迄今为止所做的选择和我打算遵守的承诺，在我所知的所有现有的行动计划中，是否有某个显著突出的计划？换言之，我是否能找到一个无法替代的好计划？

在这种情况下，一个计划比另一个计划更好（better）意味着什么呢？答案涉及一种常识的成本效益分析：实现目标的收益与计划中行动的成本之间的权衡。你可能有类似"去旧金山"这样的目标，这种目标要么达成要么一无所获。除非你成功到达，否则对于这个目标你没有任何好处。然而，你也可能有像享受度假或保持房屋清洁这样的目标，这些目标可以让你在不同程度上得到满足。另外，你计划考虑的每个行动可能都会产生成本，也就是会对你关心的资源（如金钱、时间或社会资本）产生负面影响。此外，我们希望将努力和不便之类的因素以及风险和危险程度包括在成本中。像跳伞这样的冒险行为本质上并不是负面的，但可能会产生高昂的成本。

因此，对上述问题的简单回答是：如果某个计划在相同成本下预期能带来更高的收益，或者用较低成本就能实现同等收益，那么就可以说这个计划更好。一个更详细的回答是，即使一个计划的成本稍高，只要它的收益也明显更高（类似地，对于收益稍低但成本明显更低的行动也是如此），那么就可以说这个计划比其他计划更好。

所有这些表明，一个计划的表示不仅应包括每个步骤所实现的条件（也就是它的收益），还包括其所产生的成本（同样，我们不会讨论符号表示的具体细节）。

这并不意味着收益和成本都可以在某种统一的尺度上进行比较。有些成本和收益是明显无法比较的。尽管不指望常识能够解决所有的成对比较，但我们期望它能够处理一些简单的比较，甚至一些不太明显的比较，也许可以使用之前讨论过的数量级推理之类的方法。例如，尽管我们知道永远不要过马路会更安全，但我们还是选择过马路，因为我们知道，到达马路对面的好处超过了过马路所带来的风险。

重新考虑计划

当涉及以常识性推理为形式的计划时，我们在上一章中提出，在现场组合完整的行动序列以实现正在考虑的目标，这种要求过高。这对解谜游戏来说也许还能做到，但对普通的常识性推理来说则要求过高（我们将在附加章中再次探讨此问题）。

相反，我们提出的是，当一个主体需要找到一个计划时，它会在其世界模型中寻找它已经知道的行动。当然，这些行动可能是涉及多个步骤的复杂行动，换句话说，它们是预设计划（Premade plan）。主体必须能够在当前状态下执行（可能比较复杂的）行动，因为它不会寻找能使任何前提条件成立的额外的准备行动。在上一章中，我们使用可能（possible）属性探讨了行动的可执行性。此外，对于要实现目标的每个属性，我们期望能够确定该属性如何受到行动的影响，就像我们在上一章中所述的门的状态如何受行动影响。因此，总的来说，这里所需的基于记忆的计划利用 FIND–ALL 和 TEST 操作以及以前见过的其他符号机制。使用这些操作，我们就能计算出一个可执行动作的暂定列表，使目标条件成为真，并按照最熟悉的行动排序。

寻求通过单一行动来实现一个目标的想法可能看起来限制过于严格。例如，它似乎排除了使用电话与某人联系的可能性，因为这可能需要先拿起电话，而其本身也需要一些前提条件。然而，有关这个想法的一种思考方式是，给某人打电话实际上是一个（相对复杂的）行动，涉及多个步骤，其中之一是拿起电话。因此，对基于记忆的计划而言，与某人打电话的真正前提条件是附近有一部正常工作的电话，并且知道要拨打的号码。其他不太重要的问题，比如需要放下手中的咖啡杯才能拿起电话，将在实际执行行动时解决，而不是在计划中解决。

在这里，我们回避了一个主要的复杂性问题，涉及需要知识或产生知识的行动。前者是在其前提条件中具有知识条件的行动，例如打电话给某人，这需要知道要拨打的号码。后者是感知性行动，例如查阅电话簿、窥视房间或者将脚趾浸入湖水，它们不会改变世界，而是改变了人们对世界的认知。为了表示和推理这些行动，表示语言 $\mathcal{L}$ 需要进行扩展，因为虽然它可以描述世界中现在或将来的真实情况，但无法描述信念的现在或将来的情况。

另一个复杂性问题是成本的概念。重要的是要注意行动的副作用，也就是说，我们应该像在上一章中那样模拟行动所产生的变化，然后寻找受到行动影响但与考虑中的目标无关的条件（特别是对于有多个步骤的行动），以确保没有隐藏的障碍或过高的成本（当然包括所需的时间）。

让我们进一步思考一下，如果你面临一个全新的目标条件，而且你尚未考虑能实现该目标的单个行动，那会发生什么。即使在此情况下，希望尚存。你仍然可以在你的世界模型中找到一个处理类似情况的计划。然后，规划过程将需要选取一个现有计划，以用于构建一个新计划。

这种类比的形式如何用计算术语来解决呢？这是一个复杂的问题，据我们所知，还没有一个完全令人满意的解决方案。在最简单的情况下，我们可以想象采取我们已知的一个个体行动，并用不同的事物扮演相关角色，来实例化一个相同但涉及不同角色的行动，比如对象、工具等。这涉及构建一个新的符号表示，如第 7 章所述。来自概念模型的值限制将指导哪些手头的事物可能能够扮演相关角色。例如，你可能以前从未在这家餐馆支付过账单，但你在其他类似的场所支付过账单。你看有人修理烤面包机的视频，当你修理烤面包机时就可以考虑采用类似的操作。

更一般地说，这个类比过程涉及寻找在某个源域与目标领域中的个体行动之间的对应关系。如前所述，这些对应关系可以事先通过相似性注释之类的方式进行关联。然后，可以通过将源活动的各部分映射到新的目标领域来构建类比。例如，作为一个蹒跚学步的孩子，你可能学会了绕过一个物体爬行（比如向右、向左、向左、向右），以此来绕过沙发或者避开让人害怕的叔叔。通过类比，这种相同的动作可以映射到其他的运动方式，比如学习走路、游泳、滑雪或者骑自行车时绕过障碍物。

例子：旅程中断

要了解这些想法在实践中如何运作，我们有必要详细研究一个具体的日常案例。我们假设遵循一个计划进行行动，但中途遇到意外事件，违背了我们的期望，然后我们会运用常识来解决问题。

当然，我们并不期望出现什么魔法。虽然这种意外情况可能超出系统预设的行为参数范围，但系统不应对其感到陌生。也就是说，我们预期系统已经具备相关的常识性知识，可以用来决定如何行动。这种情况之所以新奇和意外，是因为背景知识与具体行为之间没有建立直接的关联。我们拥有的知识只是关于世界运行方式的信息，与任何特定的应用或行为无关，当然也与我们正在遵循的计划无关。同样，我们正在遵循的计划事先也未考虑到在出现意外情况时可能涉及的所有考虑因素。

现在，请考虑一下这个场景，我们曾在引言中描述过这个场景：

在一个假日的上午，你出发去商店购物，准备下午烧烤聚餐。当你驱车前往琼斯杂货店时，你来到布拉德福德街和维多利亚街交会的十字路口，这个路口是你去目的地的必经之路。现在，交通信号灯刚好是红灯，所以你停下等待它变绿。这一切都很正常。然而，奇怪的事情发生了。过了三分钟，交通信号灯还是红色。过了五分钟，红灯仍然没有变绿。虽然你知道，在一些繁忙的十字路口，红灯可能会持续很长时间——超过五分钟。但你非常清楚，你遇到的情况并非如此。肯定是出了什么问题。

你打算怎么办？

接下来，我们将探讨一系列可能发生的意外情况，并说明每种情况下常识会告诉你应该怎么做。但有人可能会问，难道不能将这些意外情况纳入原始计划中吗？有了足够的经验，我们不就能从类似的情况中学到东西吗？难道我们不能对自己说："啊哈！红色信号灯一直没变。我知道怎么办！"在这种情况下，我们有可行的计划了吗？答案显然是肯定的。我们构想的是一个开放的系统，无论我们有多少经验，无论学习了多少知识，总会遇到事先未考虑到的情况。为了阐述这个例子，让我们想象红色信号灯出故障就是其中的一种未预见的情况（如果这个情况比较常见，我们可以想象更不太可能发生的情况）。

那么，如果遇到类似的红色信号灯不变的情况，人们应该怎么做呢？答案当然是取决于具体情况！并没有某种正确的行动方案可遵循，一切都取决于实际情境。这正是我们需要常识的原因。我们只能笼统地说，你需要考虑自己所处的具体情况，并以常识为指导。正如我们所见，根据具体情况，可能存在无数种相关因素。

让我们开始探讨。为了在接下来的讨论中清楚了解情况，请参考图9-1，该图显示了相关的街道和商店，出现故障的交通信号灯，甚至可能是从东边传来的一些遥远的铜管乐音。在红灯卡住的情况下，最容易想到的做法可能是打开右转向灯，在安全的情况下在维多利亚街右转，然后选择另一条到琼斯杂货店的替代路线，也许可以选择巴里街。在许多情况下，这将是最终的常识反应。

很容易想象，在某些情况下，常识会告诉你做出不同的选择。例如，如果你知道红灯一直亮着是因为维多利亚街上有一场游行（见引言），常识肯定不会鼓励你右转。同样，如果你知道维多利亚街是一个繁忙的单行道，并且与你的目的地方向相反，常识也不会告诉你右转。在某些地方，红灯右转甚至是不合法的（尽管它可能仍然是你最好的选择）。即使右转合法，当维多利亚街左侧来车速度快、车流量大时，你仍可能无法在信号灯为红色时安全地右转。还有其他避免右转的理由。例如，你可能知道维多利亚街是高速公路的入口匝道（在我们的图中并非如此，但可能存在这种情况）。这样的话，下高速公路并绕回商店可能需要很长时间。然而，如果没有什么其他更好的办法，你可能仍然需要右转来解决问题。

如果在维多利亚街右转是一个糟糕的选择，那么常识可能会提出其他选择方案。直接闯红灯显然是违法的，但可能是你最好的选择，尤其是如果维多利亚街上几乎没有车辆时，比如在一个安静的乡村街道上。在维多利亚街左转也是一个可能的选择，但在红灯时左转肯定比直行更糟糕，可以说是最后的选择。否则，在布拉德福德街上掉头将是更好的选择（除非它碰巧是一条繁忙的单行道或分车道公路）。如果附近右边有一条车道（如图中所示），那是一个合理的掉头地点。否则，你将不得不在街道上掉头，这意味着可能会有来自其他车辆的干扰，尤其是从维多利亚街快速驶来的车辆。掉头后，快速左转到帕克街，然后再左转到巴里街可能会起作用，除非那里正好也有游行，此时巴里街和维多利亚街的十字路口也可能会遇到相同的问题。在帕克街右转也是一种选择方案，但比较绕远。最终，你可能想去另一家商店（比如史密斯杂货店或罗伯特杂货店），或者如果情况真的很糟，就干脆放弃这次购物（图 9-1）。

图 9-1　布拉德福德街和维多利亚街的交通信号灯出现故障

当然，还有其他因素可能会影响你的决策。比如，是否有一个人站在路口中间指挥交通并示意你等待？是警察还是一个十岁的孩子呢？你前面有一辆车吗？即使你礼貌地按喇叭，那辆车也原地不动吗？你后面是否还有其他车辆将你困在中间呢？维多利亚街另一侧的布拉德福德街是否被堵住了？如果没有，路口另一侧的司机在做什么呢？杂货店还能开放多久呢？车里还有多少汽油（或电量）？汽车座位上有没有孩子呢？那场世纪风暴何时来袭呢？不过，也许我们已经掌握了足够多的信息。

这个例子告诉我们哪些常识呢？主要观察到的是，在这种情况下，使用常识既有自上而下的考虑，又有自下而上的考虑。自上而下的考虑涉及要追求的目标：按照计划去杂货店购买食品。自下而上的考虑涉及现场情况：出故障的红灯，十字路口的交通，游行活动，附近的车辆在做什么，是否有人指挥交通等。

在接下来的两节中，我们将以更系统的方式讨论这些自上而下和自下而上的问题，并建议如何运用第7~8章所述的机制应用常识性知识，以做出上述那些常识决策。

🧑‍🔧 自上而下的常识性推理

让我们从自上而下的推理开始。我们可以问问自己：

有没有其他方法可以到达那家商店，而不需要经过那个麻烦的十字路口。

然而，这并不是一个正确的问题。如果确实有另一条到达杂货店的路，但当你到达那里时它已经关门了，那么常识就不会支持这个选择方案。毕竟，出行的最终目的不是去这家杂货店，去杂货店只是为了实现其他更高级的目标。

因此，也许你更应该问自己下面的问题：

考虑到当前情况，我应该如何去实现最初制定的目标——也就是为烧烤活动准备食物？

如果面对全新情况，你只想以最佳的方式来获取想要的食物，那么除了重新考虑所有选择方案，并重新制订一个全新的获取食物计划之外，其实并没有其他更好的选择。但是再次强调，这种"第一原理推理"实际上并不实用，也不是常识所追求的目标。

那么，在这种情况下，常识是如何发挥作用的呢？这是一个关键问题。常识如何能够告诉你在某些情况下向右转，但在其他情况下放弃去这家杂货店呢？我们想要表达的是，有一种建立在以前符号操作的常识性推理过程，可以回答这类问题。我们将这个过程称为MODIFY-PLAN（修改计划），下面将简要介绍其工作原理。

我们想象一下，当我们遇到了不变的红灯时，我们正在按照一个类似于图9-2所示的计划进行。（如上所述，在此计划中，我们假设使用了符号结构，其中包含要执行的行动序列，以及要实现的目标和子目标，还有每个行动的成本度量。）

下面，我们简要说明如何使用MODIFY-PLAN过程来修改现有计划：

- 查看给定的计划，并确定失败的最具体（Specific）的子目标。在本例中，试图通过布拉德福德街与维多利亚街的十字路口的目标（1.B.4）失败，因为遇到了不变的红灯。根据当前情况，找到实现这个子目标的最佳方式。使用前述的基于记忆的记忆并运用TEST和FIND-ALL操作来完成此步骤。

- 假设你在上一步中找到了一个计划，可能涉及首先在维多利亚路口右转，请考虑该计划的成本。如果该成本不高于你的原计划成本，那你就可以修改整体计划，以纳入这个新的子计划，然后完成修改过程。

- 但如果在上一步中没有找到计划，或者成本差异过大，那么就再回到给定的计划，并考虑实现该子目标的最接近的目标。在本例

机器如人
——
通往人类智慧之路

为下午的烧烤聚餐准备食材：
1. 商店买牛排：
　（1）上车。
　（2）驱车去河滨大道上的琼斯杂货店：
　　　　①沿着埃尔金路向西行驶。
　　　　②在布拉德福德街右转。
　　　　③……
　　　　④来到布拉德福德街与维多利亚街的十字路口等绿灯通过。
　　　　⑤继续停在布拉德福德街。
　　　　⑥……
　　　　⑦在河畔大道右转。
　　　　⑧在河畔大道前行 200 米。
　　　　⑨左转进入河畔大道 178 号的停车场。
　（3）下车。
2. 进商店购物。
3. 回家。

图 9-2　购买商品的计划

中，这个目标是驱车到琼斯杂货店（我们通过路口是为了去琼斯杂货店）。我们需要在当前情况下，找到实现这个目标的最佳方式。我们将再次使用基于记忆的计划。现在可能选择替代路线。如果这条新路线的成本不高于原始路线的成本，就可以采用这个新的子计划，然后继续前进。

- 如果不行，再次查看计划，并考虑另一个更高级的目标。在本例中，一个目标是找到卖优质牛排的商店（我们驱车到琼斯杂货店，是因为我们想要找到一家卖优质牛排的商店）。考虑一下，在当前情况下，如何最好地实现这个目标，以及会付出多少额外成本。这可能涉及驱车去另一家商店。同样，如果到达这家新商店的成本合理，那么就可以采用这个新的子计划，然后继续前进。

- 根据情况，继续进行这样的操作，直到实现最高级目标。

这个 MODIFY-PLAN 过程会用新计划替换掉现有计划，但它会寻找在某种程度上与原计划相似的计划。在最糟糕的情况下，你可能需要重新考虑整个顶级目标，但在大多数情况下，你只需要应对更具体的子目标，比如找到通过这个出问题的十字路口的替代方法。

为避免在执行计划过程中重新考虑顶级目标，我们有必要接受在执行 MODIFY-PLAN 过程中所产生的略高的成本。例如，在最初的时候，我们可能会拒绝通过右转来通过十字路口，以避免由此产生的较高成本，但在该过程的后期，当我们意识到右转是到达任何商店的最佳途径时，我们就会决定接受这种较高的成本。

在商店购物的示例中，上述 MODIFY-PLAN 推理过程首先会询问是否有其他方法可以通过十字路口。事实证明，大多数有些经验的司机确实知道实现这一目标的第二种（合法的）方法。这个操作没有固定名称，但是其步骤如下：先右转，然后掉头，再右转（急躁的司机有时会这样操作来避免长时间等红灯）。即使是经验不丰富的司机也应该知道绕过障碍物的方法——先右转，然后左转、左转、右转，就像之前我们所看到的。这个操作可以让你通过十字路口，但会让你行驶更远的距离。因此，假设基于记忆的计划能够在世界模型中找到这样的行动，那么唯一剩下的问题就是成本。

对于这个右转–掉头–右转的操作，每次右转都会有成本，但我们暂且忽略这些成本，只考虑掉头的成本（关于如何计算和记住这些行动的成本，这本身是一个有趣的问题，但显而易见的是，常规的、没有阻碍的右转发生得非常频繁，以至于我们可以很轻松地完成，而且成本较低，而掉头则需要更仔细地观察、考虑是否违章以及留心来往车辆的情况，因为它需要关注两个不同方向的交通）。关于掉头的成本，我们可以预先了解到什么呢？付出的努力、时间和不便等因素都可以忽略不计，真正的问题是风险。如果我们靠近右侧的另一个十字路口，并且所在的管辖区允许在这个十字路口处进行掉头，那么掉头的风险就会很低。或者，如果我们也可以在附近的十字路口通过左转信号灯进行掉头（这样就不会有来往车辆），风险也很低。再或者，我们要在十字路口中间进行掉头，根据那条街上的交通情况，风险介于中等和极高之间。

根据当前情况，当然可能还有其他更低成本的方法通过十字路口。

然而，如果实现特定子目标的最终成本太高，常识就会让我们重新考虑高级目标，如上文所述。

自下而上的常识性推理

现在让我们来探讨常识所需的自下而上的推理。有时候，你需要立即对突发情况做出即时反应，而来不及过多思考。如果一块石头砸破了你的挡风玻璃，或者你前面的车突然起火，那么现在就不是思考如何去商店的时候。当警察在路口指着你，并指示你开车去某个地方时，也是如此。在这些情况下，你不会真正做出合理的决策。你的反应（至少是即时反应）会较少受到常识的影响，而更多地受到类似条件反射或"条件动作规则"的影响。

但并不是所有的反应都是如此。在不太紧急的情况下，你会对后续行动做出深思熟虑的决策。人们有种错误的想法，那就是对于新情况，人们的反应必须总是即时的和条件反射式的反应，或者认为常识只用于事后对行为进行合理分析或重构。如果你具备在现场即时运用所学知识的能力，就能以明智的方式来应对新情况。

在上面的商店购物的例子中，最初的购买商品的计划失败了，因为出现了一些意外情况。但除此之外，现场并无特别异常之处。在这种情况下，自下而上的推理将是（相对）简单直接。在决定如何行动时，你主要需要利用到达十字路口之前了解的信息以及周围场景的一些具体细节：你的车上有多少乘客，十字路口的交通情况，其他车辆的朝向，哪些车辆停放着等，所有这些都应该反映在你当前的世界模型中。

在你事先所了解的内容中，有一些与你的世界的基本事实有关。例如，你会知道如何到达杂货店，但如果你不得不右转的话，你可能也会知道如何到达那里。换句话说，假设这是一条熟悉的路线，你会在脑海中构想出一个地图，明确你所在位置以及如何到达目的地。这并不是说你需要在脑海中构建某种二维笛卡尔坐标系，比如图 9-1 中的图像。你需要的是一个世界模型，它能够帮助你定位自己：哪些道路与哪些十字路口相连，以及以什么方向。这部分世界模型就像一个二维地图一样，将你所在的地区模拟出来。如果你对路线不太熟悉，就需要查看地图或导航工具，以构建某种内部地图。你的世界模型可能会提供有关道路、高速公路、单行限制和问题区域的更多信息。

然而，当场景中发生意外情况时，自下而上的推理就会变得越发复杂。在这种情况下，可能会有新的事物出现在周围环境中，可帮助你决定接下来该做什么。要搞清楚这点，你不仅需要能将事物归类为某种基本类型，比如山羊、绷带或卡车，还需要考虑其对后续行动的暗示，或心理学家所说的可供性（affordances）：你可以坐在上面的东西，可以扔的东西，或者可以用来写字的东西，或者更广泛地说，就是可以利用的东西、可以忽略的东西或者可以主动避免的东西。

这种自下而上的推理是如何进行的呢？总体来说，我们需要按照概念结构对所述事物进行分类和理解。这是第 7 章所述的概念模型（与世界模型不同）发挥直接作用的方面。总体而言，你需要根据你掌握的概念集合来理解这个事物。你会问自己，该事物是否属于此类概念之一？如果它属于其中之一，那这是否表明还存在其他需要注意的事物？例如，如果你遇到一辆皮卡车翻车，你就会推测车上的货物可能洒落在你的视线之外的路面上。

这个过程由概念模型中的分层组织驱动。对于任何给定的概念，我们可以通过概念模型来寻找相关的概念：一方面，我们想知道一个概念的实例是否也可能是另一个概念的实例（概念模型中的分类"成为"部分）；另一方面，我们想知道一个概念的实例是否在另一个概念的实例中发挥作用（概念模型中的"拥有"部分）。正如第 6 章所述的明斯基框架，相似或相关的概念之间还可能存在其他有用的关联。

在杂货店购物的案例中，假设在你等待红灯变绿时，你观察到一个人沿着横向街道走来（可能与上下文信息无关），这个人碰巧有一个又圆又红的鼻子。你会有何想法？你会思考这是怎样的人（即在你的概念模型中搜寻子概念），你可能猜测这个人是个小丑，并通过寻找其他相关事物（比如又大又软的鞋子）来确认这一点。但你不会罢休。你还想知道，为什么这个小丑会出现在这个十字路口上，并思索小丑是不是现场某个活动的一部分。然后，你可能（通过概念模型）推断出这个小丑是一个游行队伍的一部分，这一点可通过远处传来的音乐（暂时未看到乐队）来确认。你可能会继续思考，这是个什么样的游行，这个游行是否属于其他活动的一部分等。

这种自下而上的分类直接关系到我们所考虑的自上而下的计划。当你意识到横向街道上有一个游行队伍（并将其纳入世界模型中）时，就会明白，驱车前往杂货店的潜在计划将无法实现。同样地，当你认识到其他事物的存在（比如附近电话线杆上的交通信号灯手动开关），就会考虑采用自上而下的计划，而这种计划可能并不适用于其他场景。最后，我们来看如何回答这个问题：这属于什么事物，以此为基础并考虑到我准备实现的目标，我接下来应该做什么呢？

🔾 常识如何运作：概要总结

在探讨了常识的自上而下和自下而上的推理后，我们来总结一下本章和之前章节中关于常识计算的故事。

我们认为，常识是一种特定的能力，具体而言，是利用某些背景知识来决定行动的能力。常识性知识是有关于世界上的事物及其属性，通过我们所谓的概念结构进行介导，是关于可能存在的事物种类和它们可能具有的属性的概念集合。这些知识通过符号化表示以及对这些符号结构进行计算操作而得以应用。常识性决策将利用这些知识来考虑如何实现目标以及如何对所观察到的情况做出反应。

在第 5 章中，我们认为上述故事基于某种特定的世界观：我们必须能够从事物及其属性（因事件而改变）的角度来思考世界，其中一些事件是由主体执行的行动。在第 6 章中，我们认识到，概念结构必须处理边界模糊的概念，以及典型和例外情况。在第 7 章中，我们研究了如何构建世界状态的符号模型以及用于表示知识的概念结构。在第 8 章中，我们研究了如何根据所表示的知识来计算一个表达式是否为真，是否在某些事件发生后仍然为真，以及涉及的主体是否有可能引发这些事件。

最后，在本章中，我们再次对常识本身进行了分析。我们认为，只要有足够的经验，我们无须常识也能做事。然而，当发生意外事件时，我们需要能够以自上而下和自下而上的方式运用我们所掌握的知识。自上而下的推理涉及查找我们所了解的行动，包括类似领域的行动，以找到其他合理的方法来实现受阻目标。自下而上的推理包括浏览我们所知的概念，以确定所观察到的事物是否会影响我们试图实现的目标。这两种推理方式需要快速而协同地发挥作用，以制定有效决策。我们可以看到，第 7~8 章中的符号表示和推理提供了必要的要素。

当然，常识的作用不只是让人们跳出常规思维。我们认为，至少在这个方面，常识起到了有效的作用。

需要注意的是，这种解释并没有为认知主体提供一个计算架构，将常识放在较高的地位。事实上，它并没有解释一个主体的整体行为如何由常识来管理和控制。原因很简单：在我们看来，这不是正确的思考方式。具备常识的主体不会像哲学家那样，不停地问自己："根据我所知和我想要的，我下一步到底应该做什么？"相反，我们想象主体将继续受习惯与例程的支配，或者像本章开始论述的那样，受一套不断演化的规则的影响。只有当这些规则失效时，出现了新的情况、预期之外的情况或者出现了需要格外小心和谨慎处理的情况，才需要我们运用常识。在这种情况下，我们会看到一种更加深思熟虑的行为模式，主体会明确自己的目标是什么，对当前情况有何了解等。如果这种描绘大致正确，那么就不存在一个关于常识的整体认知架构。常识在一个主体的心智生活中只扮演次要角色，旨在使主体的习惯和常规行为变得更加灵活、多样化和强大，以便主体更聪明地应对各种情况。

10

实施的步骤

水上行走并非一日练成。

——杰克·凯鲁亚克（Jack Kerouac），《一些西方俳句 **❶**》（*Some Western Haikus*）。

　　我们对常识的研究即将接近尾声，现在让我们暂停片刻，认真思考一下那些被我们忽略或未深入讨论的话题。在本章中，我们准备着重探讨一个我们在本书中并未详述的特定问题：构建一个具有常识的人工智能系统究竟需要哪些条件？尽管到目前为止，本书已经对常识进行了非常细致的阐述，我们也并不会认为剩下的工作只不过是雷同的内容或几天的例行公事。如果那样容易，现在肯定已经有人做到了。在此，我们想要简要地概述一下我们认为相关的内容。

　　我们在本书中一再强调，常识是一种能够有效利用所谓的常识性知识的能力。我们探讨了相关的知识类型，如何以符号形式表示这些知识，以及如何以特定方式处理这些符号结构以达到特定目的，我们称之为常识性推理。因此，要实际构建一个具有常识的人工智能系统，我们需要考虑构建两个事物：一个是常识性推理器，一个是常识知识库。

---

❶　俳句：是由门音组成的日本定型短诗，从俳谐的首句演变而来。——编者注

⚙ 建立常识性推理器

我们先来探讨推理问题。我们可能会问，人类的常识性推理源自何处？例如，如果我们被告知杰克正在看着安妮，我们会立即得出结论，杰克正在看某个人，而无须别人教我们如何得出这个结论。如果我们被告知巴巴是一头大象，并且已经知道大象的特征，就无须别人教我们如何运用这些关于大象的知识来推测巴巴的颜色或耳朵的大小。人类在这类情况下进行的推理是逻辑性推理，但它是一种基本形式的逻辑，无须在课堂上或从教科书中学习。

这种逻辑是从哪里来的呢？对人类来说，这是一个复杂的发展心理学课题。显然，这不是通过学习一些特定程序（例如求解线性方程组或制作焙烤阿拉斯加蛋糕）就能获得的能力。真正的问题在于，这种推理是我们作为人类（除非出现问题）所特有的能力，就像长头发的能力一样，还是我们只拥有其初级形式的能力，然后需要逐步发展，就像训练投球能力一样。人类是否真的可以在常识性推理方面取得不断进步？一个完整的自助系统似乎可以帮助人们更有效地推理：更有组织性，更专注，更善于区分相关与无关的事物，并且不容易出现思维错误 [有趣的是，像《高效能人士的七个习惯》（*The Seven Habits of Highly Effective People*）这样的书似乎主要面向企业经理，好像钣金工人并不需要这种高效率一样]。

然而，对机器而言，我们别无选择，只能费尽心思手动编写这些推理形式的代码。是的，如果所有必要的推理过程都可以通过某种机器学习过程自动完成，那当然很好。但目前来看，这是一个艰巨的任务。一些研究结果表明，某些神经网络架构确实可以学习一些过程（例如二进制数的乘法），但这些看起来更像是精彩的演示，而无法成为构建系统的实用方法。

从积极的角度来看，我们认为，实际上只需实施几十种推理程序即可实现目标，而不是像 Cyc 等系统所暗示的数千种。这些程序就是我们

机器如人

通往人类智慧之路

在前几章中讨论或提及的那些类型的程序。我们对诸如 GET-PARTS、TEST 和 MODIFY-PLAN 之类的程序给出了相当详细的说明。然而，对于实例化概念、模拟变化、处理不一致性或利用强度或重要性等注释的具体内容，我们只是大致提及了其中可能涉及的因素。而且，我们几乎没有提及自下向上的调用、类比和相似性的使用、情境的识别以及常识在更广泛的认知架构中的总体位置和协调。对于这些事物的研究与整合，我们仍然需要进行大量的工作。

建立常识知识库

现在我们来看常识性知识。此时，我们不能指望只有几十个项目需要考虑。如果关于医院的知识算作一个项目，而关于生日聚会的知识算作两个项目，那么预计其中涉及的项目将达到上万甚至几十万之多。所有这些知识源于何处呢？

就人类而言，答案很明确。如第 1 章所述：

在某些情况下，我们通过重复的经验获得常识理解（比如在炎热的夏天怎样吃即将融化的冰激凌）；在某些情况下，我们从朋友那里得到建议（比如参加派对时该穿什么衣服或者不该穿什么衣服）；在其他情况下，我们的理解可能来源于指南或手册（比如如何设置家用打印机）。

换句话说，对人类来说，有些知识是通过亲身经历获得的，而另一些知识则来自其他人的语言（口头或书面）。

那么，对机器而言呢？由于我们不能指望深度学习能帮助我们轻松实现目标，那是否意味着我们必须遵循 Cyc 的思路来手动构建这些庞大的知识库呢？也许其中的一些知识确实需要人工完成，但我们可以探索一下可能的替代方案。

对于人类通过语言获取的知识（也就是那些已经写下来或记录在某

个地方供人类使用的知识），想办法让机器能够利用这些信息确实是有意义的，我们将在下面更详细地讨论这一前景。

对于人类通过个人经历获取的知识，我们是否应该期望机器也拥有类似的经历，并以类似的方式学习这些知识呢？如果人类需要多年时间才能掌握此类知识，那么机器也需要如此吗？在一篇名为《软件体的生命周期》（*The Lifecycle of Software Objects*）的精彩科幻故事中，作者特德·姜（Ted Chiang）提到了以下内容：

> 这并无捷径可言。如果你想创建出人类花费二十年经历才获取的常识，那么你就需要投入二十年的时间来完成这项任务。你无法依靠在短时间内收集到同等数量的启发式方法，经验在算法上是不可压缩的。

也许这是正确的。然而，即使经验本身是无法压缩的，但其中一些需要学习的知识可能仍然是可压缩的。我们将尝试探讨相关的知识类型。

来自经验的知识

对于个人经历，我们的一个重要发现是：它们是通过感官来介导的。只有通过视觉、触觉、嗅觉等才能体验到物理世界中的某种事物。为了便于说明，我们只探讨视觉体验（人类也可以不通过感知对事物进行内部体验，但我们暂时忽略这一点）。

我们特别关注于感觉（尤其是视觉），并不意味着我们体验世界的方式是被动（passive）的。以触觉为例，我们可以触摸到一个物体（比如小号），但更重要的是，我们可以拿起它并对其进行操作。我们能感受到它的质量、硬度和质地。我们将其翻转，从各个角度观察它的光泽，用指甲敲击它，然后听到金属的声音。我们可以移动阀门却不能移动哨嘴。我们对着喇叭口吹气，并听到声音。以上就是我们了解小号的方式。这些经验是通过感官获取的，甚至可能是感官的享受，但同时也需要与物理世界积极互动后才能获得。

我们期望通过视觉体验而获得的一个能力就是识别事物。如前所述，当你看到足够多的消防车（或其图像）后，就能够不依赖上下文信息而可靠地识别出来。正如之前所提到的，这很可能是通过诸如深度学习之类的方法来实现的。通过这种学习，你就可以将获取的一组感知参数关联到世界模型中的消防车的表示符号，如"卡车 #95"，然后再关联到与概念相关的事物的符号，如梯子、水管、消防员和火灾事件（这样，当你想到消防车时，就会想起它的图像）。值得注意的是，这种"符号奠基"的形式仅适用于我们前面所述的"中等宏观物体"的表示符号。而其他事物（如正当和财产税）的表示符号，则无法通过这种方式进行奠基。

我们从视觉体验中可以学到的不只是如何识别或可视化事物。你可以通过视觉观察来知道人们在冬天穿着暖和的衣服，这说明了什么呢？通过视觉感知获取这种知识较难解释。正如我们在第 4 章中所见，视觉图像本身并不适用于这种思考，除了它的外观（以及它与其他相似图像的聚合方式）之外，人们很难通过图像来弄清楚相关信息。

然而，要了解涉及的相关因素，我们有必要探讨一个人类通过个人经历来了解世界的案例，其中人类语言所起的作用不大：也就是幼儿的学习经历。

当一个人足够年幼时，我们期望他们主要通过与世界的互动来学习（通常在成年人的指导下，但并非总是如此）。在幼儿园之前，儿童所获得的教育通常被称为儿童早期教育（ECE）。我们期望儿童早教主要关注社交和情感发展，但其中一些内容也涉及对世界的认知。

朱迪·赫尔（Judy Herr）写了一本书，名为《儿童早教的创意资源》（*Creative Resources for the Early Childhood Classroom*）。下面是该书认为适合纳入儿童早教课堂的"主题"范围：

蚂蚁	苹果	艺术
鸟类	蓝色	面包
刷子	气泡	建筑物
露营	关爱地球	汽车、卡车和公共汽车
猫	中国春节	圣诞节
五月五日节❶	马戏团	服装
沟通	建筑工具	容器
创意运动	乳制品	牙医
排灯节❷	医生和护士	狗
复活节	鸡蛋	秋天
家庭	家畜	感觉
脚	消防员	鱼
花	朋友	青蛙
水果和蔬菜	花园	万圣节
房屋	帽子	健康
邮递员	昆虫和蜘蛛	宽扎节❸
数字	小老鼠	音乐
宠物	童谣	职业
紫色	植物	木偶
红色	雨	斋月
形状	安全	剪刀
夏天	体育	春天

❶ 五月五日节：墨西哥的一个传统节日。——编者注

❷ 排灯节：又称为印度灯节或光明节，于印度历每年八月或八月前一周的第一个新月日举行。——编者注

❸ 宽扎节：是非裔美国人的节日，每年 12 月 26 日至次年 1 月 1 日举行。——编者注

情人节	感恩节	树木
冬天	水	车轮
动物园动物	蠕虫	黄色

对于这 75 个主题，本书都提供了有关如何组织适合学龄前儿童的课程的思路。例如，对于上面的"建筑工具"主题，作者建议了一些针对学龄前儿童的课堂活动：

- 剪出工具模板，并将其贴在公告板上。
- 对着每个工具唱"这个工具的用途是……"。
- 练习用小锤子敲打。
- 观看各种工具的演示视频。
- 参观鞋匠商店或工艺品商店。
- 将小工具浸入涂料中，然后印在纸上。
- 讨论工具的安全使用方法。
- 参与工具清理。

这本书还介绍了孩子们针对每个主题可能会选择的词。对于"建筑工具"主题，它是这样的：

工具：一种帮助我们工作的物体。

电钻：一种用于钻孔的工具。

扳手：一种用于固定物体的工具。

螺丝刀：一种用于拧螺丝的工具。

锯：一种具有锋利边缘的切割工具。

锤子：一种用于嵌入或移除物体（如钉子）的工具。

钳子：一种用于夹持物体的工具。

夹具：一种用于连接或固定物品的工具。

尺子：一种测量工具。

楔子：一种用于分裂物体的工具。

木工刨：一种用于刨削木材的工具。

最后，就我们的目的而言，最有趣的一点是，针对每个主题，本书都介绍了孩子可以从课程活动中学到的主要观点（我们称这些观点为"概念"，但也许称为"命题"更贴切）。以下是一些涉及"建筑工具"主题的观点：

（1）工具可以是电动的或手动的。

（2）工具在建筑过程中很有帮助。

（3）钳子、镊子和夹子用于固定物体。

（4）钻头、钉子和螺丝用于打孔。

（5）刨子、锯子和剪刀用于切割材料。

（6）锤子和螺丝刀用于安装和拆卸钉子和螺丝。

（7）标尺用于测量。

（8）为了安全起见，需要小心使用工具。

（9）使用工具时应戴上护目镜以保护眼睛。

（10）使用后，需要将工具收好。

因此，孩子们在学前教育课堂中获得的很大一部分经验是普通常识，可以用英语清晰地陈述出来。这里的含义很有趣：尽管学龄前儿童可能无法理解像"使用工具时应戴上护目镜以保护眼睛"这样的表述，但他们可以通过实践来了解其含义。

以下是关于"露营"主题的另一个例子，涉及的概念如下：

（1）帐篷是用于露营的庇护所。

（2）我们可以在树林里或营地露营。

（3）我们也可以在公园，湖边或后院露营。

（4）热狗、鱼、棉花糖和豆类都是露营食物。

（5）露营者可以由人驾驶或连接到汽车或皮卡车的后部。

（6）灯笼和手电筒是用于露营的光源。

（7）睡袋是用于露营的毯子。

（8）有些人在湖边露营，去滑水、划船和钓鱼。

以下是"冬季"主题的学习内容：

（1）冬季是四季之一。

（2）冬天通常是最寒冷的季节。

（3）在有些地区，冬季会下雪。

（4）人们在冬季会穿更暖和的衣服。

（5）有些动物在冬季会冬眠。

（6）树木在冬天可能会掉叶子。

（7）冬季，湖泊、池塘和水可能会结冰。

（8）在寒冷地区，冬季会举行滑雪、雪橇和滑冰等运动。

（9）人们会用铲和犁来清除雪。

（10）12月、1月和2月是冬季的月份。

这种早期学习表明，从个人经验中可以获得两种不同的知识：①能够识别和命名某些常见物体的类别，比如消防车、钳子、帐篷和雪橇。②一些可以用语言表达的其他概念（即使是儿童可能无法完全理解的语言）。因此，我们将①的内容留给深度学习的研究，现在让我们主要探讨②。

🧠 来自语言的知识

如果人工智能系统能够像人类一样通过阅读文本来学习，那肯定非常方便，但第3章指出，其中存在一个严重的障碍：即需要理解文本的意义。某些工作可能需要大量未经分析的英文文本，比如检索"帮我查找所有关于非洲以外地区有关埃博拉病毒的医学文章"或基本的翻译"用葡萄牙语怎么说'现在几点了？'"。然而，对于常识性知识，我们希望构建出适合已知推理过程的符号表示。这意味着我们需要从文本中找出存在的事物以及它们拥有的属性。这就是常识性知识的需求，可以通过某种语言（如英语）的陈述句来提供。

这样就存在一个问题，即陈述句（即线性的单词串）与这种符号结构之间存在很大差异。即使抛开隐喻和诗意的文字，普通说明性句子也以一种密集而复杂的方式表达思想，许多必要的细节需要由知识渊博的语言用户来补充。这点值得认真研究，因为它对于人工智能系统如何有效利用在线文本资源具有巨大影响。

我们来看一个简单的例子：英语短语"a small dog"（一只小狗）。请注意，除非你清楚这涉及"大小"属性，否则你无法真正构建出所需的符号表示。然而，这个短语中并未提及"大小"。我们在所谓的名词修饰中可以更清楚地看到这种省略。例如，对比"a wood table"（一张木桌）与"a coffee table"（一张咖啡桌）。前者涉及材料构成，后者涉及用途，但是在任何一个短语中都未明确说明。如果我们想构建一个符号表示，我们不能像英语词语连接那样，简单地将"咖啡"的概念和"桌子"的概念连接起来。当我们解决了"coffee table"（咖啡桌）中有关液体的问题后，可能又要费脑筋思考如何表示"water table"（地下水位）等类似概念。同样，我们需要知道"plant food"（植物性食物）是给植物施加的肥料，而"food plant"（食用植物）则是指来自植物的食物（所以，千万别吃错了食物）。在某些情况下，如果属性比较模糊，就需要比较复杂的描述。我们都清楚"old family recipe"（古老家庭食谱）与"old goulash recipe"（古老炖肉食谱）是不同的，但是不太清楚具有家庭属性的食谱是何种事物。有时候，英语短语是由一堆名词混杂组成，所有属性的分析都有待完成，比如"truck stop diner Thursday night hamburger platter special"（卡车停靠晚餐周四晚上汉堡拼盘）。另外，有没有"diner Thursday"（晚餐周四）或"night hamburger"（夜晚汉堡）这样的说法呢？

在语义模糊的情况下，对先验知识的需求就越发强烈。假设我们试图构建某种形式的符号表示来解释之前的表述：

大球砸破了桌子，因为它是钢制的。

在这里，所有单词的含义都是相对清晰的。我们想构建一个世界模型，包含两个物体：一个球和一张桌子，而且球具有"钢制"的属性。然而，如前所述，句中并未指明球是由钢制成的物体。而且，相比之下，桌子更有可能是由钢制成。

我们可以利用大量的文本来完成任务（比如谷歌翻译等应用程序），而无须对句子的含义或使用方式进行系统分析，这实在令人惊叹不已。在很多场景中，除了需要辨析句子含义以外，我们并不关心"植物性食物"与"食用植物"之间的区别。然而，如果要将英语文本用作常识知识库的基础，就需要将其转换为适合常识性推理的形式，而这就需要我们明确句子的实际含义。

总之，我们面临两难境地：我们希望从英文文本中构建常识性知识的表达，但为了做到这一点，我们就需要理解文本，而理解文本又需要常识性知识！

我们如何打破这个循环？目前，一些旨在构建大型知识库的人工智能研究忽视了这个问题。像前面提到的 NELL 项目或麻省理工学院的众包项目 ConceptNet 都试图总结出大量的常识性事实和规则，但并不太关注所涉及的事物和属性。然而，正如马库斯和戴维斯在《重启 AI》一书中明确展示的那样，由此产生的符号表示通常有些混乱。这些项目不仅没有花费足够的时间在推理方面，而且没有实现知识库内部的一致性，以便推理过程能够完全自动化地进行处理。

人工制作的知识库也会出现这种一致性问题，特别是如果系统的各个部分由不同的人组装而成。对于如何划分世界上事物的类别及其属性，大家的观点可能并不一致。就实际的工程而言，有必要采取监管措施，以解决大型分布式项目中出现的冲突和误解。

如何以一种更有原则的方式来应对上述困境呢？一种想法是，要认真对待这样一个事实：对人类来说，掌握和理解英文并不是一种到了18 岁就能自然而然掌握的整体技能，而是一种需要分阶段逐步掌握的技能。人们可以使用和理解语言，但不一定完全理解。很多青少年都无法读懂哲学家伊曼努尔·康德（Immanuel Kant）的著作。八岁的孩子可能无法理解一些普通成人的对话。

其至对两岁的孩子来说也是如此。下面，我们引用著名儿童读物《晚安月亮》（Goodnight Moon）中的语句：

在绿色的大房间里，

有一部电话，

有一个红色气球，

还有一张图片，

画着一只奶牛在月球上跳跃。

即使对两岁的孩子来说，也能通过插图来理解其中部分单词。然而，他们所掌握的语言技能显然非常有限。在某些情况下，单词无法用插图形式进行说明，例如：

account（账户）、act（行为）、addition（加法）、adjustment（调整）、agreement（协议）、amount（数量）、amusement（娱乐）、answer（答案）、approval（批准）、argument（争论）、attempt（尝试）、attention（注意力）、attraction（吸引力）、authority（权威）。

这不是一个随机的首字母为"a"的单词列表。这是构成所谓基础英语［由哲学家查尔斯·奥格登（Charles Ogden）在 20 世纪 30 年代发明］的 850 个单词中的前 14 个名词。这些特定的名词"无法用图片来说明"。尽管它们并不是技术术语，但是对两岁的孩子来说，熟练运用这些单词还是颇有难度的。

对人工智能而言，我们得到的启示是，人工智能系统从文字中提取知识的时候，也要遵循逐步发展的过程。系统在最初阶段可以先理解和使用最基础的简单说明性文字资料。完成这一步后，系统可以通过所学知识（以及通过其他方式获得的任何额外知识）来帮助理解下一轮稍微要求更高的文字资料。反复执行这个过程。

虽然在实际应用中，这种自扩展法可能会遭遇失败，但是其中包含的两个重要因素让我们相信其可行性。

首先，我们已经讨论了分阶段构建世界和概念模型的方法。正如我们在第 6 章中所说，我们应该先构建简单粗略的概念版本，例如医院和生日聚会，并在随后的阶段中对其进行逐步改进和注释。因此，我们并不希望最终被纳入概念模型中的是比较复杂的概念。事实上，认为概念的初期版本将被更复杂的版本所取代的观点可能是错误的；不同的概念版本都有各自的作用。以医院为例，有时我们希望将其视为实体建筑，而有时我们希望将其视为位于这些建筑中的社会机构。

其次，现在已经有非常丰富的文本资源，因此无须人类具备全面的语言能力。这点值得我们进行探讨。

在线资源

有一个类似于维基百科的名为 KidzSearch 的网站，专门为孩子们提供阅读和理解的资料。据称，该网站可提供 20 万篇文章，采用更适合儿童的简单英语（适用年龄范围不明确，但不包括幼儿）。这些句子通常简短直接，避免使用术语。

例如，我们来看一个有关地鼠的描述段落：

地鼠是一种小型穴居啮齿动物。美洲现存一百多种地鼠。地鼠具有较长的门牙、小巧的五官和短尾巴。它们生活在环境非常复杂的地下隧道中。它们独自生活并以根和灌木为食。它们以破坏人们的草坪和花园而闻名，被认为是害虫。

相比之下，维基百科关于地鼠的描述如下（面向成年读者）：

囊鼠（通常简称为地鼠），是一种属于囊鼠科的穴居啮齿动物。大约有 35 种，均为北美洲和中美洲的特有物种。它们以广泛的挖掘活动和破坏农田和花园的能力而闻名。

再来看第二个例子，有关歌剧的描述。KidzSearch 版本：

歌剧是一种以唱歌而非说话的方式进行的戏剧表演。歌剧通常在歌剧院演出。歌手们站在舞台上演唱歌曲并扮演故事角色，管弦乐团则位于舞台前方但较低的地方（即乐池中），以便观众可以看到舞台。

维基百科的描述如下：

歌剧是一种以音乐为主的戏剧表演形式，其中角色由歌手扮演，但与音乐剧有所不同。这种"作品"（意大利词"opera"的字面翻译）通常是作曲家和剧本作者之间的合作，并融入了多种表演艺术形式，如表演、布景、服装，有时还包括舞蹈或芭蕾舞。演出通常在歌剧院进行，由管弦乐队或小型合奏团伴奏，自 19 世纪初以来，乐团由指挥家指挥。

虽然这两种描述存在一些明显的差异，但二者差别并不大。尽管 KidzSearch 的描述没有维基百科那样详细，但仍然包含了丰富的信息。如果你能阅读和理解 KidzSearch 网站上的全部 20 万篇文章，你一定会变得博学多识。更重要的是，如果您能有效利用 KidzSearch 文章中包含的所有知识，那么你就会很好地理解后面难度更大的文本。

作为利用在线文本资源的一种方式，这种分阶段的方法存在两个重要问题。要开发出具备足够知识（以及足够的语言能力）的能理解上述关于地鼠的 KidzSearch 文章的人工智能系统需要具备什么条件吗？而且，除了那些面向儿童的 KidzSearch 文章外，人工智能系统还需要掌握哪些其他知识来理解更高难度的面向成人的文本呢？这两个问题都没有简单和明显的答案。

经验教训

所有这些都表明，从构建具有常识的机器的角度来看，对表示和推理感兴趣的研究人员和对语言分析以及特别是简单表达性语言分析感兴趣的研究人员之间需要更密切的联系。过去确实存在这样的联系。然而，在过去几十年里，计算语言学领域发生了变化，淡化了传统的句法、语义和语用学子领域的重要性，借鉴深度学习中统计方法的成功经验，将大量英文文本用作信息检索和摘要等资源。然而，如果要将英文文本用作常识性知识的基础，就需要将其映射到适合常识性推理的符号表示，这样就需要更加关注传统语言学的句法、语义和语用学问题。

10

实施的步骤

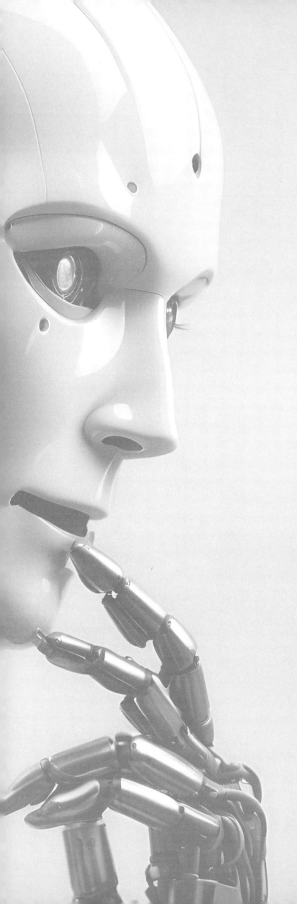

11

建立信任

---------------------------- ＊

能力越大，责任越大。

——彼得·帕克（Peter Parker），《蜘蛛侠》（*Spider-man*）。

到目前为止，我们主要以描述性介绍为主：我们讨论了常识在人类中的表现（第 2 章），常识为何没有出现在当前的人工智能系统中（第 3 章），以及常识的工作原理（第 4~9 章）。在本章中，我们将退一步，采取更广泛和规范的视角来进行分析。我们将提出关于未来人工智能系统的愿景以及常识在其中所起的作用。我们不会讨论未来人工智能系统应该如何设计，而是会更多地探讨这种系统设计应该追求的目标，以便让人工智能系统最终拥有最重要的特征：可信赖性。

自主人工智能系统

首先，我们思考一下我们想要构建怎样的人工智能系统。我们想要构建一种能在自由度很高的现实世界环境中工作的先进人工智能系统，具备自主决策能力并且能够处理实际问题。具备全面智能的未来人工智能系统有时被称为"通用人工智能"系统，但我们更喜欢使用"自主"而不是"通用"，因为"自主"一词强调了此类系统不用依赖他人的智能来为其做决策。这并不意味着这样的系统必须独立工作。不难想象，自主人工智能系统可以与人类和其他人工智能系统密切合作。

因此，我们对于在人工定义的领域中工作的人工智能系统没有太多要说的，因为该系统可以预先设定其可以处理的输入范围。正如我们强调的那样，这几乎适用于所有现有的人工智能系统，无论是下棋和扑克等游戏系统，还是血液感染诊断程序、人脸识别系统、电影推荐系统等。

与此密切相关的是，在本章中，我们也不会关注那些最终需要由他人承担决策责任的人工智能系统。术语"自主"通常用于描述无须人类直接控制的系统。但我们在这里最为关心的，也是我们设想的未来通用人工智能系统的重要部分，就是此类系统应对其行为负责，并做出负责任的决策。如果一个传统机器在预设初始参数后，在没有人类干预的情况下在车间作业，导致工人受伤或死亡，那我们就会认为这是个意外，而不会像责备人类那样去怪罪它。但我们可以构想出未来场景，那时自主人工智能系统可以对其行为负责，就像设置机械参数的人类一样。因此，当我们在这里使用术语"自主人工智能系统"时，我们指的是能对其在世界中的行为负责，而不只是无人值守运行的人工智能系统。

我们以恒温器为例来阐明这个概念。恒温器在设置好以后，就会无人值守地运行，并自行决定何时开启炉子。它也在真实世界中运行，因此可能遇到各种意外情况，比如夏天时遇到寒冷天气，窗户突然破裂，外面的空气进入，一位突然来访的老年人喜欢较高的室温等。然而，要使恒温器成为一个封闭系统，需要预先设定完整参数集，以决定其行为。对一个基本的恒温器来说，唯一重要的事情就是恒温器附近的环境温度（由传感器确定）以及它与恒温器设置的关系。因此，恒温器可以被视为在一个封闭的、人为定义的环境中工作，只需处理数值输入即可控制环境温度。它的责任范围非常有限：当输入温度低于设定值时开启炉子，当输入温度高于设定值时关闭炉子。它不对房间的整体温度或人们的舒适度负责。当现实世界中出现意外情况时，需要人类负责视情况调整恒温器的设置（或者甚至可能会请维修人员来修理炉子）。对于更

机器如人
——
通往人类智慧之路

复杂的（由亚马逊 Alexa 和谷歌 Home 等软件控制的）"智能"家庭控制中心，情况也是如此——尽管这些控制中心配置了更多的传感器和执行器，但所有高级决策仍然需要由人类完成。

现在我们再来看自动驾驶汽车。这些是由某种人工智能系统控制的汽车。对拥有最高端的无人驾驶技术的汽车来说，系统几乎不需要人工输入，而是自行决定如何沿道路行驶、何时转弯、保持何种速度以及何时停车。每个人都明白，如果系统出现故障、无法接收到视觉或听觉反馈，或者出现计算错误，那么人类将会接管车辆，就像航空飞行员关闭自动驾驶系统一样（让一个没有控制汽车的人保持足够专注，以便在必要时能够迅速接管控制，仍然是一个棘手的持续挑战）。

除了应对汽车出错外，人类的决策可能以其他更重要的方式参与其中。在第 9 章中，我们探讨了一个交通信号灯保持红灯不变的情况。可以看到，有一系列开放性因素能决定下一步该怎么做，是右转、直行，还是掉头。要做出正确的决策需要具备常识，但这种常识不一定来自汽车。即使是未来的顶级自动驾驶汽车也可能无法做出此类判断。与恒温器类似，这种决策通常由人类做出。

很可能会有人问，我们是否想过要构建无须服从人类指令的人工智能系统呢？也许我们会认为，自主人工智能系统的风险太大。如果说人工智能有什么东西能给科幻小说和电影带来灵感，那就是某个智能系统能够自主行动，为自己做出决策，而在最糟糕的情况下，做出违背人类意志的决策。实际上，失控的技术并不会像科幻作品中描述的那样，会带来核战争或生物灾难。在这种情况下，我们可能面对的是一些人对技术的滥用，或者是因人类疏忽而造成的事故。人工智能制造灾难的科幻小说更像是弗兰肯斯坦的故事，其中的生物会有意采取恶意行为。

自主人工智能系统的逻辑原理是，在某种场景下，出于某种原因，没有人类做出决策，此时我们可能就希望应用程序能做出这种智能决策。例如，一个位于遥远星球上的无人探测车，与地球的通信存在很大延迟。或者，在机器人在协作人员少并且通信有限的情况下作业，例如参与大地震后的紧急救援工作，特别是在地下或密集建筑中。最理想的选择自然是让人类参与观察、监督和提供所有必要的智能行为，但可能不切实际。一个更常见的理由是，某些工作虽然人类也可以完成，但是用机器可能更安全、更便宜或更方便。

我们考虑使用自主人工智能系统还有另一个更奇特的原因，这个原因更受未来学家的青睐，而不是人工智能研究人员。我们可以设想，在未来的某个时刻，自主人工智能系统在应对现实生活中的问题上比人类更出色，成为一种超级智能系统。换句话说，我们考虑采用自主人工智能系统，是因为它们可能给我们带来额外的能力。

然而，这些理由究竟有多充分呢？这些好处真的值得冒险吗？在本章剩余的部分中，我们将探讨的内容是自主人工智能技术的发展方向，前提是我们决定追求自主人工智能技术（这是个非常重要的前提）。关于一个社会应该以何种技术为目标的问题，应该考虑到技术因素，但不仅限于此。俗话说，虽然我们可以（Can）做某件事情，但这并不意味着我们就应该（Should）去做这件事情。我们需要注意，任何一种技术都可能不会按照最初的意图来使用，无论这些意图有多可取。正如风险投资家罗杰·麦克纳米（Roger McNamee）所说，人们很容易把"轻松的成功与价值、善意与美德、快速进步与价值、财富与智慧"混为一谈。这点似乎特别适用于人工智能技术。

归根结底，我们对人工智能技术的可行性的观点建立在我们在人工智能研究领域中的技术经验和所学知识的基础之上。我们对于人工智能如何更好地满足人类需求的观点并不比其他人更权威。

人工智能系统规范

让我们先暂时构想未来可能的人工智能系统，将其视为某种特定的软件技术，与其他计算机应用程序（如编制个人所得税申报表或玩模拟足球）并无太大区别（我们暂时不考虑机器人等硬件问题）。从两个不同的角度来思考计算机系统是有用的：一是用户在其设备上与之交互的系统的实际实现，二是系统的规范，即工程师对于系统应用的理解。

当然，如今出于市场压力，软件开发商通常只是对系统的最终用途有模糊的想法就开始开发软件。软件的初始版本可能会比较薄弱且存在错误。然而，为了有机会参与市场竞争，软件开发商必须迅速发布软件，并在软件运行过程中不断纠正问题。逐步完善新功能并纳入新版本中。这并不是构建任何类型技术的理想方式，但无论如何，"快速行动，不断突破"已成为软件行业的常态。

让我们换一种理想化的观点，假设上市时间不再是一个问题，未来的人工智能系统构建者将有时间认真考虑系统的规格，精心构建按预期工作的软件产品。对大多数消费者来说，这可能与他们对商业软件的使用经验相去甚远，但这种做法已经在某些关键任务软件中尝试，比如控制飞机导航系统和复杂设备（如行星探测车或核电站）的软件。在这些情况下，正确实施的机会只有一次。这并不是说这种软件不会出错，而是说一旦出现错误，无法像微软 Word 添加新功能那样轻描淡写地解决，这些错误可能对整个任务和人员的安全造成致命的影响。

对于一些关键任务的软件，计算机专业人员解决此类问题的方法如下：他们使用形式化语言来编写系统规范，通过编写计算机代码来满足规范，并且他们试图用数学方法（当然需要借助计算机）来证明代码满足规范。随着这种软件开发方法越来越实用，可以保证开发出来的计算机系统能够满足其规范。这并不是说生成的系统不会出错，而是说出现的错误几乎总是在系统的规范中，而不是在实施过程中。

现在，我们从这个角度来思考未来的人工智能系统。如果系统准备自主做出决策，并且这些决策将对生活产生重大影响或关系到任务的成败，我们就需要尽可能清楚了解系统的预期行为。

然而，对于自主的人工智能系统，我们需要解决一个问题：如果系统在现实世界中自主工作，我们如何才能明确系统的预期行为？也就是说，如果我们无法预测系统将要应对的情况，我们又如何规定它应该做什么？系统不仅需要应对我们可以预见到的未知情况，还需要应对我们尚未考虑到的未知情况。

艰难的选择

问题远不止于此。不仅有些情况我们考虑不到，而且还存在一些情况，尽管我们认真考虑，仍然很难决定采取何种行动。例如：

考虑所谓的"电车难题"。这是一些小型思维实验，帮助我们想象生死抉择以及如何以合理的方式做出选择。以下是一个摘自维基百科的例子：

你看到一辆失控的电车正朝着五个被捆绑（或以其他方式丧失行动能力）并躺在轨道上的人驶来。你站在一个操纵杆旁边。如果你拉动操纵杆，电车将被切换到另一条轨道上，五个躺在主轨道上的人将会被救下。然而，此时侧轨道上还躺着一个人。你有两个选择：

1. 什么都不做，让电车撞死主轨道上的五个人。

2. 拉动操纵杆，将电车转向侧轨道并撞死轨道上的那个人。

你会怎么做呢？

这类情况之所以令人困扰，是因为似乎没有明确的决策准则。拯救五个人总是更好的选择吗，即使让另一个人失去生命？如果这五个人是准备第二天被执行死刑的谋杀犯呢？如果要拯救这五个人，需要将一个无辜的人推到轨道上被撞死呢？这有什么区别吗，如果有，为什么？

解决此类困境绝非易事，它们一直是道德哲学（以及批判主义）的研究课题。但我们应该明白，不能指望一个人工智能系统的规范能够始终做出令人满意的决策。存在一些非常棘手的情况，无论是人类还是人工智能系统都很难轻松解决。

可能会有人这样认为：一个人工智能系统只要做好分内之事就行了，不多不少，当它不确定下一步行动时，只需待命即可。这样做是有一定好处的，因为这样的话，系统就不会因为错误行动而导致意外或未知的不良后果。它将人工智能系统排除在艰难决策之外，将所有责任转移给人类。

然而请注意，在上面的选择轨道的例子中，如果按照选项1，操作者会坚持选择"不做任何事"，无论结果好坏。那真的是我们想要的吗？这样是存在问题的。如果人工智能系统是在他人的指挥下造成人员死亡，那么它是否就有充分理由来这样做呢？或者，如果人工智能系统按照人类指令工作，但同时遵循阿西莫夫的机器人三大定律，以避免对人员造成伤害，那么这样是否就有充分理由呢？归根结底，一个尽可能避免争端的人工智能系统就像人类一样，实际上表现出了一种道德选择。在某些情况下，可能是一种合理的选择；但在其他情况下，则不一定如此。过于谨慎行事的人工智能系统最终会出问题，就像过于急切采取行动的系统一样。

面对这些看似无法解决的伦理问题，我们如何继续前进呢？当自主人工智能系统遇到意料之外的情况或者人们之间存在分歧的情况时，我们应该期待系统如何行动呢？当然，我们可以主动避免涉及这些问题的技术。但让我们进行一次思维锻炼，思考一下可能的合理目标。

寻找行动的理由

我们想建议的是，自主人工智能系统的规范不应试图制定正确的行动决策。在许多情况下，我们根本不会事先知道这些决策是什么。相反，我们会把标准设得低一些。我们认为，未来的人工智能系统应该被设计和构建成一种能够以充分理由支持其行为的系统（这些理由我们能够理解，即使我们并不同意）。

如果你听过人工智能研究人员讨论这个领域的历史以及多年来人工智能系统的情况，你肯定会听到各种各样的观点。然而，随着近年来机器学习的发展，该领域的人工智能研究人员普遍达成了以下共识：

过去的人工智能系统非常注重符号和符号表示。但这种符号法（a）根本无法正常运作，而且（b）主要是由于错误地认为智能与词语和语言有某种联系。要变得智能，意味着要能够像人一样进行对话，如图灵测试。现代人工智能系统采取了一种完全不同的路线，在世界中的体现才是最重要的，而不是文字和符号。为什么独自待在火星上的火星车需要纠结词语的使用细节呢？比如，应该使用"熟人"还是"朋友"，或者在"大球砸破了桌子，因为它是钢制的"中"它"指的是什么。当然，语言问题本身并没有错，但它们归根结底只是语言问题，而并非更广泛的智能行为问题。

按照类似的思路，也许会有人认为，我们一直在谈论的那种以普通语言表达的常识只对那些需要处理语言（如英语）的系统才具有重要性。

我们认为这种观点是可以理解的，但是错误的。人类的语言能力的确在很大程度上依赖于常识性知识。然而，我们认为，常识超越了语言的使用。我们希望人工智能系统能展现出本文所述的常识，并不是因为我们想用英语或其他自然语言与它们进行交流，而是出于更根本的原因。我们希望人工智能系统能具备常识，这样它们就会有充分的（人类可以理解的）理由来支持它们的行为。

为什么我们需要理解人工智能系统呢？我们将在本章的最后一节中讨论这个问题。现在，假设我们确实需要理解该系统。未来的人工智能技术可能会做出重大决策，或在遥远环境中代替人类作业，我们希望能够确信它的行为是有意义的。例如，如果出现了问题，我们希望系统能清楚地说明出错的原因。

现在思考我们如何理解人类。我们可以说"约翰尼打开了冰箱门，是因为……"，然后尝试只使用有关约翰尼的中枢神经系统、感觉器官、肌肉等的真实陈述来完成这个句子。也许有一天这可能会实现，但即使可能，我们也永远不会尝试制定这样一个说明。太多的细节会让我

机器如人

通往人类智慧之路

们无从应对，并且无法帮助我们最终理解约翰尼为什么会做出那样的行为。我们需要可以论述的理由。也许他打开冰箱门是因为想凉快一下。也许他以为里面有冰棍。也许是因为他想向保姆表明他不必听从别人的指令。也许他知道里面没有冰棍，但他想让他的妹妹玛丽认为里面有冰棍。这些是我们可以理解的理由。

当谈论到像人这样比较复杂的事物时，我们将其描述为主体，他们根据自己的信念和目标采取行动（正如我们在第 5 章中所看到的那样）。哲学家丹尼尔·丹尼特（Daniel Dennett）称之为对待所论述事物的一种意向立场。约翰尼采取行动 A，是因为他相信 P 并且想要 G。我们知道，也许有一天我们能够用其他方式来描述约翰尼的行为，但我们不太可能放弃这种意向思维方式。人类似乎天生就是这样。

这同样适用于复杂的事物，如人工智能系统。从原理上讲，我们可以用物理、电气或计算的术语来描述它们。也许人工智能系统背后的计算机代码是开源的，可供检查，也许我们可以获得有关神经网络连接权重的详细报告。但是这些描述会让我们无从应对，就像对约翰尼进行神经学描述一样。对于复杂的人工智能系统，我们需要采取意向立场，就像我们对约翰尼采取意向立场的原因相同。

⚙ 拥有正确的信念和目标

如果一个足够复杂的人工智能系统的行为能被理解，那么它应采用意向的方式：系统采取行动 A，是因为它相信 P 并且想要 G。然而，我们还没有说出这些信念和目标应该是什么。

如果人工智能系统的目标是尽可能赚取更多的钱，而所有其他考虑因素都是次要的呢？或者像哲学家尼克·波斯特罗姆（Nick Bostrom）列举的异想天开的例子那样，它的目标是尽可能多地制造回形针？又或者，就像菲利普·K.迪克（Philip K. Dick）在其 1955 年的恐怖小说《自动工厂》（Autofac）中描述的那样，它的目标是不断复制自身。显然，

229

这绝不是我们希望的。同样，如果一个人工智能系统的行动主要是基于错误的信念并且在学习过程中持续错误解释（无论是故意还是由于无能），那么这种系统肯定会带来更多麻烦，而不具有任何价值。

拥有正确的信念和目标对人工智能系统和人类来说都是非常重要的问题。首先，在未达成明确共识的情况下，谁来决定什么是正确的信念和目标？一个人工智能系统应该相信大象比狗大吗？当然应该。一个人工智能系统应该相信如果更多守法公民携带武器，整个社会将变得更安全吗？这似乎取决于你询问的人是谁。

对心智健全的成年人来说，我们可以说，他们可以看到事实依据并且自行决定要相信什么。但是身处社会中，我们在这方面无法达成共识。如果你的行为与社会普遍接受的信念相去甚远，即使你的信念可以支持你的行动，你也可能被监禁。如果你未能按照"一个理性的人应该知道的事实"行事，也就是说，当你未能展现出我们所述的常识时，也会遭受普遍指责。在很多时候，疏忽与故意行为一样，都会造成严重后果。

在我们看来，虽然可以对人工智能系统的可接受行为规定必要（necessary）条件，但由于与人类一样，我们不期望能够为其规定充分（sufficient）条件。人类的法律只规定了必须做或不能做的事情，而没有详细说明充分条件。我们意识到，即使在我们以前考虑并不周全的情况下，我们仍希望人们能够采取适当的行为。我们会根据新情况来制定新法律，但在那之前，我们希望人们能够遵循现有法律精神行事。

我们也希望人工智能系统能做到这点。我们能够想到，一个人工智能系统会遵循我们规定的所有条件，但实际上它只是机械地执行，会给我们带来无尽的烦恼。想象一下系统会给出下面这种狡辩："啊！但是你说了 A！你没提到 B。所以我只是按照你的指令行事，不是吗？"如果一个人工智能系统被故意编程成具有不友善的态度，而且专门寻找指令中的模糊性和漏洞，那么即使它按照指令执行，它也会利用这些模糊性和漏洞来达到自己的目的。我们不会希望设计一个消极对抗人类的人工智能系统。

因此，我们需要的人工智能系统不仅能根据其信念和目标行事，而且在很大程度上拥有正确的信念和目标，以及对那些未明确涵盖的事物有正确的态度。我们可能无法更加具体和准确地描述这些考虑因素。这与父母对孩子们给出的非具体指令有关：好好玩耍，注意举止，遵守规则。尽管这些指令的意图在总体上是明确的，但很难确定在特定情况下是否违反了规则。我们期望人工智能系统能具有服从的态度。

然而，我们可以坚持要求系统能做到某些事情。假设我们的人工智能系统基于我们可以理解的理由来实施行动，那我们可以坚持要求该系统在我们不同意这些理由的时候能够做出改变。如果系统选择行动 A，是因为它相信 P 并且想要 G，我们需要能考虑到这点并理解为什么我们不同意。也许问题在于 P，也许 P 是错误的。我们应该纠正这个错误的信念来改变系统的行为。"你为什么认为 P 是正确的？你不知道 Q 吗？"因此，我们可能无法确定人工智能系统的行为总是正确的，但我们应该坚信，我们可以让其变得更好。

愿景：两个基本要求

现在，我们来总结一下我们对未来自主人工智能系统提出的规范。总体而言，这涉及两个高级要求：

（1）我们将只构建那些具有行动理由的系统。它们具备我们可以理解的知识和目标，它们的行为是将这些知识用于追求这些目标的结果。

（2）我们将只构建那些能够接受建议的系统。当它们的知识或目标不完全正确时，我们能与它们进行纠正对话，而无须重新编程。

因此，我们坚持认为，未来的人工智能系统在制定决策时应具备常识性的理由，不仅是为了它们自身，也是为了我们自己。它们的行为需要对我们有意义。这与我们希望它们使用英语等语言无关。

然而，如果词语和语言并不一定是系统要求的一部分，那么是否可能构建一个人工智能系统，其行为可以用我们可以理解的方式来描述，但其构建方式与本书中间部分所讨论的完全不同？例如，为什么我们需要符号表示知识？为什么不是在类似神经元的单元之间链接的数值权重？这是一个很好的观点。我们在这里讨论的是人工智能系统的规范。事实上，并没有先验的理由要求以某种特定方式实现它。只要有效果，什么方式都可以。

然而，在第二个要求中，存在一个复杂因素。无论系统的信念如何实现，系统的架构都需要能将错误的信念或目标与系统的其余部分隔离并进行更改。这可能比其他任何因素都更有利于基于符号的描述，尽管这并不意味着我们非要使用这种方式。

在相关的注释中，第二个要求清楚地解释了为什么在一个难以理解的系统上添加某种"解释模块"是不够的。即使这样的模块能够以常识性的信念和目标来解释系统的行为，我们仍然希望得到更多。具体而言，第二个要求坚持认为，我们应该能够通过纠正错误的信念和目标来改变系统的行为。因此，信念和目标不能只是出现在解释模块的输出中的事实，它们需要能够管理系统如何实际工作。

因此，总体而言，我们希望具备常识的人工智能系统能通过学习不断完善改进。这种学习不同于那些基于重复试验或海量数据的自动化机器学习方法（尽管这种学习方法显然也很有用）。我们所考虑的更像是老师与学生之间的一对一教学，理想的状况是，老师聪明睿智，学生积极配合。纠正错误的信念或目标时，仍然不要求使用像英语这样的自然语言，只靠教师和学生之间的其他交互机制也可能达到目的。然而，自然语言很难被超越。

值得注意的是，我们上面勾勒的愿景实际上就是约翰·麦卡锡在1958年首次提出的人工智能构想（见第 1 章）的详细阐述。他描述的系统被称为"建议接受者"，旨在用符号语言表示常识性知识，并根据该知识做出行动决策。然后，通过适当地修改符号表示，即给出建议，来改变系统的行为。

机器如人

通往人类智慧之路

在第 4 章中，我们可以看到，麦卡锡在人工智能领域的这一愿景并未真正实现，原因有很多，其中可能最主要的原因是走入了专业知识的歧途，或者至少是当时认为的专业知识，从而着手研究所谓的"专家系统"。在麦卡锡的最初宣言中，并未强调其重点事项。因此，我们也不清楚，如果他能深入地研究常识，尤其是基于常识性知识进行常识性推理，是否会取得更大的成功。

无须理解就给予信任

在本章结束之际，我们重新来看上面提到的问题：未来拥有可理解性的人工智能系统（即基于我们人类可以理解的考虑因素来决定后续行动的系统）究竟有多重要呢？也许将人工智能系统的决策能力与我们人类对其的理解能力相联系并不合适，因为这样会让未来的技术进步被我们人类有限的智力能力所束缚。

首先要注意的是，当我们说一个人工智能系统的行为可理解时，我们并不是要求每个人都能理解。我们可以想象人类的交往方式。当某人涉嫌犯罪并被要求在法庭上为其行为进行解释时，我们会考虑到嫌疑人可能具有某种专业知识，并且可能出于一些陪审团（未经专业培训）无法完全理解的原因而采取了行动。"为什么嫌疑人在那个时候会按下按钮 23 而不是按钮 17 呢？嗯，这说来话长。"在这种情况下，我们可能会求助于其他没有利害关系的专家。他们必须能够理解行为背后的原因，并且让我们确信，如果我们了解该领域，我们也会理解。

人工智能系统亦是如此。我们希望能够以人类普遍理解的理由来解释该系统为何采取某种行动。但是我们应该知道，系统行动的理由不一定是严格意义上的常识，它们也可能涉及专业知识和诸如高级数学之类的难题，并非每个人都能完全理解（尽管这些最终都建立在常识的基础之上）。

难道不能突破这种限制吗？也许未来的人工智能系统能够达到非常

高级的水平，他们的行为理由远超人类的理解能力。

以国际象棋程序"阿尔法狗"为例。该程序最初只具备基本的国际象棋规则知识，但通过数百万次与自身对弈学习，逐渐成为世界上最优秀的国际象棋选手。这正是基于深度学习的人工智能系统的强大之处。正如数学家史蒂文·斯特罗格茨（Steven Strogatz）在《纽约时报》上发表的文章中所观察到的那样：

> 最令人不安的是，"阿尔法狗"似乎表现出了洞察力。它的下棋方式是前所未有的，行云流水、精彩纷呈，展现出一种浪漫而极富攻击性的风格……国际象棋大师从未见过这样的情景。"阿尔法狗"集大师的智慧和机器的力量于一身。这是人类首次见识到如此令人敬畏的新型智能……
>
> 然而，机器学习令人沮丧的地方在于算法无法表达出它们的想法。我们不知道它们为何有效，因此不知道是否可以信任它们。"阿尔法狗"发现了很多有关国际象棋的重要原理，但它无法与我们分享它的想法，至少目前还无法做到。作为人类，我们想要的不仅是答案，我们更想要洞察力。这将成为我们今后与计算机互动中的产生紧张关系的根源。

斯特罗格茨推测，也许有一天，如果最终技术具有足够益处的话，那我们就不必纠结人类是否能理解其行动理由了。

这是正确的吗？

需要注意，国际象棋是处于一个封闭的人工打造的环境，按照预设规则实施的游戏。"阿尔法狗"背后的深度学习技术可能适用于其他领域（生物学、医学、工程设计等），但这些领域同样是人为定义的环境。正如我们一直强调的，一个能够发生完全意想不到事情的世界与一个我们可以预期输入范围的世界是完全不同的。没有任何证据表明，在受约束限定的领域中工作的能力中会以某种方式神奇地自动适应现实世界中的工作。无论 AlphaOne、DeltaTwo 或 GammaNine 有多么令人印象深刻，我们不应错误地认为它们可以很好地应对现实生活中可能发生的各种事情。

让我们暂时搁置这个话题，继续进行推测。假设只是为了研讨目的，我们能够构建一种在现实世界中自主运行并表现出色的人工智能系统，但其工作原理我们完全无法理解。我们想要这样的技术吗？

有必要与人类进行类比。显然，很多人完成了杰出的工作，而其行动理由我们很难理解。想想你最喜欢的艺术家。巴勃罗·毕加索（Pablo Picasso）为何在那个地方使用了特定的颜色？威廉·布莱克（William Blake）为何选择了那些特定的词语？谢尔盖·拉赫玛尼诺夫（Sergei Rachmaninoff）为何选择了那个特定的音乐乐句？甚至连艺术家自己都不知道答案。如果我们坚持要求人们只能采取我们能够清楚理解其理由的行动，那么我们整个社会在各方面将变得极其贫乏。而国际象棋就是一种艺术。据称，"阿尔法狗"的对局棋风非常精彩。我们是否应该因为无法理解"阿尔法狗"下棋而剥夺享受的权利？

然而，生活并不是艺术。对于有些选择，我们必须理解其内在原因。想象一下，一位在法庭上辩护的律师说："法官大人，我的当事人是一位艺术家。我们不否认控方对他们行为的描述，但他们的行为是出于艺术的目的，只能从艺术的角度来评估。"这显然不是一个强有力的辩词。尽管我们并不喜欢约束想象力和创造力，但我们应该认识到，当涉及在世界上的行动，特别是可能影响他人的行动时，就需要有限制。

因此，我们认为：如果是在人工环境中操作，如棋盘、画布、书籍或计算机内的模拟世界时，就不应有任何限制。我们应该欢迎和赞赏那些能充分展现创造力和独创性的人工智能系统，不加限制，就像我们对待人类的创造力一样。这无须解释。

当涉及现实世界中的行动时，就存在两种情况。首先，如果人工智能系统并非自主行动，而是由人类监督并提供所有常识，我们应该将其行为视为由人类自己执行。在这种情况下，我们可以类似于评估人类的行为方式来评估系统的行为。例如，我们对待烤面包机和温控器就是如此。作为一种技术，非自主的人工智能系统（例如人脸识别系统）应该被视为一种高级设备。归根结底，使用人工智能技术对公民进行监视的政府与使用雷达侦测来逃避高速公路巡警的超速驾驶者并没有太大的区别。在这两种情况下，应该追究责任的是事件的人员。

如果是一个可以在现实世界中自主决策的自主人工智能系统呢？显然，就像我们不会接受人类采取的某些不能接受的行为一样，我们也不会接受人工智能的类似行为。因此，我们可以先问自己：我们会给其他人多少信任？我们是否愿意接受这样一种理由："我的行为对你或他人来说过于复杂，无法理解，但我向你保证，你肯定会对最终结果感到满意。"

有一种思考方式如下：

假设有人要求你采取某种行动，但这个行动显然会对其他人产生负面影响。你并不完全理解这个行动的理由，但有人告诉你最终结果会是正确和良好的。而且这个人是你一直非常信赖的人。

那么，你应该按照他的指示去做吗？

这并不是一个容易回答的问题，而且我们不应该假装有一个简单的答案。在某种意义上，我们被要求做出一次"信任之跃"。在电影《34街奇缘》（*Miracle on 34th Street*）中，有一句台词："信仰就是当常识告诉你不要相信时，你依然相信某件事情。"而那些没有信仰能力的人被认为是缺少了某种重要的东西。从某种角度来看，无条件地盲目服从则可能导致灾难。也许这根本不是信仰，而是一种邪教。

那么，作为人工智能研究人员，我们怎么看待这个问题呢？如果一个拥有杰出成就记录的人工智能系统作出了我们无法完全理解的决策，我们应该信任它吗？

我们认为，不应该信任。即使它有一份完美无瑕的记录，考虑到世界上的诸多奇怪事件，这是不够的。如果我们不能真正理解系统的工作

机器如人

通往人类智慧之路

原理，我们就无法知道在人们意想不到的特殊情况下它会做出怎样的决策。这样就可能随时出现灾难性的失误。

这听起来似乎有些牵强。有没有任何证据表明人工智能系统会以这种方式犯错呢？事实证明是有的。这在所谓的对抗测试案例（adversarial test cases）中已经出现过。研究人员克里斯蒂安·赛格德（Christian Szegedy）及其同事已经证明，像 AlexNet（在第 3 章提到过）这样对图像进行分类的深度学习系统是可以被欺骗的。可以找一张正确分类的图片，以让人无法察觉的方式进行修改，结果会被错误分类。AlexNet 系统最终会将调整后的校车图片归类为鸵鸟（在这里显示原始图像和调整后的图像没有意义，因为它们看起来就是两张完全相同的校车图片）。

那么，这有何意义呢？我们已经知道，这些人工智能系统并不完美，它们会出错，就像人类也会犯错一样。而且，这些人为构建的测试案例甚至不会出现在自然图像中，或者至少不以任何具有统计学意义的方式出现。从任何统计测量来看，AlexNet 的表现都非常令人印象深刻。那么我们为什么要在意它的错误呢？

我们的确应该在意，因为这些案例表明，我们并没有真正理解系统通过训练到底学到了什么。它认为校车是鸵鸟，但依据是什么呢？针对测试案例的统计数据完全无关紧要。我们能够接受系统有时会错误地对图像进行分类，但我们仍然希望相信，尽管如此，它仍然会表现出合理（sensibly）的行为，会将看起来完全相同的图像以相同的方式进行分类。然而，AlexNet 系统并不具有这个特性。所以我们关心的并不是那些编造的测试案例，而是这些案例可以表明，系统用于做出决策的标准对我们来说实际上没有任何意义。

现在想象一下，人工智能系统不是对图像进行分类，而是做出关系重大或生死攸关的决策。我们想要信任这个系统。我们想说："这个系统没问题。它以前遇到过完全相同的情况，而且总是作出了正确的决策。"但我们不能这样说。即使系统有着完美（perfect）的记录，也可能遇到以前从未遇到过的罕见事件，一些我们察觉不到的微小因素可能会导致系统完全错误地解读当前情况。正如第 3 章所述，那些看似极为罕见的事件实际上相当常见。

在某些情况下或特定案例中，人们应该信任其他人，包括人工智能系统。但这绝不能成为原则（policy）。要是整个社会都这样做，那就是不负责任。尽管这样可能会阻碍我们的技术进步，但这样是负责任的行为。

总而言之，如果我们要努力实现自主的人工智能系统（一个很宏大的设想），我们就有责任确保系统所做的大部分选择基于常识。换句话说，我们有责任确保那些不满足要求的系统永远不会在世界上自主运行。一个不具备常识的系统不应被允许在需要常识的场合中做出决策。无论人类还是未来的人工智能系统，在做出最终决策时，都应以常识为基础。

机器如人

通往人类智慧之路

结　语

我可能没有去过我打算去的地方，但我想我已经到了我需要去的地方。

——道格拉斯·亚当斯（Douglas Adams），《灵魂的漫长而黯淡的时光》（*The Long Dark Tea-Time of the Soul*）。

本书遵循的常识之路显然与人工智能的现代实践存在明显的冲突，至少在本文撰写时是这样。如今，人工智能的大部分工作都有关于深度学习，人工智能系统虽然完成了很多任务，但并不知道自己在做什么。正如我们所述，对很多任务来说，这种方法非常出色，对某些任务来说，甚至表现得非常出众。我们几乎可以在所有应用计算机的现代技术领域中看到深度学习的应用。

本书并不打算介绍如何更好地利用人工智能来完成任务，比如下围棋、翻译英文或诊断血液感染等，而是探讨人工智能系统在此类任务之外以合理的方式行事需要具备哪些条件。它探讨了当你停止做某件事情并开始思考应该做其他事情时会发生什么。如果你永远不必停止你正在做的事情，那么你对它了解得不多这个事实就不那么重要，没有人会注意到。然而，如果你必须考虑在当前情况下是否继续执行当前任务，那么你就需要对这个任务有更深入的理解，而不只是执行它。

本书所持的观点是，在这种情况下，你真正需要的是能从当前行动中退后一步，并考虑它们如何适应更大的局面。简而言之，你需要能够将自己置于一个世界中，其中存在着各种事物以及各种属性，属性可以被各种事件所改变，其中包括由你当前行动所引发的事件。这就是我们所说的世界的常识性理解（Commonsense understanding of the world）。本书的中间部分对这一观点进行了详细探讨。

因此，在这些情况下所需的更普遍的理解能力要比执行任何具体任务或多个任务的能力具有更广泛的价值。当系统设计师说："这就是我需要我的系统能做的事情"时，就局限了系统的应用范围。系统需要执行的任务可能要求很高，需要具备相当多的技能和专业知识。它可能包括：月球舱着陆、在崎岖地形中行走或推荐一部电影。然而，当面对具体任务时，工程师可以开始考虑需要处理的输入范围，甚至可以思考如何训练一个系统来处理适当类型的样本输入。如果有人试图超出预设参数来运行系统，那么他就要承担责任。系统的操作人员必须决定在聚会上播放音乐的音量，或是当交通灯卡在红色时，人们必须决定下一步该怎么办。

这种设计理念没有任何问题。这是自工业革命以来工程实践的基础。我们当然期望洗衣机、家用音响和高尔夫球车之类的机器设备能够做好它们的本职工作，但仅此而已。洗衣机不会察觉到有人将生日蛋糕藏在里面。为什么我们要期望人工智能系统有所不同呢？

这种观点并非没有道理。我们通过学习不断适应各种技术的局限性和古怪特征。也许我们需要接受这样一个事实，开发出具备人类智能的人工智能技术并不值得付出成本和努力。也许最好将智能机器视为一种对未来的幻想和憧憬，就像《星际迷航》（*Star Trek*）中的超光速火箭、陀螺车和传送装置一样。也许我们应该把这个梦想放在一边，继续努力研究，让机器在我们关心的特定任务上有更好的表现。

然而，本书探讨的重点却截然不同。我们想要从这些任务中退后一步，提出下面这样的问题：如何才能制造一个洗衣机控制器，能够明白当洗衣机中藏着生日蛋糕时运行洗衣程序不是个好主意？我们承认，考虑生日蛋糕的问题并不是洗衣机的工作的一部分，但它们确实是具有常识的人应该考虑到的因素。

本书所持观点是，表现出这种常识所需的能力与执行特定任务所需的能力完全不同，即使是需要人类智慧的任务，比如下棋。我们认为，常识能力就是能够充分利用广泛的常识性知识的能力。洗衣机控制器至少需要知道，人们为什么更关心生日蛋糕而不是衣服，如果机器开始运行会发生什么，然后利用这些知识以某种方式来推迟启动洗衣程序。

我们希望读者能够认同，理解常识以及思考机器以这种方式利用常识知识的意义本身就是有益的。而本书中提出的观点——对代表常识性知识的符号结构进行计算——确实是目前唯一的方案，我们称之为知识表示假设（KR hypothesis）。尽管从纯工程角度来看，目前并没有其他提案来解决机器如何在不受限于手头任务的情况下，基于对所处世界更全面的描述来制定决策的问题。

总之，常识不涉及复杂的任务。正如麦卡锡在六十多年前首次提出的那样，常识能够从你所知道和被告知的内容中得出简单而直接的结论，并将常识有效应用于你所要做的任何事情。

这就是拥有常识的机器的未来图景。

附　录

本附录收集了许多与第 7~8 章中所述的表示和推理有关的技术细节。

在世界模型中寻找联系

第 7 章描述了用于在两个符号之间查找路径的 FIND-PATH 过程。

FIND-PATH [x; y]:

[这里的 x 和 y 是世界模型中的符号。找出模型中从 x 到 y 的所有最短路径。此处的路径是一个序列 x (r_1, y_1)(r_2, y_2)...(r_n, y_n)，其中 (r_i, y_i) 如以下 GET-ADJACENT 的描述所示]

1.设 P 是包含一条路径的集合，即上面只有 x 的路径。

2.循环将集合 P 的值赋值给 EXTEND[P]，直到 P 为空集或者 P 包含一个最后一项是 y 的路径。

3.返回 P 中最后一项为 y 的元素（如有）。

EXTEND[P]:

（这里的 P 是一组路径，返回比 P 中路径长一步的路径）

返回所有由 p 后跟（r, v）组成的路径，使得

1.p 是 P 的元素。

2.（r, v）是 GET-ADJACENT[z] 的元素，其中 z 是 p 的最后一项。

3.v 不会出现在集合 P 中的任何位置。

GET-ADJACENT[x]:

（这里的 x 是一个符号，用于在世界模型中寻找 x 的相邻元素。）

返回所有满足以下条件的对（r, y）：在世界模型中存在列表"x 以 y 作为 r"的关系。

以及所有满足以下条件的对（r', y）：在世界模型中存在列表"y以x作为r"的关系。

（这里的 r' 表示相关角色 r 的逆向关系。）

概念模型中的继承

在第 7 章中，我们介绍了一个名为 GET–PARTS 的过程，用于执行带有取消功能的继承操作。虽然可以按照概念模型中的句子来定义此操作，但如果我们假设这些句子已经被扩展，就更容易执行此操作，就像在第 7 章末尾所述（以及图 7–5 所示）的默认值一样。因此，对于此操作，我们假设概念模型实际上包含形式为"c 以 e 作为父概念"的语句和"c 以 x 作为部分"的语句，其中 c 和 e 是表示概念的符号，x 是表示角色、限制或注释的符号。

GET–PARTS[c]:

（在概念模型中找到概念 c 继承的所有部分。我们探讨的这部分是表示角色、限制或注释的符号。）

1. 计算出所有满足以下条件的项 p：在概念 c 与某个概念 e 之间可用"是一个"来建立关联（即形式为"x 以 y 作为父概念"的语句），并且在概念模型中存在形式为"e 以 p 作为部分"的语句。调用此集合 P。

2. 反复执行：找到 P 的两个元素 x 和 y，其中 y 取消 x，并且其中 P 中没有合适的 z 可使 z 取消 y。将 x 从 P 中去除。

（注："y 取消 x"表示："y 是取消注释"并且"y 以 x 为主项"。）

3. 当没有其他元素可以从 P 中去除时，则认为 P 的剩余部分可被 c 继承。于是返回 P。

数字和序列的特殊符号

在第 8 章的表示语言 $\mathcal{L}$ 中，将常用的算术符号及其正常解释纳入其中可简化操作。例如，"$t_1 + t_2$" 是 $\mathcal{L}$ 中的特殊项，可以理解为 "t_1 和 t_2 的和"。"$t_1 < t_2$" 是 $\mathcal{L}$ 的特殊原子式，可以读作 "t_1 小于 t_2。" 对于序列，我们包括特殊符号 $[\cdots, \cdots]$ 和 |。例如，"$[t_1, t_2, t_3]$" 是 $\mathcal{L}$ 的特殊项，读作 "仅由 t_1, t_2 和 t_3 组成的序列"。而 "$t_1|t2$" 是一个特殊项，读作 "由 t_1 的所有元素后跟单个元素 t_2 组成的序列。"

回答问题

在第 8 章中，介绍了两个推理程序：TEST 和 FIND–ALL。

TEST[p]：

（确定没有自由变量的表达式 p 在当前世界模型中是否为真。）

如果以下任一条件成立，则返回 TRUE（真）[否则返回 FALSE（假）]。

1. p 的形式为 "t 是 t"，其中 t 是某个常数。

2. p 的形式为 "t 是 c"，或者其形式为 "t_1 以 t_2 作为 r"，并且 p 以当前世界模型中的原样存在。

3. p 的形式为 "并非 q"，其中 TEST[q]=FALSE。

4. p 的形式为 "q_1 和 q_2"，其中 TEST[q_1]=TEST[q_2]=TRUE。

5. p 的形式为 "q_1 或 q_2"，其中 TEST[q_1]=TRUE 或 TEST[q_2]=TRUE。

6. p 的形式为 "存在 v，其中 q"，其中 FIND–ALL[v; q] 不是空集。

FIND–ALL[$v_1, \cdots, v_n$; p]：

（查找表达式 p 的所有常量，满足其自由变量在 $v_1, \cdots, v_n$ 中为真。）

返回出现在世界模型中的所有常量组合 $t_1, \cdots, t_n$ 的集合，使得

TEST [SUBST[v_1; t_1; SUBST[v_2; t_2; $\cdots$ SUBST[v_n; t_n; p] $\cdots$]]]=TRUE。

SUBST[v; t; e]：

（用表达式 e 中的 t 项替换自由变量 v。）

1. 如果 e 的形式为"p_1 和 p_2"，则返回"q_1 和 q_2"

其中 q_1=SUBST$[v;\ t;\ p_1]$ 和 q_2= SUBST$[v;\ t;\ p_2]$。

2. 如果 e 的形式为"p_1 或 p_2"，则返回"q_1 或 q_2"

其中 q_1=SUBST$[v;\ t;\ p_1]$ 和 q_2=SUBST$[v;\ t;\ p_2]$。

3. 如果 e 的形式为"并非 p 的情况"，则返回表达式"并非 q 的情况"，其中 q=SUBST$[v;\ t;\ p]$。

4. 如果 e 的形式为"存在 u，其中 p"，则如果 u 为 v，则返回 e 不变，否则返回"存在 u，其中 q"，其中 q=SUBST$[v;\ t;\ p]$。

5. 如果 e 是由符号序列"$s_1\ s_2...\ s_n$"组成的任何其他表达式，然后返回序列"$w_1\ w_2\ \cdots\ w_n$"，其中当 s_i 是变量 v 时，w_i 是 t，否则 w_i 是 s_i。

处理派生属性

在第8章中，我们介绍了派生子句。当存在适合于 p 的派生子句时，上面提到的 TEST$[p]$ 过程也应该返回 TRUE。其想法如下：

假设存在一个派生子句"如果 q，则 e"，其中 e 使用变量 v_1，v_2，$\cdots$，v_n。假设 p 是一个和 e 完全相同的表达式，只是它使用了 t_1，t_2，$\cdots$，t_n 项：

p=SUBST$[v_1;\ t_1;$ SUBST$[v_2;\ t_2;\ \cdots$SUBST$[v_n;\ t_n;\ e]\cdots]$。

如果 TEST$[q']$=TRUE，则 TEST$[p]$ 应返回 TRUE，其中

q'= SUBST$[v_1;\ t_1;$ SUBST$[v_2;\ t_2;\ \cdots$SUBST$[v_n;\ t_n;\ q]\cdots]]$。

换句话说，只要存在派生子句"如果 q，则 e"，TEST$[p]$ 就返回真值，其中 e 与 p 匹配，用于某些变量替换，并且对应的 q 为真。请注意，带有顶层析取的子句，如"当 q_1 或 q_2 时，则 e"，在用于 TEST 过程时，等同于较小的子句，如"如果 q_1，则 e"和"如果 q_2，则 e"。

机器如人

通往人类智慧之路

作为派生属性的犬种

在第 6 章中讨论的犬种属性可以通过对所有情况的大型析取操作进行处理，作为狗的一个派生属性。

狗：d 以犬种：b 作为其犬种

如果

狗：d 是哈巴狗并且犬种：b 是"哈巴狗"，或

狗：d 是比熊犬并且犬种：b 是"比熊犬"，或

狗：d 是杰克罗素梗犬和犬种：b 是"杰克罗素梗犬"

或者……

继续对所有 339 个犬种进行这种析取（无论怎样，我们不希望用字符串的形式来表示犬种，而是希望用字符串来作为其英文名称）。例如，我们可以这样表述：

狗 #227 是一只杰克罗素梗犬（jackRussellDog）。

在世界模型中，我们可以在如下表达式中使用 FIND-ALL

狗 #227 以犬种：u 作为其犬种。

并使用此子句获取答案：字符串 "Jack Russell Terrier"（杰克罗素梗犬）。

在一个更复杂的应用场景中，我们先在世界模型中构想 Dog#228 是一只狗，了解到狗：228 以哈巴狗作为其犬种为真，并希望扩展模型以包含此信息，如第 7 章所述。我们可以使用上面的犬种子句，视情况简化表达式，例如，等式 "哈巴狗"="哈巴狗" 永远为真，但是等式 "哈巴狗"="比熊犬" 永远为假，通过简化表达式，即可知表达式狗 #228 是一只狗一定为真，然后再转到典型属性，例如凸出的眼睛和卷曲的尾巴。

关于行为导致的变化的推理

假设世界模型中包含三种门事件的表示形式，事件 #816、事件 #817 和事件 #818：

事件 #816 是一个开门事件。事件 #816 将门 #58 作为对象。

事件 #817 是一个关门事件。事件 #817 将门 #58 作为对象。

事件 #818 是一个关门事件。事件 #818 将门 #59 作为对象。

可以看到，常识性惯性定律背后的推理在以下对具有单个自由变量 State：u 的表达式的 FIND-ALL 运算中得到了充分的体现：

FIND-ALL[Door#58 has State：u as a doorState after []] = "open"

没有事件发生，门 #58 处于打开状态（因为我们假设门的初始状态是打开的）。

FIND-ALL [Door#58 has State：u as a doorState after[Event#817]] = "closed"

关闭门 #58 后，门处于关闭状态。

FIND-ALL [Door#58 has State：u as a doorState after [Event#818]] = "open"

关闭门 #59 后，门 #58 保持打开状态。

FIND-ALL [Door#58 has State：u as a doorState after [Event#817, Event#816]] = "open"

关闭又打开门 #58 后，门再次恢复为打开状态。

FIND-ALL[Door#58 has State：u as a doorState after [Event#817, Event#816，Event#817]] = "closed"

关闭、打开、关闭门 #58 后，门 #58 处于关闭状态。

FIND-ALL[Door#58 has State：u as a doorState after [Event#817, Event#816，Event#818]] = "open""

关闭又打开门 #58 后，并且关闭门 #59，门 #58 处于打开状态。

执行一个操作序列

回顾第 8 章中关于模拟变化的惯例，我们可以通过在派生子句的嵌入表达式中加入"之后"，来将"之后"与任何派生属性一起使用。这也包括可能（Possible）属性。以此为基础，我们就有了一个派生属性可能序列（Possible Sequence），可以说明主体可引发某个事件序列，可用以下两个子句描述：

当序列：s 为 [ ] 时，序列：s 是主体：x 的可能序列。

序列：s| 事件：e 是主体：x 的可能序列

序列：s 是主体：x 的可能序列，并且

事件：e 对于序列：s 之后的主体：x 是可能发生的事件。

这表明，空的操作序列总是可以执行，并且如果可以（递归）执行序列 t_2，则非空序列 $|t_2$ 可以执行，并且在序列 t_1 执行完毕后，主体可以执行最终操作 t_2。

关于可以执行哪些操作的推理

假设在当前状态下，门 #58 是打开状态，人 #17（约翰）不在那扇门附近，但是在当前状态下，约翰可以执行一个移动事件，即事件 #357，这样约翰就会来到门附近。然后，我们得到以下结果：

TEST[Person#17 is near Door#58] = FALSE

约翰现在不在门口。

TEST[Person#17 is near Door#58 after [Event#357]] = TRUE

约翰移动到门口。

TEST[Event#817 is possible for Person#17] = FALSE

约翰现在无法关门。

TEST[Event#357 is possible for Person#17] = TRUE

约翰现在可以移动到门口。

TEST[Event#817 is possible for Person#17 after [Event#357]] = TRUE

约翰可以移动到门口并把门关上。

TEST[[Event#357，Event#817] is a possibleSequence for Person#17] = TRUE

约翰可以执行序列"移动到门口并把门关上"。

在附加章中，使用了以下表达式缩写：

- t_1，t_2，$\cdots$，t_n 互不相同（distinct）。

  用于代表如下表达式：

  非此情况（It is not the case）……或 or t_i 是 t_j 或 or……，

  其中各析取项覆盖了所有满足条件 $i < j \leqslant n$ 的索引对。

- 以下各对 $t_1t'_1$，$t_2t'_2$，$\cdots$，$t_nt'_n$ 互不相同（distinct）。

  用于代表如下表达式：

  非此情况（It is not the case）……或 or t_i 是 t_j 并且 t'_i 是 t'_j 或 or……，

  其中各析取项覆盖了所有满足条件 $i < j \leqslant n$ 的索引对。

- 至多存在 n 个 c（表达式中的"是"和 c 可能为复数形式）

  用于代表如下表达式：

  非此情况 It is not the case

  存在（there is）1 个 v_1，$\cdots$，1 个 v_n，和 1 个 v，其中 where

  v_1，$\cdots$，v_n，v 互不相同，distinct

  v_1 是 1 个 c，$\cdots$，v_n 是 1 个 c，v 是 1 个 c，

  其中，所选的变量 v_i 和 v 互不相同。

- 至多存在 n 个 r（表达式中的"是"和 c 可能为复数形式）

  用于代表如下表达式：

  非此情况（It is not the case）

  存在（there is）1 个 v_1，1 个 u_1，$\cdots$，1 个 v_n，1 个 u_n，1 个 v 和 1 个 u，其中 where

  v_1，u_1，$\ldots$，v_n，u_n，v，u 互不相同（distinct），

  v_1 将 u_1 作为 1 个 c，$\cdots$，v_n 将 u_n 作为 1 个，并且 v 将 u 作为 1 个 r，

  其中，所选的变量 v_i，u_j，v，和 u 互不相同。

附加章——常识的逻辑

逻辑就像威士忌，过量使用就会失去其益处。

——邓萨尼勋爵（Lord Dunsany），引自詹姆斯·R. 纽曼（James R. Newman）《数学的世界》（*The World of Mathematics*）一书

在第 7~8 章中，我们论述了如何在世界模型中表示知识（借助概念模型和派生子句），以及如何通过这样的模型计算出哪些 $\mathcal{L}$ 语言表达式应被视为真。本附加章面向希望深入研究相关问题的人，从逻辑角度出发重新研究推理过程，同时获得了重要的经验教训。

本书探讨的推理过程显然与经典（演绎）逻辑内容相关。在逻辑学中，我们从一些前提或假设出发，根据逻辑规则，我们就知道哪些语句应被视为真实的逻辑结论。唯一的真正的区别是，在第 7~8 章中，推理始于世界模型，而非一组初始设定为真的前提。在逻辑中，前提通常被视为公理（axiomatic），以绝对的数学确定性为基础，因此结果也将确保为真，即数学定理。但逻辑实际上关注的是一些前提为真时的推论结果，无论它们的确定性如何。对确定性的强调并不是逻辑的固有特征，显然也不是常识的所需条件。

但就常识的运作而言，从世界模型入手来进行知识表示有多重要呢？既然我们现在可以使用 $\mathcal{L}$ 表达式，那么我们能否仅利用 $\mathcal{L}$ 表达式来表示已知内容而完全摒弃世界模型呢？Cyc 项目的道格·雷纳特（Doug Lenat）等其他研究人员认为，应该通过丰富和极具表现力的逻辑（甚至是所谓的高阶逻辑）来表达常识，甚至是高阶逻辑。我们为何不照做呢？

本章更深入地探究了上述问题，并表明，虽然我们可以用 $\mathcal{L}$ 表达

式而非世界模型来表示知识，但我们也有充分的理由不去这样做——理由是我们要以更小的数量来处理逻辑。特别是，本章还表明，如果要通过 $\mathcal{L}$ 表达式得出作为前提的结论，所需的计算要求通常非常苛刻，无法作为常识的基础。事实上，我们完成了进一步工作：证明了世界模型可被视为受到足够限制、可以接受更适度的逻辑推理形式、更适合日常常识需求的特殊 $\mathcal{L}$ 表达式。

作为生动表达式的世界模型

我们回顾一下第 7 章所述的世界模型示例，其中涵盖了以下 7 个项目：

人 #17 是一个人。

人 #17 的名字是"约翰"。

人 #17 的出生事件是事件 #23。

时间点 #24 是一个时间点。

时间点 #24 的所属年份是 1979 年。

事件 #23 是一个出生事件。

事件 #23 的时间是时间点 #24

上面表述涵盖了有关世界的哪些信息？根据伯特兰·罗素的建议（参见第 6 章），我们应该将这个世界模型视为存在的事物及其具有的属性：存在一个具有特定属性的人、出生事件和时间点。至于选择什么名字，如人 #17，则无关紧要。因此，该世界模型涵盖的信息与通过将上述常量替换为变量的表达式所表达的信息类似。

有一个人：x，一个时间点：y，一个事件：z，其中 where

人：x 是一个人，

人：x 的名字是"约翰"，

人：x 的出生事件是事件：z，

时间点：y 是一个时间点，

时间点：y 的所属年份是 1979 年。

事件：z 是一个出生事件。

事件：z 的时间是时间点 #24

但是还有更多。例如，表达式：

存在事物：u，其中，事物：u 的名字是"哈利"。

根据世界模型（和 TEST 过程），该公式被视作错误，但是上面的表达式（即包含人：x、时间点：y 和事件：z 的表达式）并未表明错误。

在使用世界模型的过程中，我们意识到，我们并非为整个世界建模：世界上的事物纷繁复杂，属性五花八门，而且，我们对大多数属性一无所知。一个世界模型只能涵盖处于某种状态的世界片段。

当我们认识到世界模型只能涵盖世界上部分事物时，也就认可其只能表示这片段中存在的所有事物以及所有相关属性。这有时被称为对表示的"封闭世界"解释。我们可以将世界模型视作其表示的世界片段的相似物（analogue）。世界片段中的事物与世界模型中的符号（包含 #）一一对应，世界片段中事物的基本属性与世界模型中的相应符号结构同样一一对应。世界模型与世界片段具有部分对应关系，就像模型飞机与真实飞机也具有部分对应关系一样。

关于这一点，还需要很多论述。值得注意的是，我们根据模型表示的信息得出了结论，同时还根据其未表示的信息得出了结论。根据模型的相似部件，我们得出结论：飞机各机翼下方都有一个喷气发动机。同时，我们还得出结论：鉴于模型没有相应部件，飞机尾翼下没有喷气发动机。

对于世界模型，也是同理。例如，可以通过统计世界模型中具有某种属性之符号的数量，确定世界上具有该等属性的人数。可以通过在世界模型中查看某个人的符号是否与另一个人的符号正确连接，确定在现实世界中，这两个人是否存在某种关联。这正是我们期待的世界模型用途。

借助上述封闭式世界解释，有一种可以涵盖世界模型所表示的全部信息特殊 $\mathcal{L}$ 表达式，称为生动表达式，其一般形式如下：

存在变量（Variables），其中有不同（distinct）、中间（middle）、

最多（most）。

　　详细信息：在该表达式中，"变量（Variables）"是一个变量列表，对应世界模型中各命名个体（字符串、数字和序列除外）；"不同（distinct）"是一个缩写，表示个体彼此不同（详细信息参见附录）；"中间（middle）"是一个原子式序列，与世界模型相同，不同之处在于，使用变量而非常量（如上所述）；"最多（most）"是一个缩写序列（参见附录），缩写以"最多"开头，涵盖世界模型中的所有概念和角色，同时考虑"中间"部分中涉及概念或角色的原子式的数量。

　　对于具有上述 7 个项目的世界模型，生动表达式如图 1 所示。生动表达式表明，该世界中存在 3 种不同事物，且均具有列出的 7 种属性，不多也不少（严格地说，生动表达式需额外说明：需排除不具有命名概念和角色之任何属性的事物的可能性。本书忽略该复杂性）。

存在 There is:
　　1 个人：x、1 个时间点：y 和 1 个事件：z　　　变量
其中 where

人：x、时间点：y 和事件：z 不同　　　不同（distinct）

人：x 是一个人，
人：x 的名字是"约翰"，
人：x 的出生是事件：z，
时间点：y 是时间点，　　　　　　　　　　　中间（middle）
时间点：y 的所属年份是 1979 年，
事件：z 是出生事件，
事件：z 的时间是时间点：y，

最多有 1 个人，
最多有 1 个时间点，
最多有 1 个出生事件，
最多有 1 个名字，　　　　　　　　　　　　　最多（most）
最多有 1 个所属年份，
最多有 1 个出生，以及
最多有 1 个时间。

图 1　一个生动表达式的世界模型

机器如人

通往人类智慧之路

生动表达式突显了世界模型在表示信息方面的不受限制，杜绝了存在所列事物或属性以外事物或属性的可能性。

然而，在约翰出生年份未知的世界中，该如何表示知识呢？或者，在希望保留存在其他个体可能性的世界中，又该如何表示知识呢？

正如第 6 章首次指出，这需要不同的表示方式。须改变方向，不能像在世界模型中那样直接表示事物及其属性，而是表示有关事物及其属性的信息。使用 $\mathcal{L}$ 的非生动表达式最容易实现这一目标。

非生动的知识表示

为了解运作方式，我们再次回顾第 6 章所述的高中舞会示例。对于第一个变量（参见图 6-2），根据给定信息直接构建世界模型并不困难：列出所有相关个体及其各自属性。如下所示：

男孩 #51 是 1 个男孩。男孩 #52 是 1 个男孩。男孩 #53 是 1 个男孩。

女孩 #54 是 1 个女孩。女孩 #55 是 1 个女孩。女孩 #56 是 1 个女孩。

男孩 #51 的名字是"鲍勃"。男孩 #52 的名字是"比尔"。

男孩 #53 的名字是"布拉德"。女孩 #54 的名字是"加比"。

女孩 #55 的名字是"盖尔"。女孩 #56 的名字是"吉娜"。

男孩 #51 的舞伴是女孩 #56。

男孩 #52 的舞伴是女孩 #55。

男孩 #53 的舞伴是女孩 #54。

该模型中 3 个男孩和 3 个女孩，他们都有名字，比尔（男孩 #52）的舞伴是盖尔（女孩 #55）等（为简单起见，舞伴设定为男孩的属性。也可以进行更对称的表示）。该世界模型的图表请参阅图 2。

根据上述方法，图 3 呈现了涵盖相关信息、略显冗长的生动表达式。总之，有 3 个男孩、3 个女孩、6 个名字属性和 3 个舞伴属性，与

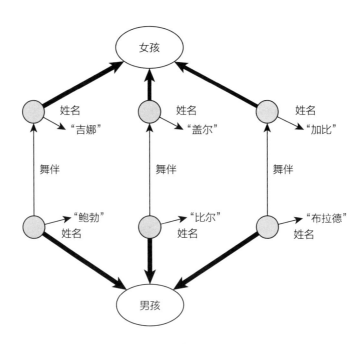

图 2 　世界模型舞伴示例

世界模型所列信息相同。

　　现在，我们来看图 3 中舞会的第 2 个变量（逻辑思考题）。很明显，我们无法为其构建世界模型。我们必须将鲍勃的符号与其舞伴关联，但现在只知道他的舞伴不是盖尔。那么我们应该如何关联呢？虽然无法在世界模型中直接表示给定信息，但可以使用 $\mathcal{L}$ 的非生动表达式表示信息。替代以下 3 个项目即可得出该表达式：

男孩：u 的舞伴是女孩：z

男孩：v 的舞伴是女孩：y

男孩：w 的舞伴是女孩：x

图 3 所示的生动表达式涵盖了以下 9 个项目：

存在人：p，且男孩：u 的舞伴是人：p

存在人：p，且男孩：v 的舞伴是人：p

存在人：p，且男孩：w 的舞伴是人：p

存在人：p，且人：p 的舞伴是女孩：x

存在：

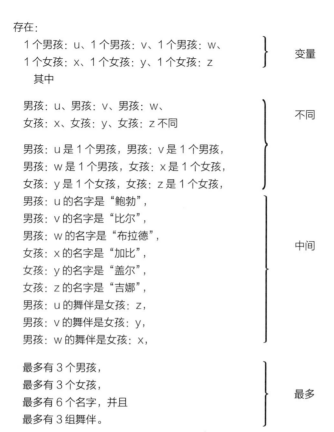

图 3　舞会示例的生动表达式

存在人：p，且人：p 的舞伴是女孩：y

存在人：p，且人：p 的舞伴是女孩：z

男孩：u 的舞伴不是女孩：y

男孩：w 的舞伴不是女孩：y

男孩：w 的舞伴是女孩：x，或

男孩：v 的舞伴是女孩：x

得出的以上表达式无法确定舞伴组合，相反，只能说明 3 个男孩的舞伴可能是某个女孩，而 3 个女孩的舞伴可能是某个男孩，并给出了 3 条线索：鲍勃的舞伴不是盖尔，盖尔的舞伴不是布拉德，加比的舞伴可能是布拉德或比尔。

该如何评价这两个舞会表达式呢？生动表达式以及范围更广的非生动表达式中的哪一个？从逻辑角度看，两个表达式是等效的：如果其中一个表达式成立，那么另一个表达式也成立。如果先看生动表达式，给定信息包括鲍勃的舞伴是吉娜等，我们会发现，非生动表达式也成立，例如，鲍勃的舞伴不是盖尔，加比的舞伴可能是布拉德或比尔。同样，如果先看非生动表达式，给定信息包括鲍勃的舞伴不是盖尔等，假设解开了谜题，我们会发现，生动表达式也成立，例如，鲍勃的舞伴是吉娜，盖尔的舞伴不是比尔，布拉德的舞伴是加比。

　　两个表达式显然不完全相同。如上所述，在第一种情况下，分析鲍勃的舞伴非常容易，但在第二种情况下，分析鲍勃的舞伴则需要解开谜题。

　　总之，每个世界模型都有一个涵盖相同明确信息的 $\mathcal{L}$ 表达式，反之则不然。$\mathcal{L}$ 表达式可以省略在世界模型中需要详细说明的细节。事实上，可以轻松构建出比上述非生动表达式省略更多信息的非生动表达式。

　　例如，从图 3 所示的生动表达式去掉不同和最多部分。思考可能得出成立表达式的世界模型：可能仍会得出鲍勃的舞伴是吉娜这样的结论，但同时还存在其他可能性。例如，鲍勃可能与布拉德的属性相同，例如，他们的舞伴都可能是加比。此外，鲍勃的舞伴也可能是给定 3 个女孩以外的其他女孩（就这一点而言，其他男孩的情况也一样）。在这种情况下，确定鲍勃的舞伴是吉娜以外的一个女孩，仅解开谜题是不够的，因为没有确认所需的信息。

　　回到最开始的问题，在表示知识方面，$\mathcal{L}$ 表达式能替代世界模型吗？答案是肯定的。根据封闭式世界解释，每个世界模型都有一个涵盖相同明确信息的 $\mathcal{L}$ 生动表达式（包含相关"不同"和"最多"子表达式）。但有些 $\mathcal{L}$ 表达式超出世界模型的表示范围。像 $\mathcal{L}$ 表达式这样的语言，其表达能力取决于其保留的可能性以及未能解开的谜题。利用世界模型表示知识（以及概念模型和派生子句），显然是限制在可表示的知识类型中。

这样做的理由是什么？为什么要将可以表示和推理的知识类型限制在生动表达式中？我们将在最后一节讨论这个问题。下面，我们将通过一个更简单的示例，更深入地探究生动表达式与非生动表达式的区别。

🧠 生动与非生动的界限

从第 6 章所述的舞会示例可以看出，非生动表达式是逻辑思考题的形式，包含以下信息：

鲍勃的舞伴不是吉娜。

加比的舞伴是布拉德或比尔。

须使用逻辑运算符表示，如"不是""或者"和"存在"。我们也可以不使用逻辑运算符构建思考题。例如：

杰克、安妮和乔治同在一个房间里。杰克正在看着安妮，安妮正在看着乔治。杰克已婚，乔治离异。

是否有一位已婚人士正在看着一位未婚人士？

首先应注意，答案并非显而易见。事实上，心理学家对受试者测试过这个问题，大多数受试者认为，问题陈述未能提供足够信息，无法得出唯一答案。安妮的婚姻状况未知，因此无法回答该问题。

事实是，可以根据给定信息得出上述问题的答案。要找到答案，应考虑安妮的婚姻状况：如果安妮已婚，那么答案是一位已婚人士安妮正在看着一位未婚人士乔治；如果安妮未婚，那么答案同样是一位已婚人士杰克正在看着一位未婚人士安妮。我们不知道安妮是否已婚，但这不重要。无论安妮是否已婚，都有一位已婚人士正在看着一位未婚人士。因此，这个思考题与舞会思考题大同小异，可以通过解开思考题得出答案（请注意，在这个思考题中，没有足够信息确定是否有一位未婚人士正在看着一位已婚人士）。

如果上一节的分析正确，就无法使用世界模型（或生动表达式）表示给定信息。但以下：

人 #31 是一个人。人 #31 的名字是"杰克"。

人 #32 是一个人。人 #32 的名字是"安妮"。

人 #33 是一个人。人 #33 的名字是"乔治"。

人 #31 正在看着人 #32。

人 #32 正在看着人 #33。

人 #31 的婚姻状况是"已婚"。

人 #33 的婚姻状况是"离异"。

这似乎表示出了给定信息。这样的世界模型无法得出答案吗？

是的，无法得出答案。问题是，基于世界模型的封闭式世界解释，以下表达式：

人 #33 的婚姻状况是"已婚"。

根据该世界模型（视情况而定：乔治的婚姻状况是"离异"）判断，该表达式错误，而以下表达式：

人 #32 的婚姻状况是"已婚"。

也错误，因为世界模型中未说明安妮的婚姻状况。事实上，在上述两种情况下，TEST 操作均会得出错误答案。换言之，在该世界模型中，安妮和乔治都没有已婚属性，但谜题只说明了乔治的婚姻状况，并未说明安妮的婚姻状况，无从得出安妮未婚的结论。因此，该世界模型（或相应生动表达式）未能正确表示给定信息（可以使用非生动表达式，如实表示给定信息，如上一节所述。可以在表达式中使用"存在"，以表示安妮具有婚姻状况，但无须详细说明）。

以上论述表明，导致谜题难以解开的原因，不是问题陈述中存在"不是"或"或者"等运算符，而是遗漏了在世界模型中表示给定信息以及解开谜题所需的相关细节。

请注意，如果问题陈述中说明了安妮的婚姻状况，推理将完全不同。考虑以下变量：

杰克、安妮和乔治同在一个房间里。杰克正在看着安妮，安妮正在看着乔治。杰克已婚，安妮单身，乔治离异。

是否有一位已婚人士正在看着一位未婚人士？

现在，我们可以清楚地确定已婚人士和未婚人士，分别是杰克和安妮。如果安妮的给定婚姻状况是已婚、丧偶或离异，答案也是一样。在每种情况下，均能轻松判断出：有一位已婚人士正在看着一位未婚人士。从我们的角度看，包括安妮婚姻状况在内的变量之所以容易推理，是因为可以从世界模型中准确找到相关信息。

可供常识参考的经验教训

我们可以观察到，人们更容易用世界模型中足够具体的信息来推理，而这正是本书中提出的常识机制的核心。

为了说明这点，我们再来看舞会示例。下面的表达式可以说明，鲍勃的舞伴是吉娜：

存在人：x 和人：y，其中

人：x 的名字是"鲍勃"，

人：y 的名字是"吉娜"，以及

人：x 的舞伴是人：y。

舞会示例的两个变量使该表达式得出了逻辑结果。也就是说，如果给定生动表达式或非生动表达式，即可根据逻辑规则确定以上表达式是否成立：两种表达式均在逻辑层面表明，鲍勃的舞伴是吉娜。

但两种表达式存在区别，而且是计算区别。在生动表达式下，可以使用相关世界模型的 TEST 程序，轻松确定以上表达式是否成立。可以改变 TEST 过程，以直接作用于生动表达式而非世界模型，并得出答案，这并不困难。

但在非生动表达式下，上述具体策略不起作用。确定以上表达式是否成立，需要分析非生动表达式提供的信息，之后采取必要措施，以解开谜题。一般而言，在没有生动限制的条件下，确定一个表达式是否是另一个表达式的逻辑结果，需要相当大的逻辑机制—与逻辑教科书中介绍的逻辑机制相近（且超出本书范围）。此类计算可能适用于逻辑谜题推理，但远超出普通常识范畴。

关键在于：我们需要足够简单的常识性推理，以实现全自动化常规计算，无须大量劳动或谨慎监控，即使涉及庞大的知识库。我们认为，存在基于具有该等特性之经典逻辑的一般推理形式。但这种逻辑应以限制形式为前提：生动表达式。如果我们放弃世界模型的封闭式世界解释，逻辑推理将变得要求过高，无法实现上述目的（关于成立与否的推理：什么成立，什么将会成立，或者如何使某项内容变得成立。更具联想性的推理，例如，x 与 y 有何种关联，或者更具类比性的推理，例如，P 如何与 Q 相近，均需要自行分析）。

这正是使用世界模型（以概念模型和派生子句扩展）作为常识性推理依据的关键计算理由，也是为什么常识可以基于逻辑推理，无须涉及错综复杂的逻辑。总之，逻辑专业知识并非常识的先决条件。

这也有助于理解以下奇怪现象：在逻辑谜题以外的常识背景下，人类似乎被迫补充给定信息中遗漏的细节。例如，如果我们被告知一只狗围着一棵树不停地追一只猫，如果不想象这只狗在朝顺时针或逆时针方向追这只猫，脑海中就很难出现画面。如果我们被告知一个年轻女孩站在前总统罗纳德·里根（Ronald Reagan）身边拍照，如果不想象这位女孩站在总统的左边或右边，脑海中同样很难出现画面。这种现象与心理学家所说的记忆重建（reconstructive memory）有关，我们之前也谈到过：在尝试回忆之前经历或被告知的事情时，我们最终会回忆起各种相关的、当时并未留意的细节。原则上讲，逻辑表达式可用于表示给定信息，且不用说明额外细节（例如，以上加比日期示例），但人们似乎倾向于采用更具体的心理表示。有人可能认为，可以从视觉图像角度解释这一现象：我们并不仅在想象狗猫事件，而是在脑海中想象某个视觉场景，而这个视觉场景呈现出了顺时针或逆时针方向追逐。然而，正如第 4 章所述，视觉图像本身并不是非常适合常识性推理的表现类型。也许更好的说法是，真实或想象的视觉场景生成了（或以某种方式连接）世界模型，这些模型是对世界的类比，类似于图像，可以通过比较容易的计算推理方式进行处理。

值得一提的是，逻辑与常识之间存在某种终极和微妙的联系。当我们说表达式可信时，即指这种表达式可以根据世界模型（通过 TEST 过程计算）来判定其成立。因此，实际上有两个不同概念：一种是可以直接表示在世界模型中的信息，如上所述，其在逻辑形式上受限；另一种是可信的表达式，这是一个更大的集合，可以更自由地使用逻辑运算符。需谨记：一个可信的、逻辑复杂的表达式，一定有一个简单的世界模型支撑。例如，表明鲍勃的舞伴不是盖尔的表达式，如果这个表达式可信，不过是因为世界模型中指定了鲍勃的舞伴，而且恰好不是盖尔。

这种理解相信的方式引发以下令人惊讶的结论：

如果一个表达式 P 可信，且表达式 P 在逻辑上涵盖表达式 Q

那么，表达式 Q 也可信。

这就是逻辑蕴涵中的"封闭式"信念。然而，重要的是，应强调无法从这一事实得出以下结论：主体肯定是某种逻辑向导，能够进行任何数量的逻辑推理，可以从表达式 P 推导出其涵盖的任何内容。[这就是哲学家亚科·欣蒂卡（Jaakko Hintikka）提出的逻辑全知。] 事实上，我们没有说过主体能够通过上述方式，从表达式 P 推导出相关内容；表达式 P 须从世界模式开始推理。正确结论是：如果主体能够从世界模型（或生动表达式）得出表达式 P，那么也可以从同一世界模型得出表达式 Q。从外部角度，也许能够看到表达式 P 到表达式 Q 之间存在逻辑联系，但并不强求分析常识的主体看到这一联系。

⚙ 某些混乱和局限性

本节探讨了以下观点：虽然从世界模型得出结论是一种可行的常识性推理形式，通常无须从表达式得出结论。但在表示和推理方面，我们忽略了许多微妙之处，通过部分观察得出结论。

首先，推理方面。尽管相较不受限的逻辑推理，之前的 TEST 和 FIND-ALL 操作的确相对容易，但在某些情况下，这两种操作对常识应用而言仍要求过高。

例如，想象一下，在涉及 5 个变量的情况下，通过 TEST 确定"存在"表达式是否成立。在这种情况下，TEST 需判断其能否在世界模型中找到 5 个常量组合，以使表达式成立。假设该世界模型涉及 1000 个常量，但 TEST 可能需要查看 1015 个组合，以找出可使表达式成立的一个，即使每秒可以查看 10 亿个组合，也需要十多天才能全部完成！

但也有缓解因素。其中一个是，很少需要找到 5 个彼此关联的变量的组合。常量是成对的，或三元组，每组很少超过 3 个变量。另一个是，相较彻底查看所有组合，TEST 的效果更好，可以由下而上、递增计算得出 5 个变量的 FIND-ALL 答案。例如，如果表达式是一个合取式，且包含：

人：x 的朋友是人：y

作为其合取之一，答案只需要包含在世界模型中与朋友属性相关的人：x 和人：y 的值，无须查看所有 10^6 个组合。如果表达式中还有仅包含这两个变量的其他合取，查看数量将进一步减小。如果对于另一变量人：z，有一个合取式：

人：z 的兄弟是人：y

那么，答案只需要包含在世界模型中兄弟是人：y 的人：z 的值，无须查看所有 10^9 个三元组合。以此类推。这就是所谓数据库合取查询评估的依据，并且已经在实践中证明非常有效，即使是对于庞大的数据库也是如此。

机器如人

通往人类智慧之路

TEST 的另一个复杂问题涉及递归。尽管我们可以通过 TEST 在世界模型中查看父母关系链（参见第 8 章），但实际上，这一操作的工作量非常大。我们能否保证 TEST 总能停止扩展递归定义，并得出最终答案吗？答案是否定的。具有递归定义的属性会导致 TEST（或任何计算引擎）永久运行。这里的缓解因素是：对于常识性目的，递归只会以有限的方式使用，例如，用于传递性闭包（例如，从父母到祖先）。针对这种情况，可使用专用机制。

一个相关复杂问题涉及数字。可以轻松修改 TEST，使其执行必要计算，判定没有变量（例如，$2 \times 3 < 5+4$）的表达式成立。但不应期待 TEST 能够作为常识性推理的一部分，评估有变量的算术表达式。例如，除 2 以外，有没有哪个偶数不是两个质数之和？甚至专家也不知道答案。缓解因子：当涉及变量时，将 TEST 和 FIND-ALL 操作限制为查找世界模型中出现的常量。例如，表达式 6 < 数：x 的 FIND-ALL 将只得出世界模型中出现的大于 6 的（有限多个）数字常量，而不会尝试得出无限多个大于 6 的数字。

序列也存在相同问题，如第 8 章规划部分所述。不能通过像 FIND-ALL 这样的操作定位实现某个目标的动作序列，除非世界模型中有表示该等动作的常量。我们期待在世界模型中看到之前被证明有用之行动的表示。（第 2 章论述的常识关键元素之一。）如果动作不是原始动作，则会在世界模型中与一系列原始动作相关联。FIND-ALL 操作应该能够定位记忆中的动作序列，以便进行规划。如第 9 章所述，这种更有限的规划概念更适合常识目的。根据基本原理构建全新动作序列要求过高，适用于逻辑思考题推理。

其次，我们来看"表示"问题。我们提出，基本知识应在世界模型中表示（参见第 7 章），而以表达式所表达的信念应从这些模型中派生出来（参见第 8 章）。这样，就不用在缺少具体事物相关细节、同时涉及属性的情况下处理不完整知识（参见第 6 章）。本章论述处理不完整知识需要解开逻辑变量，超出常识范围。

然而，还存在其他形式的不完整知识。例如，一本推理小说讲述了一起谋杀案，有 3 名嫌疑人。想象一下，在世界模型中，3 个常量代表 3 个嫌疑人以及关于他们的各种事实，如第 7 章所述。在发现其中一人是凶手后，方案即失败。从某种意义上说，这本推理小说确实是一个谜题。我们承认，在找出凶手之前，可能需要处理得出结论前无法得出的线索，与舞会示例相同。

尽管如此，在解开谜题之前，仍需推理出凶手是谁。例如，常识包括：凶手出生在某地，有母亲，需要呼吸等，与其他两人无异。如果必须等到找出凶手之后才能得出结论，就不会对小说有深入理解。例如，如果在故事开头讲述凶手早餐吃了格兰诺拉麦片，就能够得出结论：凶手早餐吃了什么，而不必首先弄清楚凶手是谁。

那么，如何在世界模型中表示不完整知识呢？最明显的答案是：应该在世界模型中使用第 4 个常量代表凶手。然后，将凶手信息表示为一个人，并从中得出结论，与对 3 名嫌疑人的做法一样。

不过，这样做也会有问题。首先，无法假设各 $\mathcal{L}$ 表达式成立或不成立。例如，如果第一个嫌疑人表示为人 #92，凶手表示为未知人 #17，则以下表达式：

人 #92 是未知人 #17。

不能仅因为这两个常量不同就判定为不成立，迄今为止这是惯例。在该虚构世界中，有 3 个人，但有 4 个常量。因此，显然应改变 TEST 操作。（如第 7 章所述，将约翰的出生地点表示为空间点 #25，但确实不知道该空间点是否不同于已考虑的波士顿其他空间点。）

要了解涉及的某些复杂问题，请注意，以下表达式：

存在（There is）人：x，其中，人：x 是一个人，而且，and
人：x 不是未知人 #17。

应该判定为成立，即使不能指定 4 个常量之一替代人：x，以使嵌入表达式成立。因此，在等式表达式和其他表达式上，TEST 操作都需要不同运作。

现在考虑不完整知识。假设后院里有几只狗，我们被告知它们是吉姆的狗。如果已知有 4 只狗，就可以构建世界模型，并表示有 4 只狗，并说明每一只都是吉姆的狗，这没问题。然而，如果狗的数量未知，如何表示所有狗都是吉姆的狗这一事实呢？似乎应该可以处理这一事实，而不必表示每只狗。在前面章节中，考虑该陈述时，提出了一个相关问题：

约翰地下室的所有油漆罐都被灰尘覆盖。

同样，似乎应该可以表示这一信息，而不必识别单个油漆罐，并表示其属性。在以下情况下，这一点更为明显：

银河系中所有的恒星都比海王星大。

这一陈述涉及 1000 亿颗恒星。

这也是不完整知识，存在逻辑谜题。以下是根据心理学家菲利普·约翰逊·莱尔德（Philip Johnson-Laird）提出的一个示例改编：

假设后院里有几只狗，有以下两项事实：

1. 后院里所有的狗都是吉姆的。

2. 后院里没有小的狗。

那么，以下哪种说法一定正确？

3. 有几只小的狗不是吉姆的。

4. 吉姆养的狗不小。

5. 吉姆养的狗没有一只是小的。

这是一个谜题，正确答案是（4）。如上所述，不应期待仅根据常识，就能从（1）和（2）得出这一结论。

存在第 6 章中提出的问题：对于（1）这样的基本事实，究竟应该怎么处理？莱尔德提出了一种类似于世界模型的表示模型，且具有多项额外功能，其中包括表示可能存在或不存在的假设物体的符号。例如，可以用一些符号表示后院里的狗，所有狗标记为吉姆的狗，用另一些符号表示吉姆拥有的其他物体，且这些物体不是后院里的狗。换言之，表示假设存在许多单个事物，生成一个或多个世界模型，根据模型得出包含"全部"、"一些"和"没有"字眼的一般结论（这与如何处理鸟类是飞行动物的一般问题有关，参见第8章结尾）。从推理角度看，该建议极具吸引力，尽管作为一般表示机制需要进一步研究。例如，如何避免根据世界模型得出关于存在或不存在之物体的虚假结论？

在常识方面，处理不完整知识的另一种可能性是：允许任意一般表达式作为知识库的组成部分（包括否定、析取、量化和程式等），仅用于得出肤浅结论——过于肤浅，无法解开复杂谜题，但同时也足够肤浅，易于计算。对于生动知识库，肤浅推理可能与 TEST 操作同功。对于存在（1）这样表达式的知识库，可能能够得出某些明显结论，例如，后院里所有棕色的狗都是吉姆的狗，但无法结合（2）这样的其他事实，得出（4）这样的结论，至少要进行额外思考。该建议需要进一步研究。

顺便说一句，人工智能知识表示和推理子领域研究的很大一部分涉及在逻辑和概率推理中寻找其他"易处理信息"，着眼于常识。换言之，除本书所述形式外，具有逻辑和概率意义、可以足够高效自动化运行、对庞大知识表示符号也同样有效的自动化推理形式有哪些？这与理论计算机科学领域"计算复杂性"项目下更广泛的努力不谋而合，即理解使计算任务变得容易或困难的原因。

参考文献

Abiteboul, Serge, Richard Hull, and Victor Vianu. Foundations of Databases. Reading, MA: Addison-Wesley, 1995.

Allen, James F. "Maintaining Knowledge about Temporal Intervals." Communications of the ACM 26, no. 11 (1983): 832-843.

Alom, Md Zahangir, Tarek M. Taha, Chris Yakopcic, Stefan Westberg, Paheding Sidike, Mst Shamima Nasrin, Mahmudul Hasan, et al. "A State-of-the-Art Survey on Deep Learning Theory and Architectures." Electronics 8, no. 3 (2019): 1-66.

Asada, Minoru, Hiroaki Kitano, Itsuki Noda, and Manuela Veloso. "RoboCup: Today and Tomorrow—What We Have Learned." Artificial Intelligence 110, no. 2 (1999): 193-214.

Asada, Minoru, and Oskar von Stryk. "Scientific and Technological Challenges in RoboCup." Annual Review of Control, Robotics, and Autonomous Systems 3 (2020): 441-471.

Asimov, Isaac. I, Robot. New York: Gnome Press, 1950.

Baader, Franz, Diego Calvanese, Deborah L. McGuinness, Daniele Nardi, and Peter F. Patel-Schneider, eds. The Description Logic Handbook: Theory, Implementation and Applications. Cambridge: Cambridge University Press, 2003.

Bachant, Judith, and Elliot Soloway. "The Engineering of XCON." Communications of the ACM 32, no. 3 (1989): 311-319.

Barrat, James. Our Final Invention: Artificial Intelligence and the End of the Human Era. New York: Thomas Dunne Books, 2013.

Bartlett, Sir Frederic C. Remembering: A Study in Experimental and Social Psychology. Cambridge: Cambridge University Press, 1932.

Berliner, Hans J. "Backgammon Computer Program Beats World Champion." Artificial Intelligence 14, no. 2 (1980): 205-220.

Bickerton, Derek. Adam's Tongue: How Humans Made Language, How Language Made Humans. New York: Hill and Wang, 2009.

Biran, Or, and Courtenay Cotton. "Explanation and Justification in Machine Learning: A Survey." In Proceedings of the IJCAI-17 Workshop on Explainable AI (XAI),

8-13, Melbourne, August 2017.

Bobrow, Daniel G., and Terry Winograd. "An Overview of KRL, a Knowledge Representation Language." Cognitive Science 1, no. 1 (1977): 3-46.

Bosselut, Antoine, Hannah Rashkin, Maarten Sap, Chaitanya Malaviya, Asli Celikyilmaz, and Yejin Choi. "COMET: Commonsense Transformers for Automatic Knowledge Graph Construction." Submitted June 12, 2019. https://arxiv.org/abs /1906.05317.

Bostrom, Nick. Superintelligence: Paths, Dangers, Strategies. Oxford: Oxford University Press, 2014.

Boutilier, Craig, Thomas Dean, and Steve Hanks. "Decision-Theoretic Planning: Structural Assumptions and Computational Leverage." Journal of Artificial Intelligence Research 11 (1999): 1-94.

Brachman, Ronald J. "'I Lied about the Trees' (or, Defaults and Definitions in Knowledge Representation)." AI Magazine 6, no. 3 (1985): 80-92.

Brachman, Ronald J. "On the Epistemological Status of Semantic Networks." In Asso

ciative Networks: Representation and Use of Knowledge by Computers, edited by Nicholas V. Findler, 3-50. New York: Academic Press, 1979.

Brachman, Ronald J. "What 'IS-A' Is and Isn't: An Analysis of Taxonomic Links in Semantic Networks." IEEE Computer Special Issue on Knowledge Representation 16, no. 10 (1983): 67-73.

Brachman, Ronald J. "What's in a Concept: Structural Foundations for Semantic Networks." International Journal of Man-Machine Studies9, no. 2 (1977): 127-152.

Brachman, Ronald J., David Gunning, and Murray Burke. "Integrated AI Systems." AI Magazine 41, no. 2 (2020): 66-82.

Brachman, Ronald J., and Hector J. Levesque. Knowledge Representation and Reasoning. Amsterdam: Morgan Kaufmann Publishers, Inc., 2004.

Brachman, Ronald J., and Hector J. Levesque, eds. Readings in Knowledge Representation. Los Altos, CA: Morgan Kaufmann Publishers, Inc., 1985.

Brachman, Ronald J., and James G. Schmolze. "An Overview of the KL-ONE Knowledge Representation System." In Readings in Artificial Intelligence and Databases, edited by John Mylopoulos and Michael L. Brodie, 207-230. San Mateo, CA: Morgan Kaufmann Publishers, Inc., 1989.

Brooks, Rodney A. "Intelligence without Representation." Artificial Intelligence 47, no. 1-3 (1991): 139-159.

Brown, Margaret Wise, and Clement Hurd. Goodnight Moon. New York: Scholastic Book Services, 1947.

Brown, Noam, and Tuomas Sandholm. "Superhuman AI for Heads-up No-Limit Poker: Libratus Beats Top Professionals." Science 359, no. 6374 (2018): 418-424.

Brulé, James F., and Alexander Blount. Knowledge Acquisition. New York: McGraw Hill, Inc., 1989.

Burgard, Wolfram, Armin B. Cremers, Dieter Fox, Dirk Hähnel, Gerhard Lakemeyer, Dirk Schulz, Walter Steiner, and Sebastian Thrun. "Experiences with an Interactive Museum Tour-Guide Robot." Artificial Intelligence 114, no. 1-2 (1999): 3-55.

Carbonell, Jaime G., and Steven Minton. "Metaphor and Commonsense Reasoning." In Formal Theories of the Commonsense World, edited by Jerry R. Hobbs and Robert C. Moore, 405-426. Norwood, NJ: Ablex Publishing Corporation, 1985.

Chiang, Ted. Exhalation: Stories. New York: Alfred A. Knopf, 2019.

Chollet, François. "On the Measure of Intelligence." Submitted November 25, 2019. https://arxiv.org/abs/1911.01547.

Clark, Andy. "From Folk Psychology to Naive Psychology." Cognitive Science 11, no. 2 (1987): 139-154.

Clarke, Edmund M., E. Allen Emerson, and Joseph Sifakis. "Model Checking: Algorithmic Verification and Debugging." Communications of the ACM 52, no. 11 (2009): 74-84.

Clocksin, William F., and Christopher S. Mellish. Programming in Prolog: Using the ISO Standard. Berlin: Springer-Verlag, 2012.

Cohen, Philip R., and Hector J. Levesque. "Intention Is Choice with Commitment." Artificial Intelligence 42, no. 2-3 (1990): 213-261.

Cohen, Philip R., and Hector J. Levesque. "Teamwork." Noûs 25, no. 4 (1991): 487-512.

Cohen, Philip R., and C. Raymond Perrault. "Elements of a Plan-Based Theory of Speech Acts." Cognitive Science 3, no. 3 (1979): 177-212.

Cohn, Anthony G. "The Challenge of Qualitative Spatial Reasoning." ACM Computing Surveys 27, no. 3 (1995): 323-325.

Collins, Harry. Artifictional Intelligence: Against Humanity's Surrender to Computers. Medford, MA: Polity Press, 2018.

Colmerauer, Alain, and Philippe Roussel. "The Birth of Prolog." In History of

Programming Languages—II, edited by Thomas J. Bergin and Richard G. Gibson, 331-367. New York: ACM Press, 1996.

Cook, Stephen A. "The Complexity of Theorem-Proving Procedures." In Proceedings of the Third Annual ACM Symposium on Theory of Computing (STOC'71), 151-158, Shaker Heights, OH, May 1971.

Craik, Kenneth J. W. The Nature of Explanation. Cambridge: Cambridge University Press, 1943.

Cross, Tim. "An Understanding of AI's Limitations Is Starting to Sink In." Economist, Technical Quarterly, June 2020.

Darrach, Brad. "Meet Shaky [sic], the First Electronic Person: The Fascinating and Fearsome Reality of a Machine with a Mind of Its Own." Life, November 20, 1970, 58B-68.

Davis, Ernest. Lucid Representations. Technical report 565. New York: Computer Science Department, Courant Institute of Mathematical Sciences, New York University, 1991.

Davis, Ernest. Representations of Commonsense Knowledge. San Mateo, CA: Morgan Kaufmann Publishers, Inc., 1990.

Davis, Ernest, and Gary Marcus. "Commonsense Reasoning and Commonsense Knowledge in Artificial Intelligence." Communications of the ACM 58, no. 9 (2015): 92-103.

De Giacomo, Giuseppe, Yves Lespérance, and Hector J. Levesque. "Efficient Reasoning in Proper Knowledge Bases with Unknown Individuals." In Proceedings of the Twenty-Second International Joint Conference on Artificial Intelligence (IJCAI-11), 827-832, Barcelona, July 2011.

de Kleer, Johan. "An Assumption-Based TMS." Artificial Intelligence 28, no. 2 (1986): 127-162.

Dennett, Daniel C. The Intentional Stance. Cambridge, MA: MIT Press, 1989.

Dick, Philip K. "Autofac." In Selected Stories of Philip K. Dick, 199-222. Boston: Houghton Mifflin Harcourt, 2013.

Doyle, Jon. "A Truth Maintenance System." Artificial Intelligence 12, no. 3 (1979): 231-272.

Duda, Richard, John Gaschnig, and Peter Hart. "Model Design in the Prospector Consultant System for Mineral Exploration." In Readings in Artificial Intelligence, edited by Bonnie Lynn Webber and Nils J. Nilsson, 334-348. Los Altos, CA: Morgan Kaufmann Publishers, Inc., 1981.

Enderton, Herbert B. A Mathematical Introduction to Logic. San Diego: Academic Press, 2001.

Etherington, David W., Alex Borgida, Ronald J. Brachman, and Henry Kautz. "Vivid Knowledge and Tractable Reasoning: Preliminary Report." In Proceedings of the Eleventh International Joint Conference on Artificial Intelligence (IJCAI-89), 1146-1152, Detroit, August 1989.

Fagin, Ronald, Joseph Y. Halpern, Yoram Moses, and Moshe Y. Vardi. Reasoning about Knowledge. Cambridge, MA: MIT Press, 2003.

Fahlman, Scott E. NETL: A System for Representing Real-World Knowledge. Cambridge, MA: MIT Press, 1979.

Fikes, Richard E., and Nils J. Nilsson. "STRIPS: A New Approach to the Application of Theorem Proving to Problem Solving." Artificial Intelligence 2, no. 3-4 (1971): 189-208.

Fillmore, Charles J. "The Case for Case." In Universals in Linguistic Theory, edited by Emmon W. Bach and Robert T. Harms, 1-88. New York: Holt, Rinehart and Winston, 1968.

Fillmore, Charles J. "Frame Semantics." In Cognitive Linguistics: Basic Readings, edited by Dirk Geeraerts, 34:373-400. New York: Mouton de Gruyter, 2006.

Findler, Nicholas V., ed. Associative Networks: Representation and Use of Knowledge by Computers. New York: Academic Press, 1979.

Firth, John. "A Synopsis of Linguistic Theory, 1930-1955." In Studies in Linguistic Analysis, edited by John Firth, 1-32. Oxford: Basil Blackwell, 1957.

Ford, Martin. Architects of Intelligence: The Truth about AI from the People Building It. Birmingham, UK: Packt Publishing Ltd., 2018.

Fortnow, Lance. "The Status of the P versus NP Problem." Communications of the ACM 52, no. 9 (2009): 78-86.

Gangemi, Aldo, Nicola Guarino, Claudio Masolo, and Alessandro Oltramari. "Understanding Top-Level Ontological Distinctions." In Proceedings of the IJCAI-01 Workshop on Ontologies and Information Sharing, 26-33, Seattle, August 2001.

Gärdenfors, Peter, ed. Belief Revision. Cambridge Tracts in Theoretical Computer Science 29. Cambridge: Cambridge University Press, 2003.

Ghallab, Malik, Dana Nau, and Paolo Traverso. Automated Planning: Theory and Practice. Amsterdam: Elsevier, 2004.

Ginsberg, Matthew L., ed. Readings in Nonmonotonic Reasoning. Los Altos, CA:

Morgan Kaufman Publishers, Inc., 1987.

Goel, Ashok K., ed. Special issue, AI Magazine 41, no. 2 (Summer 2020).

Goertzel, Ben, and Cassio Pennachin, eds. Artificial General Intelligence. New York: Springer, 2007.

Gomes, Carla P., Henry Kautz, Ashish Sabharwal, and Bart Selman. "Satisfiability Solvers." In Handbook of Knowledge Representation, edited by Frank van Harmelen, Vladimir Lifschitz, and Bruce Porter, 89-134. Amsterdam: Elsevier, 2008.

Goodall, Noah J. "Away from Trolley Problems and toward Risk Management." Applied Artificial Intelligence 30, no. 8 (2016): 810-821.

Gopnik, Alison, and Janet W. Astington. "Children's Understanding of Representational Change and Its Relation to the Understanding of False Belief and the Appearance-Reality Distinction." Child Development 59, no. 1 (1988): 26-37.

Gordon, Andrew S., and Jerry R. Hobbs. A Formal Theory of Commonsense Psychology: How People Think People Think. Cambridge: Cambridge University Press, 2017.

Griffiths, A. Phillips, ed. Knowledge and Belief. London: Oxford University Press, 1967.

Halpern, Joseph Y. Actual Causality. Cambridge, MA: MIT Press, 2016.

Halpern, Joseph Y. Reasoning about Uncertainty. Cambridge, MA: MIT Press, 2017.

Hammond, Kenneth R., Robert M. Hamm, Janet Grassia, and Tamra Pearson. "Direct Comparison of the Efficacy of Intuitive and Analytical Cognition in Expert Judgment." IEEE Transactions on Systems, Man, and Cybernetics 17, no. 5 (1987): 753-770.

Hammond, Kristian J. "Explaining and Repairing Plans That Fail." Artificial Intelligence 45, no. 1-2 (1990): 173-228.

Harnad, Stevan. "The Symbol Grounding Problem." Physica D: Nonlinear Phenomena 42, no. 1-3 (1990): 335-346.

Haugeland, John. Artificial Intelligence: The Very Idea. Cambridge, MA: MIT Press, 1985.

Hayes, Patrick J. "The Logic of Frames." In Readings in Artificial Intelligence, edited by Bonnie Lynn Webber and Nils J. Nilsson, 451-458. Los Altos, CA: Morgan Kaufmann Publishers, Inc., 1981.

Hayes, Patrick J. "The Naive Physics Manifesto I: Ontology for Liquids." In Formal Theories of the Commonsense World, edited by Jerry R. Hobbs and Robert C. Moore, 71-

机器如人

通往人类智慧之路

107. Norwood, NJ: Ablex Publishing Corporation, 1985.

Hayes, Patrick J. "The Second Naive Physics Manifesto." In Formal Theories of the Commonsense World, edited by Jerry R. Hobbs and Robert C. Moore, 1-36. Norwood, NJ: Ablex Publishing Corporation, 1985.

Hayes-Roth, Frederick, Donald A. Waterman, and Douglas B. Lenat. Building Expert Systems. Reading, MA: Addison-Wesley, 1983.

Hedlund, Jennifer. "Practical Intelligence." In The Cambridge Handbook of Intelligence, Second Edition, edited by Robert J. Sternberg, 736-755. Cambridge: Cambridge University Press, 2020.

Herr, Judy. Creative Resources for the Early Childhood Classroom. Belmont, CA: Wadsworth Cengage Learning, 2009.

Hintikka, Jaakko. Knowledge and Belief. Ithaca, NY: Cornell University Press, 1962.

Hobbs, Jerry R., and Andrew S. Gordon. "Toward a Large-Scale Formal Theory of Commonsense Psychology for Metacognition." In Proceedings of the AAAI Spring Symposium: Metacognition in Computation, 49-54, Palo Alto, CA, March 2005.

Hobbs, Jerry R., and Robert C. Moore, eds. Formal Theories of the Commonsense World. Norwood, NJ: Ablex Publishing Corporation, 1985.

Hooke, Samuel H. The Bible in Basic English. Cambridge: Cambridge University Press, 1949.

Horvitz, Eric J., John S. Breese, and Max Henrion. "Decision Theory in Expert Systems and Artificial Intelligence." International Journal of Approximate Reasoning 2, no. 3 (1988): 247-302.

Jackson, Peter. Introduction to Expert Systems. Reading, MA: Addison-Wesley, 1990.

Jiménez, Sergio, Javier Segovia-Aguas, and Anders Jonsson. "A Review of Generalized Planning." Knowledge Engineering Review 34, no. e5 (2019): 1-28.

Johnson-Laird, Philip N. "Mental Models and Human Reasoning." Proceedings of the National Academy of Sciences 107, no. 43 (2010): 18243-18250.

Johnson-Laird, Philip N. Mental Models: Towards a Cognitive Science of Language, Inference, and Consciousness. Cambridge, MA: Harvard University Press, 1983.

Jolley, Nicholas, ed. The Cambridge Companion to Leibniz. Cambridge: Cambridge University Press, 1994.

Jurafsky, Daniel, and James H. Martin. Speech and Language Processing: An

Introduction to Speech Recognition, Computational Linguistics and Natural Language Processing. Upper Saddle River, NJ: Prentice Hall, 2008.

Kaelbling, Leslie Pack, Michael L. Littman, and Anthony R. Cassandra. "Planning and Acting in Partially Observable Stochastic Domains." Artificial Intelligence 101, no. 1-2 (1998): 99-134.

Kahneman, Daniel. Thinking, Fast and Slow. New York: Farrar, Straus and Giroux, 2011.

Kaiser, Łukasz, and Ilya Sutskever. "Neural GPUs Learn Algorithms." In Proceedings of the Fourth International Conference on Learning Representations (ICLR 2016), San Juan, Puerto Rico, May 2016.

Kambhampati, Subbarao, and James A. Hendler. "A Validation-Structure-Based Theory of Plan Modification and Reuse." Artificial Intelligence 55, no. 2-3 (1992): 193-258.

Khemlani, Sangeet S., Ruth M. J. Byrne, and Philip N. Johnson-Laird. "Facts and Possibilities: A Model-Based Theory of Sentential Reasoning." Cognitive Science 42, no. 6 (2018): 1887-1924.

Kidd, Alison L., ed. Knowledge Acquisition for Expert Systems: A Practical Handbook. New York: Plenum Press, 1987.

Klein, Gary. The Power of Intuition: How to Use Your Gut Feelings to Make Better Decisions at Work. New York: Doubleday, 2007.

Klir, George J., and Bo Yuan, eds. Fuzzy Sets, Fuzzy Logic, and Fuzzy Systems: Selected Papers by Lotfi A. Zadeh. Advances in Fuzzy Systems—Applications and Theory 6. River Edge, NJ: World Scientific Publishing Co. Pte. Ltd., 1996.

Kolata, Gina. "How Can Computers Get Common Sense?" Science 217, no. 4566 (1982): 1237-1238.

Kolodner, Janet. Case-Based Reasoning. San Mateo, CA: Morgan Kaufmann Publishers, Inc., 1993.

Kotseruba, Iuliia, and John K. Tsotsos. "40 Years of Cognitive Architectures: Core Cognitive Abilities and Practical Applications." Artificial Intelligence Review 53, no. 1 (2020): 17-94.

Kuhn, Tobias. "A Survey and Classification of Controlled Natural Languages." Computational Linguistics 40, no. 1 (2014): 121-170.

Kuipers, Benjamin J., Patrick Beeson, Joseph Modayil, and Jefferson Provost. "Bootstrap Learning of Foundational Representations." Connection Science 18, no. 2

(2006): 145-158.

Kurzweil, Ray. The Singularity Is Near: When Humans Transcend Biology. New York: Penguin Books, 2005.

Laird, John E. The Soar Cognitive Architecture. Cambridge, MA: MIT Press, 2019.

Lakemeyer, Gerhard, and Hector J. Levesque. "A First-Order Logic of Limited Belief Based on Possible Worlds." In Proceedings of the Seventeenth International Conference on Principles of Knowledge Representation and Reasoning (KR2020), 624-635, Rhodes, Greece, September 2020.

Leake, David, ed. Special issue, AI Magazine 26, no. 2 (Winter 2005).

Leake, David, ed. Special issue, AI Magazine 27, no. 4 (Winter 2006).

LeCun, Yann, Yoshua Bengio, and Geoffrey Hinton. "Deep Learning." Nature 521, no. 7553 (2015): 436-444.

Lenat, Douglas B. "Not Good as Gold: Today's AI's Are Dangerously Lacking in AU (Artificial Understanding)." Forbes, February 18, 2019.

Lenat, Douglas B. "What AI Can Learn from Romeo & Juliet." Forbes, July 3, 2019.

Lenat, Douglas B., and Ramanathan V. Guha. Building Large Knowledge-Based Systems: Representation and Inference in the Cyc Project. Reading, MA: Addison-Wesley, 1989.

Lespérance, Yves, and Hector J. Levesque. "Indexical Knowledge and Robot Action— a Logical Account." Artificial Intelligence 73, no. 1-2 (1995): 69-115.

Lespérance, Yves, Hector J. Levesque, Fangzhen Lin, and Richard B. Scherl. "Ability and Knowing How in the Situation Calculus." Studia Logica 66, no. 1 (2000): 165-186.

Levesque, Hector J. Common Sense, the Turing Test, and the Quest for Real AI. Cambridge, MA: MIT Press, 2017.

Levesque, Hector J. "A Completeness Result for Reasoning with Incomplete FirstOrder Knowledge Bases." In Proceedings of the Sixth International Conference on Principles of Knowledge Representation and Reasoning (KR'98), 14-23, Trento, June 1998.

Levesque, Hector J. "Knowledge Representation and Reasoning." Annual Review of Computer Science 1, no. 1 (1986): 255-287.

Levesque, Hector J. "Logic and the Complexity of Reasoning." Journal of Philosophical Logic 17, no. 4 (1988): 355-389.

Levesque, Hector J. "A Logic of Implicit and Explicit Belief." In Proceedings of the

Fourth National Conference on Artificial Intelligence (AAAI-84), 198-202, Austin, TX, August 1984.

Levesque, Hector J. "Making Believers Out of Computers." Artificial Intelligence 30, no. 1 (1986): 81-108.

Levesque, Hector J. Thinking as Computation: A First Course. Cambridge, MA: MIT Press, 2012.

Levesque, Hector J., and Ronald J. Brachman. "Expressiveness and Tractability in Knowledge Representation and Reasoning." Computational Intelligence 3, no. 1 (1987): 78-93.

Levesque, Hector J., Ernest Davis, and Leora Morgenstern. "The Winograd Schema Challenge." In Proceedings of the Thirteenth International Conference on Principles of Knowledge Representation and Reasoning (KR2012), 552-561, Rome, June 2012.

Levesque, Hector J., and Gerhard Lakemeyer. "Cognitive Robotics." In Handbook of Knowledge Representation, edited by Frank van Harmelen, Vladimir Lifschitz, and Bruce Porter, 869-886. Amsterdam: Elsevier, 2008.

Levesque, Hector J., and Gerhard Lakemeyer. The Logic of Knowledge Bases. Cambridge, MA: MIT Press, 2001.

Levesque, John. Geneva Farewell. Oakville, ON: Mosaic Press, 2020.

Liberman, Mark, and Charles Wayne. "Human Language Technology." AI Magazine 41, no. 2 (2020): 22-35.

Lin, Fangzhen. "Situation Calculus." In Handbook of Knowledge Representation, edited by Frank van Harmelen, Vladimir Lifschitz, and Bruce Porter, 649-669. Amsterdam: Elsevier, 2008.

Loftus, Elizabeth F. Eyewitness Testimony. Cambridge, MA: Harvard University Press, 1996.

Malpass, Alex, and Marianna Antonutti Marfori, eds. The History of Philosophical and Formal Logic: From Aristotle to Tarski. London: Bloomsbury Publishing Plc., 2017.

Manjoo, Farhad. "How Do You Know a Human Wrote This?" New York Times, July 29, 2020.

Marcus, Gary. The Birth of the Mind: How a Tiny Number of Genes Creates the Complexities of Human Thought. New York: Basic Books, 2004.

Marcus, Gary. "The Next Decade in AI: Four Steps towards Robust Artificial Intelligence." Submitted February 19, 2020. https://arxiv.org/abs/2002.06177.

机器如人

通往人类智慧之路

Marcus, Gary, and Ernest Davis. Rebooting AI: Building Artificial Intelligence We Can Trust. New York: Pantheon Books, 2019.

Marcus, Gary, Francesca Rossi, and Manuela Veloso, eds. "Beyond the Turing Test." Special issue, AI Magazine 37, no. 1 (Spring 2016).

Matuszek, Cynthia, Michael Witbrock, Robert C. Kahlert, John Cabral, Dave Schneider, Purvesh Shall, and Douglas B. Lenat. "Searching for Common Sense: Populating Cyc from the Web." In Proceedings of the Twentieth National Conference on Artificial Intelligence (AAAI-05), 3:1430-1435, Pittsburgh, July 2005.

McAllester, David. "Observations on Cognitive Judgments." In Proceedings of the Ninth National Conference on Artificial Intelligence (AAAI-91), 910-914, Anaheim, CA, July 1991.

McCarthy, John. "Elaboration Tolerance." In Proceedings of the Fourth Symposium on Logical Formalizations of Common Sense Reasoning, London, January 1998.

McCarthy, John. "Epistemological Problems of Artificial Intelligence." In Proceedings of the Fifth International Joint Conference on Artificial Intelligence (IJCAI-77), 1038-1044, Cambridge, MA, August, 1977.

McCarthy, John. "Programs with Common Sense." In Symposium on the Mechanization of Thought Processes, 77-84. Teddington, UK: National Physical Laboratory, November 1958.

McCarthy, John. "Recursive Functions of Symbolic Expressions and Their Computation by Machine, Part I." Communications of the ACM 3, no. 4 (1960): 184-195.

McCarthy, John. "Situations, Actions, and Causal Laws." In Semantic Information Processing, edited by Marvin L. Minsky, 410-418. Cambridge, MA: MIT Press, 1968.

McCarthy, John, and Edward A. Feigenbaum. "In Memoriam: Arthur Samuel: Pioneer in Machine Learning." AI Magazine 11, no. 3 (1990): 10-11.

McCarthy, John, and Patrick J. Hayes. "Some Philosophical Problems from the Standpoint of Artificial Intelligence." In Readings in Artificial Intelligence, edited by Bonnie Lynn Webber and Nils J. Nilsson, 431-450. Los Altos, CA: Morgan Kaufmann Publishers, Inc., 1981.

McCarthy, John, and Vladimir Lifschitz. Formalizing Common Sense: Papers by John McCarthy. Norwood, NJ: Ablex Publishing Corporation, 1990.

McCarthy, John, Marvin L. Minsky, Nathaniel Rochester, and Claude E. Shannon. "A Proposal for the Dartmouth Summer Research Project on Artificial Intelligence, August 31, 1955." AI Magazine 27, no. 4 (2006): 12-14.

McCorduck, Pamela. Machines Who Think: A Personal Inquiry into the History and Prospects of Artificial Intelligence. Boca Raton, FL: CRC Press, 2018.

McDermott, John. "R1: A Rule-Based Configurer of Computer Systems." Artificial Intelligence 19, no. 1 (1982): 39-88.

McNamee, Roger. Zucked: Waking up to the Facebook Catastrophe. New York: Penguin Books, 2020.

Medin, Douglas L., and Edward E. Smith. "Concepts and Concept Formation." Annual Review of Psychology 35, no. 1 (1984): 113-138.

Mendelson, Elliott. Introduction to Mathematical Logic. Boca Raton, FL: CRC Press, 2009.

Mikolov, Tomáš, Wen-tau Yih, and Geoffrey Zweig. "Linguistic Regularities in Continuous Space Word Representations." In Proceedings of the 2013 Conference of the North American Chapter of the Association for Computational Linguistics: Human Language Technologies (NAACL-HLT 2013), 746-751, Atlanta, June 2013.

Millgram, Elijah, ed. Varieties of Practical Reasoning. Cambridge, MA: MIT Press, 2001.

Minsky, Marvin L. "A Framework for Representing Knowledge." In Readings in Knowledge Representation, edited by Ronald J. Brachman and Hector J. Levesque, 245-262. Los Altos, CA: Morgan Kaufmann Publishers, Inc., 1985.

Minsky, Marvin L., ed. Semantic Information Processing. Cambridge, MA: MIT Press, 1968.

Minsky, Marvin L. Society of Mind. New York: Simon and Schuster, 1986.

Mitchell, Melanie. Artificial Intelligence: A Guide for Thinking Humans. New York: Farrar, Straus and Giroux, 2019.

Mitchell, Tom, William Cohen, Estevam Hruschka, Partha Talukdar, Bishan Yang, Justin Betteridge, Andrew Carlson, et al. "Never-Ending Learning." Communications of the ACM 61, no. 5 (2018): 103-115.

Monroe, Don. "Seeking Artificial Common Sense." Communications of the ACM 63, no. 11 (2020): 14-16.

Moore, Robert C. "The Role of Logic in Knowledge Representation and Commonsense Reasoning." In Proceedings of the Second National Conference on Artificial Intelligence (AAAI-82), 428-433, Pittsburgh, August 1982.

Mueller, Erik T. Commonsense Reasoning: An Event Calculus-Based Approach. Amsterdam: Morgan Kaufmann Publishers, Inc., 2014.

Muscettola, Nicola, P. Pandurang Nayak, Barney Pell, and Brian C. Williams. "Remote Agent: To Boldly Go Where No AI System Has Gone Before." Artificial Intelligence 103, no. 1-2 (1998): 5-47.

Nebel, Bernhard. "A Knowledge Level Analysis of Belief Revision." In Proceedings of the First International Conference on Principles of Knowledge Representation and Reasoning (KR'89), 301-311, Toronto, May 1989.

Nebel, Bernhard, and Jana Koehler. "Plan Reuse versus Plan Generation: A Theoretical and Empirical Analysis." Artificial Intelligence 76, no. 1-2 (1995): 427-454.

Newborn, Monty. Deep Blue: An Artificial Intelligence Milestone. New York: SpringerVerlag, 2003.

Newell, Allen, and Herbert A. Simon. "Computer Science as Empirical Inquiry: Symbols and Search." Communications of the ACM 19, no. 3 (1976): 113-126.

Niles, Ian, and Adam Pease. "Towards a Standard Upper Ontology." In Proceedings of the International Conference on Formal Ontology in Information Systems—Volume 2001, 2-9, Ogunquit, ME, October 2001.

Nilsson, Nils J. The Quest for Artificial Intelligence: A History of Ideas and Achievements. Cambridge: Cambridge University Press, 2009.

Ogden, Charles K. Basic English. London: Kegan Paul Trench Trubner, 1935.

Ogden, Charles K. The General Basic English Dictionary. New York: W. W. Norton and Co., 1942.

Olson, David R. The Mind on Paper. Cambridge: Cambridge University Press, 2016.

Pearl, Judea. Causality: Models, Reasoning, and Inference. Cambridge: Cambridge University Press, 2009.

Pearl, Judea, and Dana Mackenzie. The Book of Why: The New Science of Cause and Effect. New York: Basic Books, 2018.

Peirce, Charles Sanders, Charles Hartshorne, Paul Weiss, and Arthur W. Burks. Collected Papers of Charles Sanders Peirce. Vol. 1. Cambridge, MA: Harvard University Press, 1931.

Peterson, Martin. An Introduction to Decision Theory. Cambridge: Cambridge University Press, 2017.

Pinker, Steven. The Language Instinct: How the Mind Creates Language. London: Penguin Books, 2003.

Pinker, Steven. Rationality: What It Is, Why It Seems Scarce, Why It Matters. New

参
考
文
献

York: Penguin Books, 2021.

Quillian, M. Ross. "Semantic Memory." In Semantic Information Processing, edited by Marvin L. Minsky, 227-270. Cambridge, MA: MIT Press, 1968.

Quine, Willard Van Orman. From a Logical Point of View: Nine Logico-Philosophical Essays. Cambridge, MA: Harvard University Press, 1953.

Quine, Willard Van Orman. Methods of Logic. Cambridge, MA: Harvard University Press, 1982.

Rao, Anand S., and Michael P. Georgeff. "Modeling Rational Agents within a BDIArchitecture." In Proceedings of the Second International Conference on Principles of Knowledge Representation and Reasoning (KR'91), 473-484, Cambridge, MA, April 1991.

Reiter, Raymond. "The Frame Problem in the Situation Calculus: A Simple Solution (Sometimes) and a Completeness Result for Goal Regression." In Artificial and Mathematical Theory of Computation: Papers in Honor of John McCarthy, edited by Vladimir Lifschitz, 359-380. Boston: Academic Press, 1991.

Reiter, Raymond. Knowledge in Action: Logical Foundations for Specifying and Implementing Dynamical Systems. Cambridge, MA: MIT Press, 2001.

Reiter, Raymond. "On Closed World Data Bases." In Readings in Artificial Intelligence, edited by Bonnie Lynn Webber and Nils J. Nilsson, 119-140. Los Altos, CA: Morgan Kaufmann Publishers, Inc., 1981.

Roberts, Don D. The Existential Graphs of Charles S. Peirce. The Hague: Mouton, 1973.

Rosch, Eleanor, and Barbara B. Lloyd, eds. Cognition and Categorization. Hillsdale, NJ: Lawrence Erlbaum Associates, Publishers, 1978.

Roth, Michael D., and Leon Galis. Knowing: Essays in the Analysis of Knowledge. Lanham, MD: University Press of America, 1984.

Russell, Bertrand. "On Denoting." Mind 14, no. 56 (1905): 479-493.

Russell, Stuart. Human Compatible: Artificial Intelligence and the Problem of Control. New York: Penguin Books, 2019.

Sakaguchi, Keisuke, Ronan Le Bras, Chandra Bhagavatula, and Yejin Choi. "WinoGrande: An Adversarial Winograd Schema Challenge at Scale." In Proceedings of the Thirty-Fourth National Conference on Artificial Intelligence (AAAI-20), 34:8732-8740, New York, February 2020.

Schaeffer, Jonathan, Neil Burch, Yngvi Björnsson, Akihiro Kishimoto, Martin

Müller, Robert Lake, Paul Lu, and Steve Sutphen. "Checkers Is Solved." Science 317, no. 5844 (2007): 1518-1522.

Schank, Roger C. Dynamic Memory: A Theory of Reminding and Learning in Computers and People. Cambridge: Cambridge University Press, 1982.

Schank, Roger C. "Language and Memory." Cognitive Science 4, no. 3 (1980): 243-284.

Schank, Roger C., and Robert P. Abelson. Scripts, Plans, Goals, and Understanding: An Inquiry into Human Knowledge Structures. Hillsdale, NJ: Lawrence Erlbaum Associates, Publishers, 1977.

Searle, John R. "Collective Intentions and Actions." In Intentions in Communication, edited by Philip R. Cohen, Jerry Morgan, and Martha E. Pollack, 401-415. Cambridge, MA: MIT Press, 1990.

Searle, John R. Expression and Meaning: Studies in the Theory of Speech Acts. Cambridge: Cambridge University Press, 1985.

Shallue, Christopher J., and Andrew Vanderburg. "Identifying Exoplanets with Deep Learning: A Five-Planet Resonant Chain around Kepler-80 and an Eighth Planet around Kepler-90." Astronomical Journal 155, no. 2 (2018): 94.

Shanahan, Murray. Solving the Frame Problem: A Mathematical Investigation of the Common Sense Law of Inertia. Cambridge, MA: MIT Press, 1997.

Shanahan, Murray. The Technological Singularity. Cambridge, MA: MIT Press, 2015.

Shanahan, Murray, Matthew Crosby, Benjamin Beyret, and Lucy Cheke. "Artificial Intelligence and the Common Sense of Animals." Trends in Cognitive Sciences 24, no. 11 (2020): 862-872.

Shannon, Claude E. "Programming a Computer for Playing Chess." London, Edinburgh, and Dublin Philosophical Magazine and Journal of Science ser. 7, vol. 41, no. 314 (1950): 256-275.

Shapiro, Stuart C. "Path-Based and Node-Based Inference in Semantic Networks." American Journal of Computational Linguistics (1978): 38-44.

Shortliffe, Edward H. Computer-Based Medical Consultations: MYCIN. New York: American Elsevier Publishing Co., Inc., 1976.

Silver, David, Julian Schrittwieser, Karen Simonyan, Ioannis Antonoglou, Aja Huang, Arthur Guez, Thomas Hubert, et al. "Mastering the Game of Go with Deep Neural Networks and Tree Search." Nature 529, no. 7587 (2016): 484-489.

Simmons, Robert F. "Answering English Questions by Computer: A Survey." Communications of the ACM 8, no. 1 (1965): 53-70.

Smith, Brian Cantwell. The Promise of Artificial Intelligence: Reckoning and Judgment. Cambridge, MA: MIT Press, 2019.

Smith, Brian Cantwell. "Reflection and Semantics in a Procedural Language." PhD thesis, MIT Laboratory for Computer Science, 1982.

Sober, Elliott. "Mental Representations." Synthese 33, no. 1 (1976): 101-148.

Speer, Robert, and Catherine Havasi. "Representing General Relational Knowledge in ConceptNet 5." In Proceedings of the Eighth International Conference on Language Resources and Evaluation (LREC'12), 3679-3686, Istanbul, May 2012.

Spelke, Elizabeth S., and Katherine D. Kinzler. "Core Knowledge." Developmental Science 10, no. 1 (2007): 89-96.

Staab, Steffen, and Rudi Studer, eds. Handbook on Ontologies. Berlin: Springer-Verlag, 2009.

Stanovich, Keith E. "Rational and Irrational Thought: The Thinking That IQ Tests Miss." Scientific American Mind 20, no. 6 (2009): 34-39.

Sternberg, Robert J. Adaptive Intelligence: Surviving and Thriving in a World of Uncertainty. New York: Cambridge University Press, 2021.

Sternberg, Robert J., George B. Forsythe, Jennifer Hedlund, Joseph A. Horvath, Richard K. Wagner, Wendy M. Williams, Scott A. Snook, and Elena L. Grigorenko. Practical Intelligence in Everyday Life. New York: Cambridge University Press, 2000.

Szegedy, Christian, Wojciech Zaremba, Ilya Sutskever, Joan Bruna, Dumitru Erhan, Ian Goodfellow, and Rob Fergus. "Intriguing Properties of Neural Networks." In Proceedings of the Second International Conference on Learning Representations ICLR 2014, Banff, Canada, April 2014.

Thomson, Judith Jarvis. "The Trolley Problem." Yale Law Journal 94, no. 6 (1985): 1395-1415.

Thrun, Sebastian, Mike Montemerlo, Hendrik Dahlkamp, David Stavens, Andrei Aron, James Diebel, Philip Fong, et al. "Stanley: The Robot That Won the DARPA Grand Challenge." Journal of Field Robotics 23, no. 9 (2006): 661-692.

Trevaskis, John, and Robin Hyman. Boys' and Girls' First Dictionary. Toronto: Copp Clark Pitman, 1983.

Turing, Alan M. "Digital Computers Applied to Games." In Faster than Thought: A Symposium on Digital Computing Machines, edited by Bertram Bowden, 286-310.

机器如人

通往人类智慧之路

London: Sir Isaac Pitman and Sons, Ltd., 1953.

van Harmelen, Frank, Vladimir Lifschitz, and Bruce Porter, eds. Handbook of Knowledge Representation. Amsterdam: Elsevier, 2008.

Vardi, Moshe Y. "Move Fast and Break Things." Communications of the ACM 61, no. 9 (2018): 7.

Wagner, Gerd. Vivid Logic: Knowledge-Based Reasoning with Two Kinds of Negation. Lecture Notes in Artificial Intelligence 764. Berlin: Springer, 1994.

Watt, Stuart. "A Brief Naive Psychology Manifesto." Informatica 19, no. 4 (1995): 495-500.

Watts, Duncan J. Everything Is Obvious* (*Once You Know the Answer): How Common Sense Fails Us. New York: Crown Business, 2011.

Weld, Daniel S., and Johan de Kleer, eds. Readings in Qualitative Reasoning about Physical Systems. San Mateo, CA: Morgan Kaufmann Publishers, Inc., 1989.

Winograd, Terry. "Understanding Natural Language." Cognitive Psychology 3, no. 1 (1972): 1-191.

Witbrock, Michael, David Baxter, Jon Curtis, Dave Schneider, Robert C. Kahlert, Pierluigi Miraglia, Peter Wagner, et al. "An Interactive Dialogue System for Knowledge Acquisition in Cyc." In Proceedings of the Eighteenth International Joint Conference on Artificial Intelligence (IJCAI-03), 138-145, Acapulco, August 2003.

Wittgenstein, Ludwig. Philosophical Investigations. New York: Macmillan Company, 1953.

Woods, William A. "Transition Network Grammars for Natural Language Analysis." Communications of the ACM 13, no. 10 (1970): 591-606.

Woods, William A. "What's in a Link: Foundations for Semantic Networks." In Representation and Understanding: Studies in Cognitive Science, edited by Daniel G. Bobrow and Allan Collins, 35-82. New York: Academic Press, Inc., 1975.

Wooldridge, Michael. An Introduction to Multiagent Systems. Hoboken, NJ: John Wiley and Sons, 2009.

Yu, Victor L., Lawrence M. Fagan, Sharon Wraith Bennett, William J. Clancey, A. Carlisle Scott, John F. Hannigan, Robert L. Blum, et al. "An Evaluation of MYCIN's Advice." In Rule-Based Expert Systems: The MYCIN Experiments of the Stanford Heuristic Programming Project, edited by Bruce G. Buchanan and Edward H. Shortliffe, 589-596. Reading, MA: Addison-Wesley Publishing Co., 1984.

参
考
文
献

后 记

  本书在很大程度上借鉴了人类对人工智能的长期研究成果。在本部分中，布拉赫曼和莱韦斯克参考了一些影响人类思维的人工智能领域内外部的文献（关于这些出版物的详细信息，请参见"参考书目"）。这些文献根据本书各章节进行组织，可作为更全面研究问题的起点。

  尽管本书在很大程度上依赖于从 20 世纪 50 年代开始的广泛的人工智能研究，但它更直接地受到了三本近期出版的著作的启发：加里·马库斯和欧内斯特·戴维斯的《重启 AI》，梅勒妮·米切尔撰写的《人工智能：人类思考指南》（*Artificial Intelligence: A Guide for Thinking Humans*），以及莱韦斯克的早期著作《人工智能的进化》（*Common Sense, the Turing Test, and the Quest for Real AI*）。这三本著作的共同点是它们都关注为何当前人工智能研究的目标未能达到该领域的最初愿景。尽管在其他方面取得了很多成就，但这些著作都认为，常识是当前人工智能工作中未解决的主要要素之一。然而，这三本著作都没有深入分析常识的概念。什么是常识？它是如何运作的？构建具备常识的人工智能系统需要哪些条件？在我们看来，这些问题都是必须研究的重要问题，促使我们尝试填补其中缺失的细节。已经有一些关于常识的人工智能书籍，比如 1990 年戴维斯的《常识性知识的表示》（*Representations of Commonsense Knowledge*），杰里·霍布斯和罗伯特·摩尔（Robert Moore）《常识世界的形式理论》（*Formal Theories of the Commonsense World*），麦卡锡和弗拉基米尔·利夫希茨（Vladimir Lifschitz）的《常识的形式化》（*Formalizing Common Sense*），以及埃里克·穆勒的《常识性推理》（*Commonsense Reasoning*），但这些书似乎完全专注于常识背后的知识的形式化。

  我们两位同事最近出版的另外两本书也影响了我们的方法。朱迪亚·珀尔（Judea Pearl），与丹娜·麦肯齐（Dana Mackenzie）合著的《原因之书》（*The Book of Why*）充分表明，我们完全有可能写一本适合大众读者的关于人工智能的书，其中包含一些微小的技术示例。而我们的好朋友布莱恩·坎特韦尔·史密斯于 2019 年出版的《人工智能的承诺》（*The Promise of Artificial Intelligence*）让我们认真思考实现人工智能过程中涉及的哲学问题。

最后，值得一提的是，本书还受到了许多人工智能领域之外的人近期所撰写的文章的影响。如今，在杂志和报纸的技术或商业版块中，有关人工智能当前技术水平的新闻评论随处可见。我们将在以下各章节中引用其中一些评论。关于常识的早期报告，请参阅科学作家吉娜·科拉塔（Gina Kolata）于 1982 年撰写的文章《计算机如何获得常识？》（*How Can Computers Get Common Sense?*）。有两个有关人工智能的评论作品值得关注，一个是社会学家哈利·科林斯（Harry Collins）的《人工智能》（*Artifictional Intelligence*）以及科技记者蒂姆·克罗斯（Tim Cross）于 2020 年在《经济学人》（*Economist*）上发表的文章《开始深入理解人工智能的局限性》（*An Understanding of AI's Limitations Is Starting to Sink In*）。

第 1 章　通往常识之路

第 1 章旨在激发我们的想法，并对本书其余部分进行总体概述。1958 年，约翰·麦卡锡的开创性论文引发了关于人工智能中常识的思考，该论文有着非常贴切的名字"具有常识的程序"。后来，马文·明斯基的著作《语义信息处理》（*Semantic Information Processing*）中有一个更为著名的论文《情境、行动和因果定律》（*Situations, Actions, and Causal Laws*），并被重新收录在布拉赫曼和莱韦斯克的《阅读》（*Readings*）一书中。关于这些论文的更多内容，请参阅第 4 章和第 8 章的注释。来自加里·马库斯和欧内斯特·戴维斯的引文摘自他们 60 年后出版的著作

《重启 AI》的第 94 页。

正如本文所述，无论在该领域的内部还是外部，关于人工智能应该去向何方以及哪些因素最重要的问题一直存在激烈的争议。要了解当前的观点，可以参考未来学家马丁·福特（Martin Ford）在 2018 年与人工智能研究人员实施访谈后所编写的著作《智能建筑师》（*Architects of Intelligence*）。福特的书中充满了洞察力与奇思妙想，但并未形成统一的理论。我们认为，关于人工智能研究应该如何进行的问题，最好在实践中解决，而不是陷入无休止的争论。无论什么方法，只要有效就行。

在本书中，我们不会争论人工智能领域的发展方向，而是探索一条通往常识的特定道路，旨在更好地理解本次旅程的内容。我们首先探讨了人类的常识（第 2 章），包括深度学习在内的人工智能系统的历史（第 3 章），以及使用符号的想法从何而来及其背后的科学假说（第 4 章）。然后我们会详细研究这一假说（第 5~8 章），然后尝试与实际的常识性的行为建立联系（第 9 章）。最后，我们会考虑两个剩下的问题：如何将这些想法付诸实践（第 10 章），以及我们为什么要这样做（第 11 章）。

在我们看来，这仍然无法解决是否应该进行人工智能研究的争论，但是我们希望这能帮助我们阐明与常识有关的问题。

🖳 第 2 章　人类的常识

长期以来，常识一直是公众热议的话题，但相对而言，并没有多少人对其进行详细阐释。有时，该术语只是用来代表良好的常识或逻辑思维。在第 2 章开头，我们展示了对常识的几个有趣的观点，而且在网上还可以找到许多其他观点。令人惊讶的是，我们对于人类常识的理解很难找到清晰明确的描述。对于何时使用常识及其普遍（或非普遍）特性，有很多推测，但几乎没有关于常识的实质性描述。

很难找到关于人类常识现象的科学研究。或许是因为人们很难明确区分常识与其他更专门的思维模式。丹尼尔·卡尼曼在《思考，快与慢》（*Thinking, Fast and Slow*）一书中提出的系统 1 和系统 2 的区分是理解人类心理学的一种有用方法。有趣的是，卡尼曼的这本书概述了他与阿莫斯·特沃斯基（Amos Tversky）关于认知偏见的研究（包括本文讨论的琳达实验），但书中甚至都没有将"常识"列入索引。

如第 2 章所述，也许与常识直接相关的心理学中最重要的工作是与所谓的实践智能有关的工作。罗伯特·斯特恩伯格及其同事在这个领域有一系列的出版物，其中包括一本名为《日常生活中的实践智能》（*Practical Intelligence in Everyday Life*）的综合性著作，还有一篇近期发表的综述文章，由斯特恩伯格的合作者詹妮弗·赫德伦（Jennifer Hedlund）撰写，题为《实践智能》（*Practical Intelligence*）斯特恩伯格在他的 2021 年著作《自适应智能》（*Adaptive Intelligence*）中阐述了更广泛的自适应智能理论。文献中关于实践智能的大部分讨论都集中在测量方面，主要是对智商测试所谓的单一"普遍智能"系数 g 表示不满。此外，还有一个问题是关于是否能够教授常识，有一些指南和网站声称可以提供提高实践智能的方法。虽然我们暂不讨论这些问题，但这些辩论所产生的见解可能会对人工智能的研发提供重要价值。

肯尼斯·哈蒙德在 1980 年以来的一系列出版物中介绍了他的认知连续体理论。他和同事在 1987 年发表的文章《专家判断中直觉和分析认知的效能的直接比较》（*Direct Comparison of the Efficacy of Intuitive and Analytical Cognition in Expert Judgment*）是一个很好的例子。哈蒙德指出，直觉型认知更倾向于图像化，而分析型认知更倾向于语言化。有证据表明，更多的分析能力是由人脑的不同部分（前额叶皮层）处理，而控制日常自动驾驶活动的部分（杏仁核和小脑）则不同。作为记忆的所在地，颞叶对于人类的常识可能很重要，但与神经科学相关的内容则需要另行探讨。

另外，与心理学家强调行动的常识的观点相对应，哲学家有时区分关于世界真相的推理和他们所称的实践推理（Practical Reasoning），后者涉及应该采取的行动。哲学家埃利亚·米尔格拉姆（Elijah Millgram）

编辑的《实践推理的多样性》（*Varieties of Practical Reasoning*）提供了多个观点。关于理性的更多内容，请参阅史蒂文·平克于 2021 年出版的《理性》（*Rationality*）一书。

从社会学的角度来看，邓肯·瓦茨在他富有洞察力的著作《一切都显而易见》中提供了一个关于常识的有用描述。我们基本上同意他的表述，比如他强调了快速、简单、基于经验的解释以及常识的实践本质。然而，在几个关键点上，我们与瓦茨的观点有所不同。首先，正如我们的术语定义所明确所示的那样，为了展现出常识，它必须能够有效地利用经验知识来实现目标。瓦茨更多地关注知识本身，这固然很重要，但在我们看来，推理方面同样至关重要。其次，瓦茨推测实用性意味着不需要理解为什么某些知识是常识性的，"人们不需要知道为什么（某事是真实的），才能从这种知识中获益，而且可以说，最好不必过分关注这个问题"。我们认为，至少要对常识的工作原理有直观的理解，正如我们在第 11 章中观察到的那样，能够根据其依赖的基础知识对其进行详细解读。

弗雷德里克·巴特利特爵士在心理学中关于重建性记忆的研究被收录在他经典著作《记忆：实验与社会心理学研究》（*Remembering: A Study in Experimental and Social Psychology*）中。我们在第 7 章中再次提到了这一点，并提供了关于目击证人记忆的参考资料。

在第 2 章的最后一节中，我们提到了与常识相异的几件事。例如，我们谈到，专家们通常是获取需要复杂分析思维的专业知识。但似乎专家也在努力研究如何让人们直观理解其专业领域的知识，构建一种可以与同行群体共享的常识性知识。心理学家加里·克莱因（Gary Klein）在其著作《直觉的力量》（*The Power of Intuition*）中，非常具有说服力地讲述了专家的直觉决策以及专家使用直觉而不是理性有序分析做出关键决策的频率。我们还提到了拼图模式思维；关于这个想法的初步分析，可以参考莱韦斯克于 1988 年撰写的论文《逻辑与推理的复杂性》（*Logic and the Complexity of Reasoning*）。最后，关于模式识别，在第 2

章中提到的例子涉及在线性字母序列中的查看模式。计算机科学家米哈伊尔·邦加尔德（Mikhail Bongard）提出了一个涉及二维视觉结构的有趣任务，并在梅兰妮·米歇尔的书《人工智能》中进行了详细讨论。

第3章　人工智能系统中的专业知识

第3章探讨了各种不同的人工智能系统与项目。帕梅拉·麦考达克（Pamela McCorduck）和尼尔斯·尼尔森（Nils Nilsson）都对人工智能史进行了翔实概述：分别为《会思考的机器》（*Machines Who Think*）和《人工智能的探索》（*The Quest for Artificial Intelligence*）。2005年和2006年由大卫·莱克（David Leake）编辑的《人工智能杂志》（*AI Magazine*）特刊中出现了关于整个领域的回顾文章，以此纪念开启人工智能领域50周年。2020年，由阿肖克·戈埃尔（Ashok Goel）编辑的一期《人工智能杂志》调查了美国DARPA资助的研究人员所作的重大贡献。

20世纪40年代末，艾伦·图灵提出了一个重要设想，即什么样的机器才是智能机器。图灵思考了确定机器是否能思考的方法（文中提到的模仿游戏）及其所有优点与缺点，是思考人工智能的关键早期驱动力。莱韦斯克的《常识》（*Common Sense*）一书，以及加里·马库斯、弗朗西斯卡·罗西（Francesca Rossi）和曼努埃拉·维罗索（Manuela Veloso）在2016年出版的《人工智能杂志》特刊中，都对图灵测试进行了深入阐述。而且，图灵在1953年的文章《用于游戏的数字计算机》（*Digital Computers Applied to Games*）中也探讨了如何将计算机应用于战略游戏，该文章以克劳德·香农（Claude Shannon）在《编写计算机下棋程序》（*Programming a Computer for Playing Chess*）中的研究成果为基础进行探讨研究。

许多人认为，人工智能领域始于著名的达特茅斯夏季研究项目。1956年在新罕布什尔州举行了为期八周的研讨会，该研讨会基于约翰·麦卡锡、马文·明斯基、纳撒尼尔·罗切斯特（Nathaniel Rochester）和香农的《达特茅斯夏季人工智能研究项目建议书（1955年8月31日）》（*A Proposal for the Dartmouth Summer Research Project on Artificial Intelligence, August 31, 1955*）。洛克菲勒基金会就该会议提出了提案，预先谈到了许多主题，此类主题在如今仍然是该领域的核心关注点，包括使用抽象和概念进行推理、学习（包括神经网络）、创造、解决问题和玩游戏。从达特茅斯会议的前一年开始，艾伦·纽韦尔（Allen Newell）、赫伯特·西蒙和克里夫·肖（Cliff Shaw）就一直在研究名为"逻辑理论家"的人工智能程序。1956年初，据说西蒙对他的一个学生说过这句话："在圣诞节假期里，我和艾伦·纽韦尔发明了一台思考机器"[引用自拜伦·斯派斯（Byron Spice）在2006年1月2日发表于《匹兹堡邮报》的一篇文章]。

游戏和游戏相关的搜索在人工智能史上一直发挥着重要作用。纽韦尔和西蒙在1976年发表的图灵奖演讲中提出了他们关于搜索的想法，题为《作为经验研究的计算机科学》（*Computer Science as Empirical Inquiry*）。关于跳棋，约翰·麦卡锡和埃德·费根鲍姆（Ed Feigenbaum）在亚瑟·塞缪尔（Arthur Samuel）去世后发表了一篇关于其相关贡献的文章，该文章的副标题为《机器学习的先驱》（*Pioneer in Machine Learning*）。2007年，乔纳森·谢弗（Jonathan Schaeffer）在《科学》（*Science*）杂志上与人合著的文章"跳棋已解"（Checkers Is Solved）记录了其最终战胜跳棋的过程。深蓝系统在国际象棋中的成功更为人所知。[例如，请参阅蒙蒂·纽伯恩（Newborn, Monty）的著作《深蓝》]。在汉斯·伯林（Hans Berliner）的文章《西洋双陆棋电脑程序击败世界冠军》（*Backgammon Computer Program Beats World Champion*）及诺姆·布朗（Noam Brown）和托马斯·桑德霍尔姆（Tuomas Sandholm）的文章《超人类人工智能用于一对一无限注德州扑克：冷扑大师击败顶级职业玩家》（*Superhuman AI for Heads-up No-Limit Poker: Libratus Beats Top Professionals*）中描述了双陆棋与扑克的成功。

293

在自然语言处理方面，特里·维诺格拉德的麻省理工学院（MIT）论文 [1972 年在《认知心理学》（*Cognitive Psychology*）期刊上发表的论文《理解自然语言》（*Understanding Natural Language*）] 是自然语言处理早期历史上的一个里程碑，同时也作出了其他重要贡献，例如威廉·伍兹（William Woods）的著作《用于自然语言分析的过渡网络语法》（*Transition Network Grammars for Natural Language Analysis*）。罗伯特·西蒙斯（Robert Simmons）在 1965 年的文章《用计算机回答英语问题：一项调查》（*Answering English Questions by Computer: A Survey*）中调查了许多问答系统。丹尼尔·朱拉夫斯基（Daniel Jurafsky）和詹姆斯·马丁（James Martin）编撰了一本关于自然语言处理、语音和语言处理的最新教科书，该教科书正持续更新中。在语音识别和语音理解方面，马克·利伯曼（Mark Liberman）和查尔斯·韦恩（Charles Wayne）在《人类语言技术》（*Human Language Technology*）中进行了全面回顾。最近对维诺格拉德模式的关注源于莱韦斯克、欧内斯特·戴维斯和莱奥拉·摩根斯坦恩（Leora Morgenstern）在 2012 年发表论文《维诺格拉德模式挑战赛》（*The Winograd Schema Challenge*），并在莱韦斯克的《常识》（*Common Sense*）一书中进行了进一步讨论。

规则推理系统出现的早期预兆是明斯基主编的《语义信息处理》（*Semantic Information Processing*），其展示了使用符号知识来支持人工智能的几篇先驱博士论文。在佛雷德里克·海伊斯–罗斯（Frederick Hayes–Roth）、唐纳德·沃特曼（Donald Waterman）和道格拉斯·莱纳特（Douglas Lenat）所著的《构建专家系统》（*Building Expert Systems*）一书以及彼得·杰克逊（Peter Jackson）所著的《专家系统简介》（*Introduction to Expert Systems*）中，对专家系统进行了全面详细的描述。MYCIN 系统在爱德华·肖利夫（Edward Shortliffe）的作品《基于计算机的医疗咨询》（*Computer-Based Medical Consultations*）中提出。1984 年，维克托·于（Victor Yu）及其同事在《对 MYCIN 建议的评价》（*An Evaluation of MYCIN's Advice*）中报告了 MYCIN 在传染性脑膜炎治疗建议中的功效。在双盲两阶段评估中，该建议被评为可接受频次高于七名医生与一名医学生的建议。有关探矿者的详细信息，其发明者理查德·杜达（Richard Duda）、约翰·加施尼格（John Gaschnig）和彼得·哈特（Peter Hart）在《矿产勘查探矿者顾问系统中的模型设计》（*Model Design in the Prospector Consultant System for Mineal Exploration*）中发表，有关 XCON 的详细信息，其发明者约翰·麦克德莫特（John McDermott）在《R1：基于规则的计算机系统配置器》（*R1: A Rule-Based Configurer of Computer Systems*）中发表，之后朱迪思·巴尚特（Judith Bachant）和埃利奥特·索洛韦（Elliot Soloway）撰写了"XCON 工程（The Engineering of XCON）"评论。欧内斯特·戴维斯关于专家系统脆弱性的引文来自其作品《人工智能》（*Artificial Intelligence*）。

关于集成系统，1970 年，布拉德·达拉赫（Brad Darrach）在《生活》（*Life*）杂志上发表了一篇文章，首次向公众展示了人工智能机器人莎琪（Shakey）。在文章标题中赋予莎琪一个引人深思的描述"遇见莎琪，第一个电子人"，文章还声称莎琪有"自己的思想"。大约 30 年后，沃尔夫勒姆·布尔加德（Wolfram Burgard）与其同事在《体验互动式博物馆导游机器人》（*Experiences with an Interactive Museum Tour-Guide Robot*）中提出博物馆导游机器人。塞巴斯蒂安·特伦（Sebastian Thrun）和他的团队在《斯坦利：赢得 DARPA 大挑战赛的机器人》（*Stanley: The Robot That Won the DARPA Grand Challenge*）中详细记录了 2005 年 DARPA 大挑战赛中的无人驾驶汽车。尼古拉·穆塞托拉（Nicola Muscettola）及其同事在"远程代理"中讨论了深空 1 号上的人工智能系统。1999 年浅田稔（Minoru Asada）及其公司的文章《机器人杯》（*RoboCup*）中描述了机器人世界杯比赛，最近，浅田稔和奥斯卡尔·范斯特里克（Oskar von Stryk）在《机器人世界杯中的科技挑战》（*Scientific and Technological Challenges in RoboCup*）中描述了机器人世界杯。约翰·莱尔德（John Laird）在其 2019 年的作品《符号操作和检索认知架构》（*The Soar Cognitive Architecture*）中提出了 Soar 架构。布拉赫曼、大卫·冈宁（David Gunning）和默里·伯克（Murray Burke）最近在《人工智能杂志》上发表的文章《集成人工智能系统》（*Integrated AI Systems*）中调查了其他机器人和非机器人集成人工智能系统。机器人相关研究综述，集中在更多的认知方面，请参阅莱韦斯克和格哈德·拉克迈尔的文章《认知机器人学》（*Cognitive Robotics*）。

谈及机器人，在人工智能最新技术相关的新闻报道或纪录片中，无一例外地将机器人定义为看起来像人类或以类似人类方式移动的机器人。大多数情况下，此类人形机器人与人工智能几乎毫无关联。其更注重机器人的外表，而非其价值。隐藏在场边的人类甚至可以通过遥控对其进行操控——这一传统可以追溯到 18 世纪 70 年代的下棋机器人（其中一个著名的机器人被称为机械土耳其人）。

在神经网络建模方面，数据驱动学习起初只是小有成就，而如今已经发展成为人工智能的主导力量。图灵奖获得者扬·勒库恩（Yann LeCun）、约书亚·本吉奥（Yoshua Bengio）和杰弗里·辛顿（Geoffrey Hinton）在《自然》（*Nature*）杂志上发表了权威文章《深度学习》（*Deep Learning*），对了解深度学习卓有成效。扎汉吉尔·阿洛姆博士（Md Zahangir Alom）及其同事编制了一份更广泛的调查报告《深度学习理论和架构的最新进展综述》（*A State-of-the-Art Survey on Deep Learning Theory and Architectures*），其中包含了三百多篇参考文献（包括本文提到的早期工作）。本文还讨论了微软、IBM、谷歌和其他公司的许多应用程序。杰夫·迪恩（Jeff Dean）关于深度学习对语音工作的影响的引用源自米切尔的《人工智能》第 180 页。克里斯托弗·沙略（Christopher Shallue）和安德鲁·范德堡（Andrew Vanderburg）在《用深度学习识别系外行星》（*Identifying Exoplanets with Deep Learning*）中讨论了深度学习在天文学中的应用。2020 年 7 月 29 日，《纽约时报》刊登了法哈德·曼朱（Farhad Manjoo）关于 GPT–3 的一篇专栏文章《你怎么知道这是人类写的？》（*How Do You Know a Human Wrote This*）在希腊，GPT–2 转换器输出的例子来自马库斯的引人深思的著作《人工智能的下一个十年》(*The Next Decade in AI*)预印本(生日蛋糕的例子出自同一个程序)。大卫·西尔弗(David Silver)在《自然》杂志上发表的多作者文章《用深度神经网络和树状搜索掌握围棋游戏》(*Mastering the Game of Go with Deep Neural Networks and Tree Search*)对以深度学习为基础的围棋方法进行了阐述。弗朗索瓦·肖莱(François Chollet)关于深度学习局限性出自其《论智力的测量》(*On the Measure of Intelligence*),然而其他研究人员也表达了类似的担忧。此处引用的约翰·莱韦斯克(John Levesque)的《日内瓦告别》(*Geneva Farewell*)中的"下一部小说"的第一句话。

第 4 章 知识及其表达

第 4 章关于常识研究的基础内容,涉及知识、表示和推理,及其与逻辑的联系。

自古希腊时代以来,关于知识的主题一直是哲学研究的重点。此方面相关的两本论文集是 A. 菲利普斯·格里菲斯(A. Phillips Griffiths)的《知识与信仰》以及迈克尔·罗斯(Michael Roth)和莱昂·加利斯(Leon Galis)的《认知》(*Knowing*)。哲学家亚科·欣蒂卡(Jaakko Hintikka)在《知识与信仰》一书中对知识进行了首次的数学分析,并且这项工作在计算机科学中得到了进一步的应用,如罗纳德·费金(Ronald Fagin)及其同事的《关于知识的推理》(*Reasoning about Knowledge*)一书中所述。在莱韦斯克和格哈德·拉克迈尔《知识库的逻辑》(*The Logic of Knowledge Bases*)一书中描述了关于知识的研究,它强调知识在知识库中的符号表示。

逻辑本身是一门庞大的课题,包含了许多不同的思想,甚至难以对其进行概括。就我们的目的而言,我们可以将研究重点放在西方古典传统中的演绎逻辑,如亚历克斯·马尔帕斯(Alex Malpass)和玛丽安娜·安东努蒂·马尔福里(Marianna Antonutti Marfori)合著的《哲学与形式逻辑史：从亚里士多德到塔斯基》（*The History of Philosophical and Formal Logic: From Aristotle to Tarski*）一书。正如书中所指出的，现代形式的符号逻辑是由戈特洛夫·弗雷格（Gottlob Frege）提出的，由数学家朱塞佩·皮亚诺（Giuseppe Piano）在 20 世纪初提出特定符号。关键的发展是一个正式的系统，它不仅包括语句级的运算符，如"和""或"和"不"[早期逻辑学家乔治·布尔（George Boole）提出的所谓布尔运算符]，并且还首次包含了有参数、变量和量词的谓词，将在第 8 章中使用以上这些内容，并进行进一步讨论。

像文字这样的符号对人类思考过程的重要性，特别是通过阅读和写作，在大卫·奥尔森（David Olson）的《纸上的心灵》（*The Mind on Paper*）一书中有所涉及。关于文字和数字等表示方面的早期创始人是戈特弗里德·莱布尼茨（Gottfried Leibniz），他是有史以来最有魅力的思想家之一。莱布尼茨的引文来自他 1677 年的《普通科学》（*General Science*）序言，在尼古拉斯·乔利（Nicholas Jolley）《剑桥莱布尼茨指南》（*The Cambridge Companion to Leibniz*）的再版中，它明确提到了我们现在所称的符号处理，但对这一想法的具体特征（区别于算术）直到近 300 年后才出现在约翰·麦卡锡、艾伦·纽韦尔等人的著作中 [例如，在麦卡锡发表于 1960 年的论文《符号表达式的递归函数及其机器计算，第一部分》（*Recursive Functions of Symbolic Expressions and Their Computation by Machine, Part I*）。即使是 20 世纪 30 年代逻辑学家库尔特·哥德尔（Kurt Gödel）处理逻辑语言公式的著作，也是通过首先将这些公式映射到数字上（后来被称为哥德尔化），从而实现算术。

麦卡锡关于常识的引文摘自他发表于 1958 年的论文《程序与常识》（*Programs with Common Sense*），该论文在第 1 章的开头就提到了这个观点。知识表示假说引用自布莱恩·坎特韦尔·史密斯（Brian Cantwell Smith）的博士论文《程序性语言中的反思和语义》（*Reflection and Semantics in a Procedural Language*）。通常认为这个想法是由麦卡锡提出，但其他人工智能研究人员显然也在进行同样的工作。对于艾伦·纽

机器如人

韦尔和赫伯特·西蒙来说，研究重点更多在于符号方面，他们的版本被称为物理符号系统假说（physical symbol system hypothesis），他们发表于 1976 年的论文《作为经验研究的计算机科学》（*Computer Science as Empirical Inquiry*）中这样描述："一个物理符号系统具有一般智能行动的必要和充分的手段。"

关于知识系统的认识论和启发式充分性的想法，麦卡锡在他 1977 年发表的《人工智能的认识论问题》（*Epistemological Problems of Artificial Intelligence*）文章中进行了讨论。

这一章提到了几个关键的领导者，他们遵循麦卡锡的道路，使用逻辑公式来表示常识性知识。例如，欧内斯特·戴维斯于 1990 年出版的《常识性知识的表示》（*Representations of Commonsense Knowledge*），约瑟夫·霍珀（Joseph Halpern）于 2017 年出版的《关于不确定性的理性》（*Reasoning about Uncertainty*），杰里·霍布斯（Jerry Hobbs）和罗伯特·莫尔（Robert Moore）于 1985 年出版的《常识世界的形式理论》（*Formal Theories of the Commonsense World*），以及雷蒙德·赖特于 2001 年出版的《行动中的知识》（*Knowledge in Action*）。关于需要考虑扩展逻辑以涵盖默认以及典型性等概念，可参考马修·金斯伯格（Matthew Ginsberg）的《非单调推理中的阅读》（*Readings in Nonmonotonic Reasoning*）。明斯基关于不充分逻辑推理的引文在他 1985 年发表的论文《知识表示框架》的第 262 页。

虽然 Cyc 可能是人工智能中持续运行时间最长的项目，但也是最具争议的项目之一，与其说是因为赋予它具有挑战性的使命，不如说是因为它极度缺乏信息流。已经有关于 Cyc 的同行评议出版物，例如辛西娅·马图塞克（Cynthia Matuszek）及其同事的《寻找常识》（*Searching for Common Sense*）和迈克尔·维特布罗克（Michael Witbrock）及其同事的《Cyc 中获取知识的交互式对话系统》（*An Interactive Dialogue System for Knowledge Acquisition in Cyc*），但对这样一个规模的 35 年研究项目来说，这些出版物是罕见的。也许最全面的描述是道格拉斯·莱纳特和拉马纳坦·古哈（Ramanathan Guha）的《构建大型知识系统》（*Building Large Knowledge-Based Systems*）一书，但这被定义为一份"中期报告"，并未反映出 1989 年以后的工作。许多关于 Cyc 的说法只出现在流行杂志上，例如莱纳特在 2019 年 7 月的《福布斯》（*Forbes*）杂志上提到的一篇题为《人工智能可以从罗密欧与朱丽叶中学到什么》（*What AI Can Learn from Romeo & Juliet*）的文章（莱纳特关于"启发式推理模块"的引文摘自该文章）。几乎所有关于项目的信息都被项目和公司领导仔细控制。例如，Cyc 实际规模的引文来自 Cyc 网站，且据我们所知尚未得到独立确认。欧内斯特·戴维斯和加里·马库斯在他们发表于《美国计算机学会通讯》（*Communications of the ACM*）的文章《人工智能中的常识性推理与常识性知识》（*Commonsense Reasoning and Commonsense Knowledge in Artificial Intelligence*）这种有点不妙的情况进行了评论：如果可以对 CYC 进行系统的描述和评价，那么该领域可能会受益匪浅。如果 CYC 已经解决了常识性推理的一些重要部分，那么知道这一点是至关重要的，它既可以作为一个有用的工具，也是进一步研究的起点。如果 CYC 运行出现问题，从所犯的错误中吸取教训也将受益匪浅。如果 CYC 完全没用，那么研究人员至少可以不再担心他们是否在重新发明车轮这个问题。

2018 年，汤姆·米切尔和他的团队发表了一篇名为《永恒语言学习》（*Never-Ending Learning*）的文章，描述了 NELL 项目。GOFAI（优秀的老式人工智能）这个术语来自约翰·豪格伦（John Haugeland）的著作《人工智能：非常理念》（*Artificial Intelligence: The Very Idea*）。

扬·勒库恩（Yann LeCun）、约书亚·本吉奥（Yoshua Bengio）和杰弗里·辛顿（Geoffrey Hinton）等深度学习领域的思想领袖都提到了他们认为常识对人工智能系统极其重要，强化了本书主题的批判性。令人并不感到意外，他们相信某种形式的深度学习终究会解决这个问题 [例如马丁·福特（Martin Ford）在《智能建筑师》（*Architects of Intelligence*）一书中对他们的采访]。先前所提到的 COMET 系统探索了一种更加混合的方法，在安托万·博瑟卢（Antoine Bosselut）及其同事的预印本中进行了描述。另外，在马库斯的预印本《人工智能的未来十年》（*The Next Decade in AI*），其中探究了对这种混合系统的需求，以及唐·门罗最近发表于《美国计算机学会通讯》的文章《探寻人工常识》（*Seeking Artificial Common Sense*），探索了该主题相关研究以及迄今为止部署的人工智能系统缺乏类似常识的问题。

第5章 对世界的常识性理解

从广义上讲，第5章内容主要是关于常识性主体的知识需要对世界做出的假设（抛开常识不谈，这和试图解释世界到底是什么样子并不完全是一回事）。如上所述，有不同的方式来看待这一点，强调不同的方面。在发展心理学中，研究人员通常专注于世界上的更多物理方面，例如，物理因果关系处于中心位置，空间发挥着与时间一样突出的作用。关于这种心理学的观点，请参阅加里·马库斯的《心灵的诞生》（*The Birth of the Mind*），史蒂芬·平克的《语言本能》（*The Language Instinct*），以及伊丽莎白·斯佩尔克（Elizabeth Spelke）和凯瑟琳·金兹勒（Katherine Kinzler）的《核心知识》（*Core Knowledge*）。

在人工智能中，一个系统所掌握的各种事物的分类有时被称为本体论；史蒂芬·斯塔布（Steffen Staab）和鲁迪·斯图特（Rudi Studer）已经就该主题编写了厚厚的《本体论手册》（*Handbook on Ontologies*）。可以想象，不同领域的人工智能系统可以使用完全不同的本体（例如，在考古学、内分泌学、社会学以及神话学中）。布莱恩·坎特韦尔·史密斯在第5章末尾对本体论的引用来自《人工智能的承诺》（*The Promise of Artificial Intelligence*）的第142页。

按照第5章所提倡的，人工智能系统的知识有时首先被分类为宽泛的一般类别，即上层或顶层本体论 [见阿尔多·甘格米（Aldo Gangemi）及其同事的文章《理解顶层本体区分》（*Understanding Top-Level*

Ontological Distinctions）以及伊恩·奈尔斯（Ian Niles）和亚当·皮斯（Adam Pease）的《走向标准的上层本体论》（*Towards a Standard Upper Ontology*）]。这个想法是想象一个分类法对主题的整体进行分类，从而得出应该接近这个分类法的顶部的事物，应该处于"生物"或"物理对象"之类的事物之上。

"万有理论"是物理学家用来描述整个宇宙的统一数学描述的术语。对许多研究人员来说，在常识中，最重要的并且会首先关注到的是我们所谓的中宏观物体（重点是位置、形状、外壳等）。比如说，请参阅默里·沙纳汉（Murray Shanahan）及其同事在 2020 年发表的文章《人工智能和动物的常识》（*Artificial Intelligence and the Common Sense of Animals*）。"朴素物理学"（有时也被称为"民间物理学"）一词是由帕特里克·海斯在他的《朴素物理学宣言》（*Naive Physics Manifesto*）中推广的，该宣言的续集是《第二个朴素物理宣言》（*The Second Naive Physics Manifesto*）。有时用术语"定性物理学"来强调关于物理对象和属性的非数值推理，这是常识的典型。定性物理学的大部分工作都起源于约翰·德克利尔（Johan de Kleer）的思想，随后由肯·福布斯（Ken Forbus）等人详细阐述 [见《物理系统定性推理阅读》（*Readings in Qualitative Reasoning about Physical Systems*），由丹尼尔·韦尔德（Daniel Weld）和德·克利尔著]。在定性物理学方面，最让人感兴趣的是关于空间和时间本身的推理，如安东尼·科恩（Anthony Cohn）的文章《定性空间推理的挑战》（*The Challenge of Qualitative Spatial Reasoning*）和詹姆斯·艾伦（James Allen）的《保持对时间间隔的了解》（*Maintaining Knowledge about Temporal Intervals*）。沙纳汉在他出版于 1997 年的书《解决框架问题》（*Solving the Frame Problem*）和埃里克·穆勒（Erik Mueller）的《常识性推理》（*Commonsense Reasoning*）第 5 章中详细探讨了惯性的常识定律。它与所谓的框架问题有关，第 8 章的注释中有所涉及。德里克·比克顿（Derek Bickerton）的《亚当》（*Adam's Tongue*）一书中讨论了语言的位移特性，以及它是如何使人类的语言使用不同于其他形式的动物交流。

关于数量和极限，以定性的方式推理数量的目标，即不使用实数或大整数（例如，变量可能仅采用以下三种可能值中的一种：正、负或零）是上述定性物理学工作的根源，下一章将探讨数量级推理。关于国王和骑士到达棋盘上的方格这一例子取自大卫·麦卡莱斯特（David McAllester）的《关于认知判断的观察》（*Observations on Cognitive Judgments*）。

在安迪·克拉克（Andy Clark）的《从民间心理学到朴素心理学》（*From Folk Psychology to Naive Psychology*）和斯图尔特·瓦特（Stuart Watt）的《朴素心理学宣言》（*A Brief Naive Psychology Manifesto*）中对朴素心理学（通过与朴素物理学的类比）进行了探讨。将主体建模为受信念、欲望和意图支配的事物的想法在 2005 年杰里·霍布斯和安德鲁·戈登（Andrew Gordon）的论文《元认知常识心理学的大规模形式理论》（*Toward a Large-Scale Formal Theory of Commonsense Psychology for Metacognition*）以及阿南德·拉奥（Anand Rao）和迈克尔·乔治夫（Michael Georgeff）的早期论文《在 BDI 架构中对理性的代理进行建模》（*Modeling Rational Agents within a BDI Architecture*）中提出。戈登和霍布斯的《常识心理学的形式化理论》（*A Formal Theory of Commonsense Psychology*）对"人们如何思考其他人的思考"有更全面的描述。意图本身有时被视为衍生属性，或某些信念和目标的组合，如菲利普·科恩（Philip Cohen）和莱韦斯克在 1990 年发表的文章《意图是有承诺的选择》（*Intention Is Choice with Commitment*）中所述。另一个被认为是从信念中衍生出来的属性是知识或认知能力，这在伊夫·莱斯佩兰斯（Yves Lespérance）和公司关于逻辑学研究的文章《情境演算中的能力与知识》（*Ability and Knowing How in the Situation Calculus*）中有所探讨。艾莉森高普尼克（Alison Gopnik）和珍妮特·阿斯廷顿（Janet Astington）在《儿童对表示变化的理解》（*Children's Understanding of Representational Change*）中讨论了儿童需要达到一定年龄才能意识到人们可能会根据错误的信念行事的观点。言语行为在约翰·塞尔（John Searle）的《表达与意义》（*Expression and Meaning*）一书中有所涉及，在科恩和 C. 雷蒙德·佩罗（C. Raymond Perrault）发表于 1979 年的文章《基于计划的言语行为理论的要素》（*Elements of a Plan-Based Theory of Speech Acts*）中作为人工智能的应用。科恩和莱韦斯克在《团队合作》（*Teamwork*）中讨论了一组主体之间的共同意图，塞尔在他的《集体意图和行动》（*Collective Intentions and Actions*）中讨论了这一点。对于多主体群体的更广泛的观点，也就是所谓的"朴素社会学"，请参阅迈克尔·伍尔德里奇（Michael Wooldridge）的《多主体系统简介》（*An Introduction to Multiagent Systems*）。

人工智能中因果关系的研究主要与朱迪亚·珀尔（Judea Pearl）的两本书《因果关系》（*Causality*）和《为什么》（*The Book of Why*）[与丹娜·麦肯齐（Dana Mackenzie）合著] 中的研究相关，同时与约瑟夫·霍珀的合作也有所联系。[见约瑟夫的《实际因果关系》（*Actual Causality*）] 重点在于从一组给定的基本因果事实（通常以图形形式表示）中得出适当的结论，并将因果关系与纯粹的统计相关性区分开来。

第 6 章　常识性知识

在前一章的分析中，我们认为世界是由某些事物组成的，这些事物需具备随时间变化的属性。本章关注的是我们对这些事物及其属性的了解，特别是我们可能对它们所形成的想法或概念。

有一个常见的误解是认为可以通过某种定义来充分表示概念，我们需要摒弃这种错误概念。虽然生日派对仅仅只是一个派对，但它的目的是庆祝某人的生日，关于生日派对的概念则更丰富：有蛋糕、蜡烛和歌曲（至少在西方传统中是这样）。像威拉德·范奥曼·奎因（Willard Van Orman Quine）[《从逻辑观点看》（*From a Logical Point of View*）] 和路德维希·维特根斯坦 [《哲学研究》（*Philosophical Investigations*）] 这样的哲学家都反对用范畴定义来理解概念，第 6 章的大部分内容都探讨了在思考生日聚会之类的事情时，除了必要和充分条件之外，还必须考虑什么。

本文的大部分内容都受到了马文·明斯基的启发。从这个领域一开始，明斯基对人类推理的关注就使他的工作区别于他的同事约翰·麦卡锡的工作，正如在《心灵学会》（*Society of Mind*）第 323 页所述："麦卡锡更关心建立推理的逻辑和数学基础，而我更关心我们如何使用模式识别和类比进行推理。"明斯基的文章提出了构建基于知识的人工智能系统的替代思想，其中最有影响力的是他的框架系统概念。这里的扩展引文来自他 1974 年 6 月的麻省理工学院人工智能实验室备忘录 306[《知识表示框架》（*A Framework for Representing Knowledge*）]，文章可在线查阅，并在布拉赫曼和莱韦斯克的《知识表示中的阅读》（*Readings in Knowledge Representation*）一书中重印。关于明斯基的整体观点的更有趣与全面的描述，请参阅他的《心灵学会》一书。关于大象和树的例子取自布拉赫曼的"谎报"（*I Lied about the Trees*）。以定型的方式记住发生的情况，然后在唤醒之前的经验之后，使记住的结构适应当前的情况，这是一个重要的概念，巩固了人工智能中一个重要的，并且在某些程度上被低估的线索。这种基于记忆的推理概念也融入了罗杰·尚克及其学生的研究中。这在尚克的文章《语言和记忆》（*Language and Memory*）和《动态记忆》（*Dynamic Memory*）一书以及和罗伯特·阿贝尔森（Robert Abelson）合著的《脚本、计划、目标》（*Scripts, Plans, Goals*）一书中有所涉及。海梅·卡本内尔（Jaime Carbonell）和史蒂文·明顿（Steven Minton）在他们的《隐喻与常识性推理》（*Metaphor and Commonsense Reasoning*）一文中提出了一个经验性推理假设（也可能由明斯基提出）：在平凡的、经验丰富的循环情境中进行的推理，与在更抽象的、实验性的或其他非循环情境（如一些数学或解谜领域）中明显的、形式的、演绎的推理有质的不同，这个观点可以作为这种思路的总结。珍妮特·科洛德纳（Janet Kolodner）和其他人通过他们所谓的基于案例的推理，将基于记忆的推理扩展到与医疗诊断、设计、冲突解决、规划和其他领域有关的问题解决情况。请参阅她于 1993 年出版的著作《基于案例推理》（*Case-Based Reasoning*）。

现在应该很明显，许多与概念和范畴相关的事物都与人类的语言和思维有关，而重要的相关思想来自心理学和哲学。例如，原型的概念主要见于心理学文献。请参阅道格拉斯·梅丁（Douglas Medin）和爱德华·史密斯（Edward Smith）的评论文章《概念和概念形成》（*Concepts and Concept Formation*），以及埃莉诺·罗什（Eleanor Rosch）和芭芭拉·劳埃德（Barbara Lloyd）编辑的《认知和分类》（*Cognition and Categorization*）。亚科·欣蒂卡在他的《知识与信仰》（*Knowledge and Belief*）中探讨了"知道那个"和"知道谁"之间的区别。伯特兰·拉塞尔（Bertrand Russell）关于名字、名词短语和个体的观点可以在他的《论指称》（*On Denoting*）一文中找到，并将对我们在接下来的两章中使用个体符号产生影响。

布莱恩·坎特韦尔·史密斯在最后一节中的引文，来自他的《人工智能的承诺》一书的第 63 页。罗德尼·布鲁克斯（Rod Brooks）关于世界及其模型的陈述摘自他的《无表示智慧》（*Intelligence without Representation*）一文的第 139 页。应该总是可以进一步细化或注释概念的想法有时被称为细化容差：麦卡锡在他发表于 1998 年的论文《细化容差》（*Elaboration Tolerance*）中讨论了这个概念。关于分级概念和属性只仅限于一定程度的想法，见乔治·克里尔（George Klir）和袁博（Bo Yuan）的拉特飞·扎德（Lotfi Zadeh）论文集，标题为《模糊集，模糊逻辑与模糊系统》（*Fuzzy Sets, Fuzzy Logic and Fuzzy Systems*）。关于更多索引知识在人工智能方面的应用，请参阅 1995 年伊夫·莱斯佩兰斯和莱韦斯克在《人工智能》中发表的文章《索引知识与机器人动作》（*Indexical Knowledge and Robot Action*）。第 6 章先前提到的儿童词典是约翰·特雷瓦斯基斯（John Trevaskis）和罗宾·海曼（Robin Hyman）的《孩子们的第一本词典》（*Boys' and Girls' First Dictionary*）。

机器如人

——

通往人类智慧之路

关于儿童如何理解概念的这一想法也将在第 10 章中进行探讨。

第 7 章 表示与推理（第一部分）

第 7 章和第 8 章的主要内容是常识性知识的符号表示以及在其上定义的推理操作。人工智能的这一子领域通常被称为知识表示和推理。该领域的早期研究论文集是布拉赫曼和莱韦斯克的《知识表示中的阅读》（*Readings in Knowledge Representation*）。最近发表的评论文章合集是由弗兰克·范·哈梅伦（Frank van Harmelen）及其同事编辑的《知识表示手册》（*Handbook of Knowledge Representation*）。第 7 章和第 8 章中的大多数问题在布拉赫曼和莱韦斯克的教科书《知识表示与推理》（*Knowledge Representation and Reasoning*）中有更深入的介绍。

第 7 章介绍的世界和概念模型的重点是个体事物及其与其他事物的联系。20 世纪 70 年代，这种面向连接的表示风格在语义（或概念或联想）网络的总体概念下开始盛行。尼古拉斯·芬德勒（Nicholas Findler）编辑的《关联网络》（*Associative Networks*）一书收集了一系列相关文章，布拉赫曼的《论语义网络的认识论地位》（*On the Epistemological Status of Semantic Networks*）对 20 世纪 70 年代末的该领域的研究做出了贡献。一些人认为哲学家查尔斯·桑德斯·皮尔斯（Charles Sanders Peirce）在 20 世纪初提出了以这种方式使用网络的最初想法，请参阅唐·罗伯茨（Don Roberts）所著的《查尔斯·S. 皮尔斯的存在主义图谱》（*The Existential Graphs of Charles S. Peirce*）。在 20 世纪 60 年代，最具影响力的著作之一出自罗斯·奎里安（Ross Quillian），直接造就人们广泛探索人工智能这一局面，正如在其《语义化记忆》（*Semantic Memory*）一文中所描述的。如奎里安所述，由于其连通性，语义网络使其可以进行基于路径的处理，例如沿着网络中的链接传递标记来检测项目之间的连接。这一点后来在斯科特·法尔曼（Scott Fahlman）的书《NETL》和斯图尔特·夏皮罗（Stuart Shapiro）的文章《语义网络中基于路径和节点的推理》（*Path-Based and Node-Based Inference in Semantic Networks*）中讨论的系统中得到了充分的利用。

此处提出的语义网络的一个基本特征是概念的分类组织和随之而来的属性继承。然而，从节点和链接的角度来看，这一看似简单的想法实际上隐藏着许多微妙的概念陷阱。威廉·伍兹（William Woods）在其颇具影响力的《链接中的内容》（*What's in a Link*）一文中，对这类网络中的链接进行了大量直观但错误的假设。布拉赫曼随后在其《概念的含义》（*What's in a Concept*）和《"IS-A"的区分》（*What "IS-A" Is and Isn't*）中对网络表示进行了相关的观察和额外的挑战。

如需理解其中涉及的一些问题，请思考世界模型中使用的符号空间点 #25：该符号是代表波士顿的某个特定地点，同时恰好是事件 #23（约翰出生）发生的地方，还是说其实际上代表了事件 #23 发生的地点，而该地方恰好是波士顿的某个地方？在伍兹的术语中，从事件 #23 到空间点 #25 的位置链接在前一种情况下是断言的，而在后者中是结构的。如果我们发现错误，二者间的差异就表现出来了，约翰实际上出生在匹兹堡。在前一种情况下，我们希望将事件 #23 的位置链接更改为另一个符号，例如空间点 #37，代表匹兹堡的某个地方；在后一种情况下，我们希望保持位置链接不变，但将所属城市链接从空间点 #25 更改为代表匹兹堡的符号（需要说明的是，在第 7 章中没有详细说明使用哪种解释，或者是否有其他解释，或者可能会在哪些方面对所相信的内容产生影响。这一点将仅在附加章中讨论，届时我们将尝试更精确地探讨世界模型的节点和链接所携带的总信息）。

从以上这些分析和考虑中诞生了广为人知的 KL-ONE 知识表示系统，由布拉赫曼和詹姆斯·施莫尔策（James Schmolze）记录在《KL-ONE 知识标识系统概述》（*An Overview of the KL-ONE Knowledge Representation System*）中，最终为后来描述逻辑的广泛工作奠定了基础。弗兰兹·巴德（Franz Baader）及其同事在其《描述逻辑手册》（*The Description Logic Handbook*）中提出了一个综合性观点。世界模型和概念模型之间

机器如人

通往人类智慧之路

的区别源于描述逻辑中所谓的 A 盒子和 T 盒子 [A 表示断言（assertion），T 表示术语（terminology）] 之间的类似区别。第 6 章中明斯基框架的概念与描述逻辑中的符号表达式密切相关。框架结构的解释在查尔斯·菲尔莫尔（Charles Fillmore）的《框架语义学》（*Frame Semantics*）和帕特里克·海斯的《框架逻辑》（*The Logic of Frames*）中进行了讨论。这项工作也涉及早期语言学中所谓的案例框架的思考，菲尔莫尔对该领域做出突出的贡献 [请参阅菲尔莫尔发表于 1968 年的论文《格辩》（*The Case for Case*）]。这是在本文和 KL-ONE 系统中使用的角色概念的重要基础。应注意的是，KL-ONE 远远超出了本文所呈现的表示，具有丰富的所谓结构描述语言，用于表达概念角色之间的关系 [如布拉赫曼和施莫尔策（Schmolze）论文中所讨论的]。

KRL 是该谱系中比较复杂的表示框架之一，记录在丹尼尔·博布罗（Daniel Bobrow）和特里·维诺格拉德（Terry Winograd）于 1977 年发表的文章《知识表示语言 KRL 综述》（*An Overview of KRL, a Knowledge Representation Language*）。KRL 语言有许多有趣的构造，包括一种类似于本文所讨论的注释样式。KRL 还探索一些元级表示和推理。

第 6 章讨论了原型和范例。如前所述，重构记忆的想法可以追溯到弗雷德里克·巴特莱特爵士经典著作《记忆》（*Remembering*）一书（另见附加章）。在伊丽莎白·洛夫特斯（Elizabeth Loftus）的《目击证言》（*Eyewitness Testimony*）一书中记录了关于目击记忆的重要章节。

我们对世界的认知在不断修正和变化，因为我们发现默认假设不成立。马修·金斯伯格的《非单调推理中的阅读》（*Readings in Nonmonotonic Reasoning*）强调了在典型性假设下对例外情况进行推理时出现的棘手问题。没有分支的、简单的更新相当容易处理，但许多推理所依赖的基础信念若做出改变则可能是复杂的。围绕信念修正的实质性研究领域对此领域进行了探索。特别值得注意的是彼得·古尔文（Peter Gärdenfors）编辑的《信念修正》（*Belief Revision*）一书和伯恩哈德·内贝尔（Bernhard Nebel）的文章《信念修正的知识水平分

后记

309

析》（*A Knowledge Level Analysis of Belief Revision*）。人工智能系统通常是通过所谓的真理维护系统来实现对信念改变的支持，约翰·德基勒（Johan de Kleer）在《基于假设的 TMS》（*An Assumption-Based TMS*）和乔恩·道尔（Jon Doyle）在《真值维护系统》（*A Truth Maintenance System*）中介绍了这两个系统，二者都是对人工智能的贡献。

第 8 章　表示与推理（第二部分）

　　前一章主要关注常识性知识可能需要的表示类型（即世界模型和概念模型），而第 8 章的主要内容是推理：根据给定模型来进行推算，前提是需要一种"演算种类"的方法 [源自莱布尼茨（Leibniz）在第 4 章中的表达]，其不仅能产生适当的理念，还可以"以完全自动化的方式进行常规计算，无须花费太多精力或实时查看，即使面对巨大的知识库也是如此"，正如在附加章中的内容所述。

　　我们提出一种符号语言来表示我们打算相信的命题。此处介绍的语言 *L* 是第 4 章中提到的一阶谓词演算的一种方言，但只有一元和二元谓词，并且需要以特殊的方式处理常量，类似于赫克托和格哈德·拉克迈尔著作的《知识库的逻辑》（*The Logic of Knowledge Bases*）中对标准名称的处理。关于谓词演算的介绍，请参阅赫伯特·恩德滕（Herbert Enderton）的《数理逻辑》（*A Mathematical Introduction to Logic*）和埃利奥特·门德尔松（Elliott Mendelson）的《数理逻辑概论》（*Introduction to Mathematical Logic*）。事实上，由于使用了"之后"一词来谈论事件和变化，*L* 语言更像是情境演算的方言，这是约翰·麦卡锡在其《情境、行为和因果律》（*Situations*，*Actions and Causal Laws*）中介绍的语言。在后期，雷蒙德·莱特及其同事对情境演算进行了改编并将其形式化，记载于莱特于 2001 年出版的《行动中的知识》（*Knowledge in Action*）和 2008 年林方真（Fangzhen Lin）的文章《情境演算》（*Situation Calculus*）中。根据麦卡锡（McCarthy）和帕特里

机器如人

———

通往人类智慧之路

克·海斯（Patrick Hayes）的论文《从人工智能角度看待一些哲学问题》（*Some Philosophical Problems from the Standpoint of Artificial Intelligence*）了解到，出于处理时间和模态等概念的目的，有必要对 $\mathcal{L}$ 进行进一步的扩展。

下一步是将世界模型理解为只代表世界的基本属性，并使用涉及 $\mathcal{L}$ 语言的公式的特殊子句来推导属性。这些子句使整个表示系统看起来更像 Datalog，考虑到数字和序列时，经常会将其视为编程语言，正如 Prolog 一样。泽格·阿比特布尔（Serge Abiteboul）及其同事的作品《数据库基础》（*Foundations of Databases*）中对于 Datalog 有所记载。阿兰·科尔默劳尔（Alain Colmerauer）和菲利普·鲁塞尔（Philippe Roussel）的文章《Prolog 的诞生》（*The Birth of Prolog*）、威廉·克洛克森（William Clocksin）和克里斯托弗·梅利什（Christopher Mellish）的《Prolog 编程》（*Programming in Prolog*）以及赫克托的《思维即计算》（*Thinking as Computation*）中介绍了 Prolog 的历史。

当涉及用逻辑术语推理变化时，也许出现的首要问题是所谓的框架问题 [参见麦卡锡和海斯的 "一些哲学问题"（Some Philosophical Problems）以及默里·沙纳汉的《解决框架问题》（*Solving the Frame Problem*）]。简而言之，该问题是，在仅处理受影响内容的前提下，如何就未受事件影响的内容得出结论。第 8 章中提出的关于变化的推理方法是基于莱特（Reiter）发表于 1991 年的文章《情境微积分中的框架问题》（*The Frame Problem in the Situation Calculus*）中首次提出的框架问题的解决方案，并在《行动中的知识》（*Knowledge in Action*）中进行了详细阐述。粗略地说，这涉及对事件的逻辑量化，也就是说，能够影响到某种属性的事件只有那些明确命名的事件。对莱特来说，这些陈述成为逻辑公理 [称为《后继状态公理》（*successor state axioms*）] 来进行推理；在我们例子中，它们变成了某种形式的派生子句。

请注意，这种处理变化的方式并没有讨论在没有进一步干预的情况下会发生哪些事情，也就是说，正在进行的自发事件的过程是什么样的。这需要将过程作为可见的复杂事件进行表示，例如，在情景演算的上下文中使用的 Golog 语言。详见莱特的著作。

在规划方面，第一次将其定性为逻辑推理的一种形式是在麦卡锡的《情境、行为和因果律》（*Situations, Actions, and Causal Laws*）中。之后，自动规划在人工智能开始其漫长的历史，有许多专门的表示和推理方案，其中极具影响力的 STRIPS 表示，是由理查德·菲克斯（Richard Fikes）和尼尔斯·尼尔森在《STRIPS：应用定理证明问题解决的新方法》（*STRIPS: A New Approach to the Application of Theorem Proving to Problem Solving*）中提出的。马利克·加拉卜（Malik Ghallab）、达纳·劳（Dana Nau）和保罗·特拉维索（Paolo Traverso）的教科书《自动规划》（*Automated Planning*）中介绍了一些专门的规划方案。

如上所述，除了对行为的结果进行推理之外，我们还必须对其前提条件进行推理。莱特认为，这些前提条件就是所谓的前提公理，我们将其定性为另一种派生属性。这就提出了麦卡锡在其《人工智能的认识论问题》（*Epistemological Problems of Artificial Intelligence*）中所称的限定问题：大致是说，如何对行动的前提条件进行分类，而不必列出所有可能在原则上出现的、各种各样的，甚至几乎不会出现的问题。这是第 6 章中讨论的问题的一个特例，既想要做出果断、无条件的描述，但也希望能够随着时间的推移对其进行阐述和注释。

最后，文中提出的方法：将概念实例化来对假设的个体提出问题，以此来回答一般性问题，如"石榴能被放进洗衣篮里吗"，这一方法与菲利普·约翰逊·莱尔德（Philip Johnson Laird）假设使用心理模型回答问题的方式有关，我们将在附加章中讨论这一问题。

第 9 章 行动中的常识

第 9 章在某种程度上是第 5~8 章的总结，介绍常识性知识的符号表示，以及对其进行的计算操作如何在主体以常识的方式做出决策来处理意外情况时发挥决定性作用。

第 9 章的主要内容是主体执行某种计划遇到问题时，系统必须从执行程序抽离，综合考虑计划的结构、对当前情况的认知以及对世界的一般常识，来决定下一步的行动。

在本书中，将计划看作一场简单的行动，或者是它们的序列。但这显然太局限了。登机飞往某地的计划可能包括到机场的正确登机口，但计划中通常不会提到该登机口。相反，该计划将指定在机场执行的感知或知识生成（Knowledge—producing）操作，以找出该使用哪个登机口。莱韦斯克和格哈德·拉克迈尔在《认知机器人学》（*Cognitive Robotics*）一文中讨论了这种行为。这可能会触发对世界模型的增补以合并新信息。这种计划可能涉及分支和循环，有时在人工智能中称为广义计划。参见塞尔吉奥·希门尼斯（Sergio Jiménez）及其同事的《广义规划综述》（*A Review of Generalized Planning*）。

以兼顾成本和收益的方式决定做什么的思想是决策理论的重要因素，参见马丁·彼得森（Martin Peterson）的《决策理论导论》（*An Introduction to Decision Theory*）一书。有些工作本质上是哲学或经济方面的，但某些部分归属于人工智能领域，需要用计算术语处理问题；埃里克·霍维茨（Eric Horvitz）及其合作者合著的《专家系统和人工智能的决策理论》（*Decision Theory in Expert Systems and Artificial Intelligence*）介绍了此方面的例子。本书中特别是与此相关的是决策理论规划方面的著作，例如，克雷格·布蒂利耶（Craig Boutilier）及其同事的文章《决策理论规划》（*Decision-Theoretic Planning*）以及莱斯利·帕克·凯尔布林（Leslie Pack Kaelbling）及其同事的文章《在部分可观察的随机领域中的计划和行动》（*Planning and Acting in Partially Observable Stochastic Domains*）。需注意，虽然该人工智能著作强调了计划的质量和领域的不确定性，但它确实倾向于淡化一般常识性知识在计划过程中的作用。

第 9 章中的大部分推理都涉及在发生意外情况时使用常识来修改

计划。此过程有时称为计划修复。[例如，请参阅克里斯蒂安·哈蒙德（Kristian Hammond）的论文《解释和修复失败的计划》（*Explaining and Repairing Plans That Fail*）和苏巴劳·坎布哈帕蒂（Subbarao Kambhampati）和詹姆斯·亨德勒（James Hendler）的论文《基于验证·结构的计划修改和重用理论》（*A Validation-Structure-Based Theory of Plan Modification and Reuse*）]。有趣的是，在某种意义上，计划修复实际上是一项比计划本身更困难的计算任务，因为即使在最坏的情况下，它仍然需要从头开始计划，正如伯恩哈德·内贝尔和贾纳·克勒（Jana Koehler）的文章《计划重用与计划生成》（*Plan Reuse versus Plan Generation*）中所观察到的那样。

第 9 章的结论是，将常识视为具备常识的主体的认知架构中的主要驱动力是不合适的。那么，架构应该是什么样的呢？目前尚未可知。有关其他研究人员对此的评论，请参阅尤利亚·科特塞鲁巴（Iuliia Kotseruba）和约翰·措措斯（John Tsotsos）的 2020 年调查《认知架构的 40 年》（*40 Years of Cognitive Architectures*）。

⚙ 第 10 章　实施的步骤

第 10 章的主要内容是用常识构建计算机系统中遇到的实际困难，将这一问题分解为构建推理者和构建知识库。对于常识性推理者，使用神经网络学习执行符号运算方法（例如常识性推理中涉及的符号运算）的想法在吕卡兹·凯泽（Łukasz Kaiser）和伊利亚·苏茨基弗（Ilya Sutskever）的文章《神经 GPU 学习算法》（*Neural GPUs Learn Algorithms*）中进行了讨论。然而，第 10 章的大部分内容都是关于构建知识库的。

在专家系统时代，构建知识库通常涉及采访专家并要求其提供所需的如果 / 那么（IF/THEN）规则。这项任务之所以具有挑战性，是因为专家们通常不习惯阐明他们是如何做出决定的。自省似乎并不能恰当地指导直觉之类的东西从何而来。这就是所谓的知识获取瓶颈——这是专家系统开发过程中的一个主要挑战。有关知识获取的更多信息，请参阅詹姆斯·布鲁莱（James Brulé）和亚历山大·布朗特（Alexander Blount）的《知识获取》（*Knowledge Acquisition*）一书以及艾莉森·基德（Alison Kidd）的《专家系统的知识获取》（*Knowledge Acquisition for Expert Systems*）一书。

当涉及常识性知识时，问题就有些不同了，每个人似乎都是专家。在第 4 章中讨论的 Cyc 项目是试图手动构建广泛的常识性知识库的一个典型例子。关于自动化的成果，两个值得注意的例子是概念网 [在罗伯特·斯皮尔（Robert Speer）和凯瑟琳·哈瓦西（Catherine Havasi）的论文《在概念网 5 中表示一般关系知识》（*Representing General Relational Knowledge in ConceptNet 5*）中有记录] 和 NELL（ 在第 4 章中有提及 ）。加里·马库斯和欧内斯特·戴维斯在其《重启 AI》一书（第 151~153 页 ）中对概念网和 NELL 的进行了批判。特德·姜的《呼吸》（*Exhalation*）一书中出现了关于常识的引用。斯特凡·哈纳德（Stevan Harnad）在《符号接地问题》（*The Symbol Grounding Problem*）中讨论了符号接地问题。

从文本集合中自动捕获单词的含义，有一个建议如下所述：给定文本 T_1, T_2, ……, T_N，其中假设 N 为大，通过 N 个二进制数的向量表示单词的含义，其中如果单词出现在文本 T_i 中，则分量 i 为 1（可能存在更高级的向量。）人们期望具有相关含义的单词具有相似的向量，并且"你应该通过与之搭配的词来了解一个单词"[源自约翰·弗斯（John Firth）发表于 1957 年的文章《语言学理论概要》（*A Synopsis of Linguistic Theory*），第 11 页]。这种所谓的单词的分布式表示，对基于单词的含义聚合单词似乎非常有用 [对其他基于相似性的操作也同样有用。例如，请参阅托马斯·米科洛夫（Tomáš Mikolov），易文涛（Wen-tau Yih）和杰弗里·茨威格（Geoffrey Zweig）的论文《连续空间词表示的语言规律》（*Linguistic Regularities in Continuous Space Word*

Representations）]，然而，这种表示并不适用于超越常识性推理所需的词义。

逐层构建知识库的想法有时被称为引导学习（bootstrap learning），在本杰明·凯珀斯（Benjamin Kuipers）及其同事合著的文章《基础表示的引导学习》（*Bootstrap Learning of Foundational Representations*）中进行了概述。《幼儿课堂的创意资源》（*Creative Resources for the Early Childhood Classroom*）是朱迪·赫尔（Judy Herr）所著的一本非常出色的书，电气与计算机工程项目的许多材料都源自这本书。本书引用的《晚安月亮》是玛格丽特·怀兹·布朗（Margaret Wise Brown）和克莱门特·赫德（Clement Hurd）的经典儿童著作。

基础英语项目是查尔斯·奥格登（Charles Ogden）在其《基础英语》（*Basic English*）一书中提出的一项尝试，目的是获得一个虽小但是具有足够表达能力的核心英语，使人们更容易学习。该项目在网上有充分的记录，记录了多个用基础英语写的文本相关的例子，如奥格登的《通用基础英语词典》（*The General Basic English Dictionary*）。关于使用有限形式的英语或其他自然语言进行知识表示或其他目的的其他想法，请参阅托比亚斯·库恩（Tobias Kuhn）在《计算语言学》（*Computational Linguistics*）中的受控自然语言的分类与综述及其参考文献。

第 11 章　建立信任

第 11 章的主要内容是常识，因其可能适用于未来的自主人工智能技术。最近有很多探讨人工智能技术的局限性和风险的文章，但这些文章几乎都集中在所谓的"非自主人工智能"（nonautonomous AI）上。

举个例子，2019 年 12 月，娜塔莎·辛格（Natasha Singer）和凯德·梅兹（Cade Metz）发表在《纽约时报》（*New York Times*）上的一篇文章表示，各种形式的人脸识别技术错误识别非裔美国人和亚洲人的频

机器如人

通往人类智慧之路

率比白人高出 10 到 100 倍，这些错误在运行过程中可能产生严重的后果。我们有充分的理由要求技术甄别可能存在于用来进行训练的数据中的偏见。然而，这种系统并不是自主运行的。最后，运行人员（换句话说，就是人类）必须对人工智能工具的局限性承担全部责任，并就如何使用它们，或者是否应该在当前状态下使用它们做出最后决定。

然而，第 11 章的主题略有不同，其内容是关于在某些可以想象的未来，人工智能系统需要自行判断并作出决定。这便是自主的人工智能系统，有时称为通用人工智能 [参见由本·戈策尔（Ben Goertzel）和卡西奥·佩纳钦（Cassio Pennachin）编辑的《通用人工智能》（*Artificial General Intelligence*）一书]。

就第 11 章的具体参考文献而言，詹姆斯·巴拉特（James Barrat）的《最终发明》（*Our Final Invention*）、雷·库兹韦尔（Ray Kurzweil）的《奇点临近》（*The Singularity Is Near*）和默里·沙纳汉的《技术奇点》（*The Technological Singularity*）都讨论了超级智能的概念（以及由此产生的所谓奇点）。"快速行动，打破常规"是脸书公司创始人的著名口头禅（直到 2014 年）。见摩西·瓦迪（Moshe Vardi）的短篇文章《快速移动并突破事物》（*Move Fast and Break Things*）。罗杰·麦克纳米（Roger McNamee）是 Facebook 的早期支持者，这句话来自其《"扎"心了》（*Zucked*）。更多关于关键任务软件的验证情况，请参阅爱德蒙·克拉克（Edmund Clarke）、E. 艾伦·爱默生（E. Allen Emerson）和约瑟夫·希发基思（Joseph Sifakis）根据图灵奖讲座撰写的文章《模型检查》（*Model Checking*）。唐纳德·拉姆斯菲尔德（Donald Rumsfeld）的"未知的未知"概念来自美国国防部 2002 年 2 月 12 日的简报。关于电车问题，请参阅朱迪思·汤姆森（Judith Thomson）的文章《电车问题》（*The Trolley Problem*），关于评价请参阅诺亚·古道尔（Noah Goodall）的《远离电车问题，走向风险管理》（*Away from Trolley Problems and toward Risk Management*）。丹尼尔·丹尼特（Daniel Dennett）的意向立场在其 1989 年出版的《意向立场》（*The Intentional Stance*）中提出。沙纳汉及其同事最近在《人工智能和动物的常识》（*Artificial Intelligence and the Common Sense of Animals*）中对人工智能处理常识的方法进行了批判，认为其过于关注语言及其使用。

阿西莫夫（Asimov）在其于 1950 年出版的《我，机器人》（*I, Robot*）一书中提出了"机器人三定律"。在书中，这些定律摘自一本将于 2058 年出版的机器人手册，如下所示：

（1）机器人不得伤害人类，或因不作为而使人类受到伤害。

（2）在不违反第一定律的前提下，机器人必须服从人类的命令。

（3）在不违反第一定律和第二定律的前提下，机器人必须保护自己的存在。

可以说，需要额外的法律来约束所有人。当谈到机器失控时，尼克·博斯特罗姆（Nick Bostrom）在其于 2014 年出版的《超级智能》（*Superintelligence*）一书中提到了回形针的例子。菲利普·K. 迪克（Philip K. Dick）的故事《自动工厂》出现在其《故事选集》（*Selected Stories*）中。关于适用于机器学习系统（有时称为可解释的人工智能）的解释的调查，请参阅由奥·比兰（Or Biran）和库尔特奈·科顿（Courtenay Cotton）合著的文章《机器学习中的解释和理由：调查》（*Explanation and Justification in Machine Learning: A Survey*）。史蒂文·斯特罗加茨（Steven Strogatz）关于阿尔法元（AlphaZero）的引文摘自其 2018 年 12 月 25 日《纽约时报》（*New York Times*）上发表的一篇文章。第 11 章末尾提到的 AlexNet 对抗性例子最早是由克里斯蒂安·塞格迪（Christian Szegedy）及其同事在 2014 年发表的《神经网络的有趣特性》（*Intriguing Properties of Neural Networks*）中提出的，并在欧内斯特·戴维斯的《人工智能》中作出进一步讨论。

另外，这些相对立的例子提出了一个重要的方法论问题。人工智能研究的成功通常是根据测试案例套件的统计性能来衡量的。例如，最近由坂口圭介（Keisuke Sakaguchi）和同事在"Wino-Grande"中报告的关于维诺格拉德模式的尝试，在一系列全面的测试案例中 90% 的答案都是正确的——这是一项多么惊人的成就！那么，这是否意味着问题基本上得到了解决？是否可以进行一些微调？答案取决于我们能从这些测试案例中得出什么结论。我们能预测这一系统在大范围内的行为是合理的吗？最后，回想一下，我们是否足够了解这个系统，以至于有信心相信如果有人以某种不相关的方式调整这些输入，它仍然会得到正确率在90%的答案？这才是最重要的问题。如果不了解系统运行逻辑及其决策依据，我们就不应该相信它做的事情是正确的，无论它在特定测试用例上的成功率如何。

最后，著名人工智能研究员斯图尔特·拉塞尔（Stuart Russell）最近出版的《人类兼容》（Human Compatible）一书也提到设计自主人工智能技术需要承担责任。粗略地说，拉塞尔观点是，我们必须建立具有目标（或偏好或奖励功能）的人工智能系统，推动它们去发现人类制定的目标并采取行动，或者是"（人工智能系统要）最大限度地满足人类需求"。这在我们看来似乎很正确，但也许还不够。例如，我们可以想象一个人工智能系统，它的世界模型完全是错误的，但它的行为却错误地被认为是有益和具有建设性的，正如拉塞尔所提出的那样。如果系统不需要基于常理设计，我们可能无法理解它所做的特定选择，即使我们相信它是善意的。换句话说，我们应该希望人工智能系统像拉塞尔所说的那样做我们想做的事情，但我们也需要它们能够有一定的自主能力，以便我们能够了解它们的错误之处，并指导其如何处理这些错误。

附加章——常识的逻辑

附加章主要讨论了常识性推理与通常所理解的逻辑推理之间相对复杂的关系 [正如威拉德·冯·奥曼·奎因（Willard Van Orman Quine）在 1982 年的著作《逻辑方法》中所述]。这两个概念在很大程度上有重叠，但也存在一些情况，常识得出的结论在经典逻辑中并未被认可（例如在默认推理中），还有一些情况，逻辑推理得出的结论并不真正属于常识范畴（例如逻辑谜题的答案）。

对那些对这一领域的研究感兴趣的人来说，要理解经典逻辑和逻辑推理，可以阅读埃利奥特·门德尔松的《数理逻辑概论》和赫伯特·恩德滕的《数理逻辑》，以及亚科·欣蒂卡的《知识与信仰》（探讨了常识与知识的关联和逻辑全知问题）。

对于附加章中讨论的许多主题，我们都亲自进行了实验研究，并首次在莱韦斯克在 1986 年撰写的著作《信任电脑》（*Making Believers Out of Computers*）中提出。这篇文章首次提出了将世界模型视为有限生动形式的逻辑公式的观点，尽管具体表述略有不同。这个观点源自雷蒙德·赖特在 1981 年的论文《封闭世界数据库》（*On Closed World Data Bases*）中对数据库进行逻辑解释的工作。其他作者继续展示了如何将更一般形式的信息化简为这种形式。例如，参见大卫·埃瑟林顿（David Etherington）及其同事的文章《生动知识与可追踪推理》（*Vivid Knowledge and Tractable Reasoning*），以及格尔德·瓦格纳（Gerd Wagner）的著作《生动逻辑》（*Vivid Logic*）。欧内斯特·戴维斯在 1991 年的技术报告《清晰表示》（*Lucid Representations*）中对这种方法进行了批评。生动表示与视觉图像之间的联系是基于上述莱韦斯克论文中的思想，该论文基于艾略特·索博尔（Elliott Sober）的文章《心理表示》（*Mental Representations*）。关于涉及杰克、安妮和乔治的例题，也是在莱韦斯克的论文中首次提出的，该论文改编自罗伯特·摩尔在 1982 年的文章《逻辑在知识表示和常识性推理中的作用》（*The Role of Logic in Knowledge Representation and Commonsense Reasoning*），后来由心理学家基思·斯坦诺维奇（Keith Stanovich）在其文章《理性和非理性思维》（*Rational and Irrational Thought*）中继续讨论，探讨角度略有不同。自下而上评估合取查询的想法是关系数据库的重要组成部分，如泽格·阿比特布尔及其同事编写的教材《数据库基础》（*Foundations of Databases*）所示。

莱韦斯克在其文章《知识表示与推理》（*Knowledge Representation*

and Reasoning）中指出，一种更通用的表示语言（如 $\mathcal{L}$）的表达能力包括未表达的隐含意思。莱韦斯克和布拉赫曼在 1987 年的文章《知识表示与推理中的表达能力和可计算性》（*Expressiveness and Tractability in Knowledge Representation and Reasoning*）中对于表达能力与相关推理之间的紧密联系进行了概述，并在 2004 年的教材《知识表示与推理》的第 16 章中进行了探讨（作者为布拉赫曼和莱韦斯克）。人们通过大量工作来研究表达能力与可计算性之间的关系。这项工作具有复杂的技术性质，但基本思想是研究对像世界模型这样的表示形式进行扩展，以便高效回答特定问题。例如，可以参考莱韦斯克于 1998 年发表的文章《关于不完整一阶知识库推理的完备性结果》（*A Completeness Result for Reasoning with Incomplete First-Order Knowledge Bases*）以及朱塞佩·得贾科莫（Giuseppe De Giacomo）、伊夫·莱斯佩伦斯（Yves Lespérance）和莱韦斯克于 2011 年发表的文章《对于具有未知个体的适当知识库的高效推理》（*Efficient Reasoning in Proper Knowledge Bases with Unknown Individuals*）。

在世界模型中使用析取特别棘手。回顾第 7 章，我们可以在世界模型中表示苏的出生地为菲尼克斯或图森，例如。有趣的是，没有人知道这种表达方式是否更加困难。这个问题等同于著名的 *P=NP* 问题，由史蒂芬·库克（Stephen Cook）在其 1971 年撰写的开创性文章《定理证明程序的复杂性》（*The Complexity of Theorem-Proving Procedures*）中首次提出。尽管此后成千上万的计算机科学家和数学家进行了努力研究，但并未找到答案。由于与许多其他计算问题的关联，这个问题被认为是计算机科学中最重要的悬而未决的问题 [参见兰斯·福特诺（Lance Fortnow）的文章《*P* 对 *NP* 问题的状态》（*The Status of the P versus NP Problem*）]。还有更复杂的情况，存在一种称为 SAT 求解器的计算机程序，在实践中似乎能够很好地工作，即使在大规模输入下，它们偶尔也会出现错误 [参见卡拉·戈麦斯（Carla Gomes）等人的文章《可满足性求解器》（*Satisfiability Solvers*）]。

心理学家菲利普·约翰逊·莱尔德（Philip Johnson-Laird）在其1983 年著作《心理模型》（*Mental Models*）中开始了对心理模型的研究。本书中涉及狗的谜题例子改编自该书第 67 页的一个谜题（将银行家改为后院的狗，将运动员改为吉姆的狗，将议员改为小狗）。关于心理模型的最新研究，可以参考 2010 年约翰逊·莱尔德的文章《心理模型与人类推理》（*Mental Models and Human Reasoning*），也可以在 2018年桑吉特·凯姆拉尼（Sangeet Khemlani）等人的文章《事实与可能性》（*Facts and Possibilities*）中找到。在历史方面，约翰逊·莱尔德从查尔斯·桑德斯·皮尔斯（Charles Sanders Peirce）于 1931 年出版的著作《查尔斯·桑德斯·皮尔斯论文集》中汲取了灵感。约翰逊·莱尔德还借鉴了哲学家基思·克雷克（Kenneth Craik）在其 1943 年出版的著作《解释的本质》（*The Nature of Explanation*）中提出的观点，即"思维是对世界内部表征的操纵"。

如附加章末尾所述，确保常识性推理不过于苛求的另一种方法是允许在知识库中使用不受限制的（非生动的）表达式，但限制可以使用这些表达式进行推理的方式。由此产生的信念概念将不再在逻辑蕴涵下封闭，问题是要找出应该取代它的"演算方法"。这方面的早期工作例子可以在莱韦斯克于 1984 年发表的文章《隐式和显式信念的逻辑》（*A Logic of Implicit and Explicit Belief*）中找到；最近出现一种允许使用量词的类似提议，可以在雷克梅耶尔（Lakemeyer）和莱韦斯克于 2020年发表的文章《基于可能世界的有限信念的一阶逻辑》（*A First-Order Logic of Limited Belief Based on Possible Worlds*）中找到。正如前文所述，知识表示和推理领域的许多研究可以被理解为在这种可能性空间中寻找其他替代方案。请参阅莱韦斯克的文章《知识表示和推理》。

机器如人

通往人类智慧之路